中等卫生职业教育课程改革规划教材

计算机应用技术

主　编　刘　军　王凤丽

编　者　(按姓氏笔画排序)

王凤丽 (甘肃省中医学校)

刘　军 (甘肃省中医学校)

欧阳斌 (甘肃省中医学校)

高　瀚 (甘肃省人民医院)

彭瑞嘉 (甘肃省中医学校)

董红芸 (甘肃省中医学校)

谢振荣 (甘肃省中医学校)

西安交通大学出版社
XI'AN JIAOTONG UNIVERSITY PRESS

图书在版编目（CIP）数据

计算机应用技术/刘军，王凤丽主编. —西安：西安交通
大学出版社，2017.1
ISBN 978 - 7 - 5605 - 9352 - 4

Ⅰ.①计… Ⅱ.①刘… ②王… Ⅲ.①电子计算机-中等
专业学校-教材 Ⅳ.①TP3

中国版本图书馆 CIP 数据核字（2017）第 006989 号

书　　名	计算机应用技术	
主　　编	刘　军　王凤丽	
责任编辑	王银存　张永利	

出版发行　西安交通大学出版社
　　　　　（西安市兴庆南路 10 号　邮政编码 710049）
网　　址　http://www.xjtupress.com
电　　话　(029) 82668357　82667874（发行中心）
　　　　　(029) 82668315（总编办）
传　　真　(029) 82668280
印　　刷　陕西日报社

开　　本　787mm×1092mm　1/16　　印张 18.25　　字数 443千字
版次印次　2017 年 5 月第 1 版　　2017 年 5 月第 1 次印刷
书　　号　ISBN 978 - 7 - 5605 - 9352 - 4
定　　价　36.00元

读者购书、书店添货，如发现印装质量问题，请与本社发行中心联系、调换。
订购热线：(029) 82665248　　(029) 82665249
投稿热线：(029) 82668803　　(029) 82668804
读者信箱：med_xjup@163.com

前　　言

　　近年来，我国医药卫生行业信息化建设有了长足的发展，这就要求各个层次的医药卫生技术人员系统规范地掌握医学信息技术的应用，提高信息技术能力。目前，虽然中等卫生职业学校都开设有信息技术基础课程，但主要以计算机基础知识、Office 基本操作等为主要内容。其目的是使学生掌握计算机的基本知识和操作技能，但没有融入医药卫生行业信息化建设的内容，致使中等卫生职业学校毕业生的信息技术能力不能满足医药卫生行业相应岗位的工作要求。

　　根据教育信息化"十三五"规划，我们组织医药卫生信息行业的技术人员和教学经验丰富的教师，对甘肃省中医学校校本教材——《计算机应用技术》进行了全面修订，形成了新的校本教材。本教材以应用为基础，突出医药信息特色，使校本教材建设与医药卫生行业信息化建设相适应；坚持"以职业能力为核心，以就业为导向"的原则，采用案例教学，提高学生工作岗位的适应能力和实际操作能力。

　　本书采用模块化项目教学方式编写，全书共分为 3 个模块，8 个项目，32 个任务。内容包括计算机与操作系统、计算机网络应用、中文 Word 2003 应用、中文 Excel 2003 应用、中文 PowerPoint 2003 应用、医院信息系统应用、社区卫生和新型农村合作医疗信息系统、社会药房信息系统。

　　本书在编写过程中突出了三个特点：一是采取案例教学为主线，教材内容既有一般教学案例，又有医药行业的案例，同时兼顾全国医疗卫生信息化考试的需求。二是遵循"三结合"原则，即教材编写与职业教育紧密结合、与医学教育紧密结合、与医疗卫生信息培训紧密结合。三是以应用为主，使学生掌握一定的计算机知识，着重培养实际使用计算机的能力，特别是解决医药卫生岗位实际问题的能力。

　　本书适合卫生类中职学校护理、助产、检验、药剂、口腔工艺技术、卫生保健、康复治疗技术、中医、中药等专业作为计算机应用基础课程教材使用，也可用于医药卫生类成人继续教育相关课程和基层医药卫生工作者（如乡村医生）计算机技术的培训教材。

　　本教材在编写过程中参考了部分教材和有关著作，从中借鉴了许多先进的知识和技术，在此向有关的作者和出版社一并致谢。同时，教材编写也得到了甘肃省中医学校和甘肃省人民医院领导的大力支持，在此表示诚挚的感谢。

　　为了体现中等职业教育教材的特色，我们在教材结构上做了改革和尝试。但由于编者水平有限，编写时间仓促，难免有错漏之处，敬请各位专家、同行及使用者予以批评指正。

刘　军

2016 年 12 月

目　　录

模块 1 　计算机应用基础

项目1　计算机与操作系统

任务1　认识计算机

任务描述

　　计算机是现代信息社会办公、学习和生活不可缺少的工具。新入学的小王同学想要认识它，可是接触计算机后不知从何下手。本案例就让小王同学对计算机有一个初步的了解，为以后的学习工作打下基础。经过对计算机基础知识的系统学习后，小王同学打算为自己配置一台个人电脑，你可以帮助他吗？

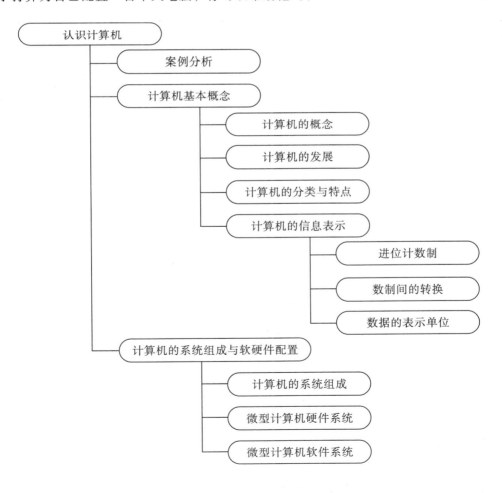

基本要求

1. 知识与技能

（1）知道计算机的概念、分类及应用领域。

（2）知道计算机工作原理的基本知识。

（3）知道微型计算机系统的基本组成。

（4）知道计算机数据处理、数据单位的基础知识。

2. 过程与方法

（1）培养学生对计算机的兴趣和爱好。

（2）通过学生自主学习和合作探究，培养学生运用信息技术解决实际问题的能力。

（3）通过动手操作，加深对计算机组成及工作原理的认识，促使学生动手探索新的计算机知识。

3. 情感态度与价值观

（1）通过师生的相互交流和团队的协作学习，培养学生养成严谨的学习态度和团结协作的精神，体验探究问题和学习的乐趣。

（2）培养良好的学习态度和学习风气，感受计算机在学习生活中的应用。

任务分析

计算机在工作、学习生活中的作用越来越重要。在很多人看来，计算机是精密贵重的设备。其实个人计算机的配置并不复杂，只要了解它的组成结构，各部件的功能，就能对计算机进行日常简单的维护，当计算机出现故障时还可以进行处理。

认识计算机的内容主要包括：①知道计算机的组成结构。②知道计算机硬件各部件的功能及性能指标。③能够配置个人计算机。

任务实施

一、案例分析

医学生小王想配置一台电脑，用于学习和生活，但由于小王不懂电脑的特性，所以不知道该如何进行配置。本次任务就是帮助小王进行配置电脑。

完成此案例的步骤：①了解计算机。②知道计算机的组成。③学会配置计算机。

二、计算机基本概念

1. 计算机的概念

从广义上讲，计算机是一种能够进行计算或辅助计算的工具。现在，当我们谈到计算机的时候，除加以特殊说明之外，都是指电子数字计算机。

2. 计算机的发展

从第一台计算机的诞生到现在，按照计算机所用主要元器件的不同种类将计算机的发展习惯上划分为四个阶段，如表 1 - 1 - 1 所示。

表 1 - 1 - 1　　计算机发展的四个阶段

	第一代	第二代	第三代	第四代
时间	1946—1958 年	1958—1964 年	1964—1971 年	1971 年至今
阶段名称	电子管时代	晶体管时代	中小规模集成电路时代	大规模、超大规模集成电路时代
主要电子器件	电子管	晶体管	中小规模集成电路	大规模、超大规模集成电路
处理速度（指令数/秒）	几千条	几百万条	几千万条	数亿条以上

3. 计算机的分类与特点

（1）计算机的分类：计算机有多种不同的分类方法。现在使用的最多的分类方法是以计算机的规模和性能来进行分类，这样就可以把计算机分为巨型机、大中型机、小型机、微型机、工作站五大类。

1）巨型计算机：又称为超级计算机或超级电脑，是运算速度最快的计算机，是国家科技水平、经济发展、军事实力的象征。

2）大中型计算机：性能介于巨型计算机和小型计算机之间。大中型计算机具有丰富的外部设备和功能强大的软件，一般用于要求高可靠性、高数据安全性和中心控制等场合，如计算机中心和计算机网络中心。

3）小型计算机：结构简单，规模较小，成本较低。其采用 8～32 颗处理器，是性能和价格介于 PC 服务器和大型机之间的一种高性能 64 位计算机。

4）微型计算机：以微处理器为核心，简称微机。它具有体积小、价格低、功能较全、可靠性高、操作方便等优点。微机的发展非常迅速，现在已经进入社会的各个领域乃至家庭，极大地推动了计算机的应用和普及。

5）工作站：与高档微机之间的界限并不是非常明确，通常可以把工作站看作一台高档微机。相对于普通的微型计算机来说，工作站有其独特之处，它易于联网，拥有大容量存储设备、大屏幕显示器，具有强大的图形及图像处理能力，尤其适用于计算机辅助设计及制造（CAD/CAM）和办公自动化（OA）。

（2）计算机的特点：计算机已经成为现代社会不可缺少的工具。它之所以能够应用于各个领域，能够完成各种复杂的工作，是因其具备以下一些基本特点：①运算速度快；②运算精度高；③可靠性高；④具有逻辑判断能力，逻辑性强；⑤通用性强。

4. 计算机的信息表示

（1）数制：用一组固定的数字和一套统一的规则来表示数目的方法。

（2）计算机的数制：计算机中的数据在运算和存储时都采用二进制进行编码。

（3）计算机用二进制数的原因：计算机中的数制都是用二进制来表示，而不用十进制表示，这是因为数在计算机中是以电子器件的物理状态表示的。二进制数只需要两个数字符号0或1，可以用两种不同的状态——低电平和高电平来表示，其运算电路容易实现。而要制造出具有10种稳定状态的电子器件分别代表十进制中的10个数字符号是十分困难的。在计算机科学中，为了口读与书写方便，也经常采用八进制或十六进制表示，因为八进制或十六进制与二进制之间有着直接而方便的关系。

（4）二进制的优点：可行性，可靠性，简易性，逻辑性。

（5）计算机信息单位：常用的信息单位是位和字节。

1）位：是计算机信息单位中最小的单位，用"bit"表示，简写为"b"。1个位代表1个二进制数。

2）字节：是计算机中信息存储的基本单位，用"Byte"表示，简写为"B"。1个字节代表8个二进制数，即：1B = 8b（一个字节等于8个位）。

3）一个英文字母占用1个字节，一个汉字符号占用1个字节，一个汉字占用2个字节。

4）字节之间的单位换算：

1 千字节 = 1KB = 1024B	1 兆字节 = 1MB = 1024KB
1 吉字节 = 1GB = 1 千兆字节 = 1024MB	1TB = 1 千吉字节 = 1024GB

三、计算机的系统组成与软硬件配置

计算机系统由硬件和软件两大部分组成。它们共同决定计算机的工作能力。

1. 计算机硬件

计算机的硬件由主机和外设组成。其中，主机由运算器、控制器和内存储器组成；外设由外存储器、输入设备、输出设备构成。

（1）主机：是一台微型计算机的核心部件。主机从外观上分为立式和卧式两种。通常在主机箱的正面有"Power"（电源）和"Reset"（重启）按钮。"Power"是电源开关，"Reset"按钮用来重新冷启动计算机系统。同时，主机箱上配置了光盘驱动器和麦克风、音箱、U盘等插孔。

1）中央处理器（CPU）（图1-1-1）。中央处理器简称CPU，它是计算机系统的核心。中央处理器由运算器和控制器组成，并采用超大规模集成电路工艺制成芯片。计算机所发生的全部动作都受CPU的控制。

CPU是计算机的心脏，CPU品质的高低直接决定了计算机系统的档次。其中，字长与主频是CPU的两个最重要的技术指标。

字长：电脑技术中对CPU在单位时间内（同一时间）能一次处理的二进制数的位数叫字长。例如，一个CPU的字长为16位，则每次可以处理16位的二进制数据，如果要处理更多位数的数据，则需要分次完成。显然，字长越长，CPU可同时处理的数据位数越多，功能就越强，同时需要CPU的结构也就越复杂。目前，通常微型计算机的CPU字长为32位或64位。

主频：CPU的主频，即CPU内核工作的时钟频率。通常所说的某某CPU是多少兆赫的，而这个多少兆赫就是"CPU的主频"。CPU的主频对于提高CPU运算速度是至关重要的。当然，电脑的整体运行速度不仅取决于CPU运算速度，还与其他各分系统的运行情况有关。

2）内部存储器：简称内存（图1-1-2）。内存由半导体器件构成，按其工作方式的不同，一般可分为只读存储器（ROM）和随机存储器（RAM）两类。

图1-1-1 中央处理器（CPU）　　　　　　　图1-1-2 内存

只读存储器（ROM）是一种内容只能读出而不能写入和修改的存储器。计算机断电后，ROM中的信息不会丢失，即在计算机重新加电后，其中保存的信息依然是断电前的信息，仍可被读出。

随机存储器（RAM）是一种读写存储器，其内容可以随时根据需要读出，也可以随时写入新的信息。因它的存取速度很快，所以在电脑运行软件的时候就把程序调入内存（RAM），对程序所做的更改都是在内存中进行的。RAM中信息的存储需要工作电压的维持，断电后存储的内容将立即消失。一般我们称的内存条指的就是RAM。

内存虽有容量、存取速度、数据带宽等多个技术指标，但内存的容量是用户最先考虑的因素之一，因为它代表了存储数据的多少。目前，内存容量最大的为DDR4 3000 16G的内存条。

（2）外设：指计算的外部设备，包含外存储器、输入设备和输出设备。

1）外部存储器：除内部存储器外，计算机系统还要配置外部存储器，外部存储器也叫辅助存储器，简称外存。外存的存取速度较内存慢得多，但容量大，保存的信息断电后不消失，是永久保存信息。外存有硬盘、光盘、U盘等（图1-1-3）。

> **课堂互动**　你知道U盘是如何得名的吗？

2）输入设备：指向计算机输入数据和信息的设备，是计算机与用户或其他设备通信的桥梁。输入设备由两部分组成：输入接口电路和输入装置。键盘、鼠标是常用的输入设备（图1-1-4）。

图1-1-3 硬盘　　　　　　　图1-1-4 鼠标与键盘

3）输出设备：是计算机的终端设备，任务是将计算机的处理结果以人们习惯接受的信息形式输送出来。常用的输出设备有显示器、打印机和绘图仪等。

2. 计算机的软件

计算机的软件是指计算机所运行的程序及其相关的文档数据。

在计算机系统中，指挥计算机完成某个基本操作的命令称为指令。计算机完成某项任务的有序指令的集合称为程序。计算机完成某项任务时所需的程序、数据和资料，即为运行、管理和维护计算机所编制的各种程序和文档的总和称为软件。在大多数不太严格的情况下，人们也常常直接把程序认为是软件。

计算机软件系统可以分为系统软件和应用软件两大类。系统软件是指管理、监控和维护计算机资源的软件，它主要包括操作系统、语言处理系统、数据库管理系统以及辅助程序等。应用软件是用各种程序设计语言编制的应用程序的集合，是为解决某个实际问题而编制的程序。随着计算机应用领域的扩大，应用软件的数量也越来越多。

3. 配置电脑

根据小王的经济实力以及使用需求，现配置电脑主机如表 1 - 1 - 2 所示。

表 1 - 1 - 2　电脑主机配置清单

配件名称	规格参数	单价（元）	数量	金额（元）
CPU	英特尔酷睿 i3 2120	779	1	779
内存条	金士顿 DDR3 1333MHz 4GB	129	1	129
主板	技嘉 GA - B75M - D3V	499	1	499
硬盘	东芝 Q300 120G 固态硬盘	359	1	359
机箱	鑫谷光韵	149	1	149
电源	鑫谷核动力 C5	129	1	129
显卡	蓝宝石 R7 350 超白金 2GD5	599	1	599
合　计				2643

任务评价

学习任务完成评价表

班级：_____　姓名：_____　项目号：_____　任务号：_____　任教老师：_____

项目	考核项目 （测试结果附后）	记录与分值			
		自测内容	操作难度分值	自测过程记录	操作自评分值
作品评价	计算机的概念、分类和发展	1. 计算机的概念 2. 计算机的分类 3. 计算机的发展	20		

续表

项目	考核项目（测试结果附后）	记录与分值			
		自测内容	操作难度分值	自测过程记录	操作自评分值
作品评价	计算机的特点	计算机的特点	20		
	计算机信息的表达	1. 计算机的信息表达方式 2. 计算机的存储单位	20		
	计算机的系统组成	1. 计算机的系统组成 2. 硬件系统 3. 软件系统	20		
	计算机的配置	配置计算机硬件	20		
教师点评记录				作品最终评定分值	

任务拓展

一、课堂操作练习组装计算机

组装计算机就是将计算机的各个配件合理地组装在一起。下面是电脑组装的过程。

（1）机箱的安装。主要是对机箱进行拆封，并将电源安装在机箱里。

（2）主板的安装。将主板安装在机箱主板上。

（3）CPU 的安装。在主板处理器插座上插入安装所需的 CPU，并且安装上散热风扇。

（4）内存条的安装。将内存条插入主板内存插槽中。

（5）显卡的安装。根据显卡选择合适的插槽，现在市场主流声卡多为 PCI 插槽的声卡。

（6）将网卡插入主板上的网卡插槽内。

（7）硬盘驱动器的安装。

（8）机箱与主板间的连线。

（9）连接显示器，将显示器的数据线插入主板后的 AGP 插槽中。

（10）连接键盘，将键盘插入主板后的键盘插口中。

（11）连接鼠标，将鼠标插入主板后的鼠标插口中。

（12）开机测试硬件。

（13）测试无误后将机箱封装好。

二、课后作业

（一）选择题

1. 世界上第一台电子计算机诞生于

    A. 1941 年　　　　B. 1946 年　　　　C. 1949 年　　　　D. 1950 年

2. 世界上首次提出存储程序计算机体系结构的是

    A. 莫奇莱　　　　B. 艾仑·图灵　　　C. 乔治·布尔　　　D. 冯·诺依曼

3. 世界上第一台电子数字计算机采用的主要逻辑部件是

    A. 电子管　　　　B. 晶体管　　　　C. 继电器　　　　D. 光电管

4. 所谓的"第五代计算机"是指

    A. 多媒体计算机　　　　　　　　B. 神经网络计算机

    C. 人工智能计算机　　　　　　　D. 生物细胞计算机

5. 下面关于计算机发展的正确叙述是

    A. 第一代计算机的逻辑器件采用的是晶体管

    B. 从第二代开始使用中小规模集成电路

    C. 按年代来看，1965—1970 年是第四代计算机时代，元器件为超大规模集成电路

    D. 以上的说法都不对

（二）判断题

1. 即便是关机停电，一台微机 ROM 中的数据也不会丢失。　　　　　　（　　）

2. 计算机中的字节是个常用的单位，它的英文名字是 BIT。　　　　　　（　　）

3. 一个完整的计算机系统应包括软件系统和硬件系统。　　　　　　　　（　　）

（欧阳斌）

任务 2　认识 Windows XP

任务描述

    小王同学的计算机已配置安装完毕，那现在怎么安装系统呢？本案例就让小王同学掌握计算机 Windows XP 操作系统的使用方法。

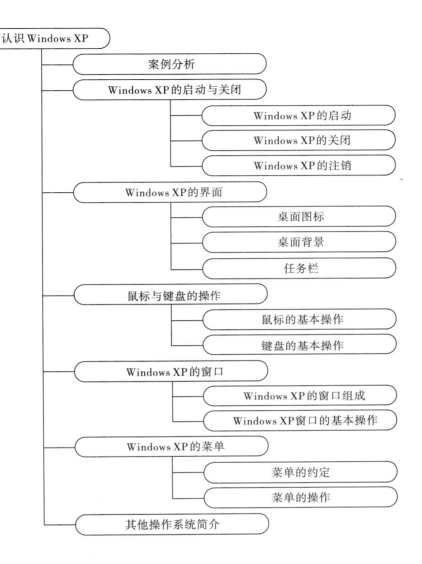

基本要求

1．知识与技能

（1）知道操作系统的功能。

（2）学会 Windows XP 的基本知识和基本操作。

（3）学会窗口的操作方法。

（4）学会菜单的使用方法。

2．过程与方法

（1）通过老师讲解及上机练习，学会 Windows XP 操作系统的启动、退出及重启，窗口及菜单的操作方法。

（2）培养学生的耐心与进一步学习 Windows XP 操作系统的兴趣。通过动手操作，培养学生的实操能力。

3. 情感态度与价值观

（1）培养学生良好的计算机操作习惯和严谨的工作作风。

（2）培养学生自主学习和探索学习的意识。

（3）通过动手操作，培养学生的创新意识。

任务分析

操作系统（OS）是负责支撑应用程序运行环境以及用户操作环境的系统软件，同时也是计算机系统的核心与基石。

学会使用 Windows XP，能够让医学生掌握使用计算机的基本技能，为今后的学习打下基础。

任务实施

一、案例分析

医学生小王想查看自己计算机上安装的操作系统版本、硬件基本配置情况，并设置个性化的计算机操作环境等方面外，还想利用鼠标和键盘操作 Windows XP 操作系统。如何使用Windows XP 操作系统就是本次任务的目的。

二、Windows XP 的启动与关闭

1. Windows XP 的启动

计算机系统是在 Windows XP 操作系统控制下进行工作的，有三种方式可以启动计算机：冷启动、热启动、复位启动。

（1）冷启动指接通计算机电源而开始的启动过程。启动计算机顺序是先打开显示器、打印机等外部设备的电源开关，然后再按下主机电源按钮，主要是防止后启动外部设备造成电压波动影响主机。

（2）热启动指在主机在开机状态情况下的启动过程。方法是同时按下"Ctrl + Alt + Del"三个键。当计算机在使用过程中出现死机等异常情况，需要重新引导操作系统时，通常使用热启动方式。

（3）复位启动指直接按主机上的复位按钮来启动的过程，基本同热启动。

使用冷启动方式启动计算机时，系统首先对硬件系统进行自检、初始化各种即插即用设备。如果前次运行中没有按正常步骤关闭计算机，则计算机系统运行磁盘扫描程序，检查是否出现故障。当检查完成没有故障时，才能启动 Windows XP 系统。当 Windows XP 正常启动时，如果屏幕出现用户登录界面，则可以输入用户名和密码，再单击"确定"按钮。

2. Windows XP 的关闭

为了不丢失数据和毁坏系统，在 Windows 下操作完毕，准备关闭时应遵循如下步骤：①关闭所有窗口。②单击"开始"菜单中"关闭计算机"按钮，出现对话框。③在系统随之显示的对话框中，选择"关闭"按钮，就可以关闭主机了。随之也关闭

了 Windows 操作系统。

3. Windows XP 的注销

由于 Windows XP 是一个支持多用户的操作系统，当登录系统时，在登录界面上单击用户名前的图标，用户即可登录。

这时如果要以其他用户身份访问计算机，需要先注销掉当前用户，再以其他用户名登录，这样使用户不必重新启动计算机就可以实现多用户登录，这样既快捷又方便，又减少了对硬件的损耗。

注销 Windows XP 用户账号的操作步骤如下：①单击"开始"菜单中"注销"按钮，弹出"注销 Windows"对话框。②单击"切换用户"或"注销"按钮，出现登录用户选择界面。切换用户指不关闭当前用户的情况下切换到另一用户，当用户再次返回时系统会保留原来的状态；注销指保存设置，关闭当前登录用户。

> **课堂互动** 既然 Windows XP 操作系统也是软件，你知道它是如何安装到计算机上的吗？

三、Windows XP 的界面

Windows XP 正常启动后进入的界面称为桌面。桌面是组织和管理资源的一种有效的方式，正如日常的办公桌面一样，我们常常在其上搁置一些常用工具。Windows 也利用桌面承载各类系统资源，它将常用的程序或文件以图标的方式放在屏幕上，以便于用户使用。桌面的组成元素主要包括桌面图标、桌面背景、"开始"按钮、快速启动工具栏、任务栏等。

1. 桌面图标

桌面图标一般是由文字和图片组成，文字说明图标的名称或功能，图片是它的标识。用户利用图标可以打开相应的文件或应用程序。

一般在安装 Windows 时，系统会自动在桌面上创建几个图标，如"我的电脑""我的文档""网上邻居""回收站""Internet Explorer"。以后随着使用和软件的安装，桌面上的图标会有所增加。下面简要介绍一下常见系统图标的功能。

（1）我的电脑：用于管理本机能够使用的所有磁盘资源。

（2）我的文档：是 Windows 中的一个系统文件夹，主要用于保存文档、图形或其他用户文件。

（3）网上邻居：用于快速访问当前计算机所在局域网中的硬件和软件资源，双击它即可浏览工作组中的计算机和网上的全部计算机。

（4）回收站：用于暂时存放被丢弃（删除）的文件及其他对象，倘若因误操作丢弃了某个文件，可在"回收站"中执行"还原"命令，安全地恢复过来。但一旦执行该文件夹中的"清空回收站"命令，或在回收站中再次执行删除操作，就将永久地删除了它里面的内容，再也找不回来了。

（5）Internet Explorer：是网络浏览器，用于启动 Internet 浏览器，浏览因特网的信息。

2. 桌面背景

桌面背景也称为墙纸，是指 Windows XP 桌面的背景图案。用户可以有多种方法设

置桌面背景。

3. 任务栏

屏幕最底端的蓝色长条叫作"任务栏"，主要是显示当前电脑运行的一些任务和在任务之间进行切换。所有正在运行的应用程序和打开的文件夹均以按钮的形式显示在任务栏上，要切换到某个应用程序或文件夹窗口，只需单击任务栏上相对应的按钮。它可以通过设置"任务栏属性"使它在没有被使用时自动隐藏起来；也可拖动任务栏（空白区域），使它显示在桌面的左边、右边或上边；还可以将鼠标放置在任务栏边沿，指针呈现双向箭头时，拖动鼠标，以调整任务栏的宽窄。在任务栏的右边有一通知区域，里面包含了多个状态指示器。根据系统配置的不同，该区域中的指示器个数和内容也不同。

4. "开始"菜单

在桌面上单击"开始"按钮，就可以打开"开始"菜单。它大体上可分为四部分。

（1）"开始"菜单最上方标明了当前登录计算机系统的用户，由一个漂亮的小图片和用户名称组成，它们的具体内容是可以更改的。

（2）在"开始"菜单的中间部分左侧是用户常用的应用程序的快捷启动项，根据其内容的不同，中间会有不很明显的分组线进行分类。通过这些快捷启动项，用户可以快速启动应用程序。在右侧是系统控制工具菜单区域，比如"我的电脑""我的文档""搜索"等选项，通过这些菜单项，用户可以实现对计算机的操作与管理。

（3）在"所有程序"菜单项中显示计算机系统中安装的全部应用程序。

（4）在"开始"菜单最下方是计算机控制菜单区域，包括"注销"和"关闭计算机"两个按钮，用户可以在此进行注销用户和关闭计算机的操作。

四、鼠标与键盘的操作

在 Windows XP 中，鼠标和键盘是重要的输入工具，使用鼠标可以完成 Windows 中的大部分操作。

1. 鼠标基本操作

目前我们常见的鼠标类型基本是左右键，中间一个滚轮的一类鼠标。在这里我们主要来介绍鼠标键的常规操作，如表 1-1-3 所示。

表 1-1-3　鼠标的基本操作

操作	方法说明
单击	当鼠标指针移到某个图标上时，单击（按一下）左按钮。此操作常用来选中目标
双击	鼠标指针指向一个对象时，连续快速地按两次左按钮。此操作常用来打开对象
拖动	鼠标指针指向一个对象时，按下左按钮，不松开，然后移动鼠标，对象会随之移动，到一个新位置后，松开鼠标按钮
右击	鼠标指针指向一个对象时，单击右按钮。此操作可以弹出与此对象相关的快捷菜单
转到滚轮	使窗口区内容上下移动

鼠标指针通常是一个箭头，但也会根据它的使用位置和使用时的状态而发生变化。

2. 键盘的基本操作

键盘作为重要的文字录入工具，它的使用除了输入文字和符号之外，还有另一个功能，就是辅助鼠标快速地完成命令。尤其是部分键值，可直接完成一些命令，或是通过键值的组合形成新的命令。一般我们把这些键值称为快捷键和组合快捷键。

（1）主键盘区：也称字符键区，包含26个英文字母、10个数字符号、各种标点符号、数学符号、特殊符号等，还有若干功能控制键。各键功能如表1-1-4所示。

表1-1-4 主键盘区各键功能

按键名称	键的功能
Shift	上档键。按住该键不放，可输入上档的各种符号或大小写转换的字母
Caps Lock	大写字母转换键
Tab	制表键。按下该键，光标可移动一个制表位置
Enter	回车键。按下该键，表示结束当前的输入并转换到下一行开始输入，或者执行输入的命令
Space	空格键。按下该键能输入一个空格符号
Backspace	退格键。按下该键可删除光标前边的一个字符
Ctrl	控制键。该键单独使用没有意义，主要与其他键组合使用，可构成不同的控制作用
Alt	转换键。该键单独使用没有意义，主要与其他键组合使用，可构成不同的控制作用

（2）功能键区：包含"Esc"键和F1—F12一共13个功能键，各键功能如表1-1-5所示。

表1-1-5 功能键区各键功能

按键名称	键的功能
Esc	退出键。按住该键，可用于取消一个操作或退出一个程序
F1—F12	功能键。不同的软件可定义各键不同的功能

（3）光标控制键区：又称编辑键区，主要控制光标在屏幕上的位置。各键功能如表1-1-6所示。

表1-1-6 光标控制键区各键功能

按键名称	键的功能
←、↑、↓、→	光标移动键。按下该键，可使光标向左、上、下、右移动一个字符位置
Home	按下该键，快速移动光标至当前编辑行的行首
End	按下该键，快速移动光标至当前编辑行的行尾
Page Up	翻页键。按下该键，光标快速上移一页，所在列不变
Page Down	翻页键。按下该键，光标快速下移一页，所在列不变
Insert	插入键。按下该键，可改变插入/改写的状态
Delete	删除键。按下该键，可删除光标后边的一个字符，同时光标后面的字符前移一个字符位置

（4）数字键盘区：又称小键盘区，该区的键位和其他键区基本上是重复的，主要是为了数字输入的快捷和方便。键位上的上下档字符由"Num Lock"（数字锁定键）来控制。这是一个反复键，按下该键，键盘上的"Num Lock"灯亮，此时可用小键盘上的数字键输入数字；再按一次"Num Lock"键，该指示灯灭，数字键作为光标移动键使用。所以数字锁定键又称"数字/光标移动"转换键。

五、Windows XP 的窗口

Windows 的中文含义是窗口，Windows 操作系统的主要操作平台就是窗口。用户每打开一个窗口任务，在任务栏上就会出现该任务的任务按钮。接下来认识和了解窗口的基本使用方法。

1. Windows XP 的窗口组成

窗口一般由标题栏、菜单栏、工具栏、状态栏等几部分组成不同的窗口之间会存在一些差别。

（1）标题栏：显示窗口名称，区分不同窗口。

（2）菜单栏：对内容的操作菜单。

（3）工具栏：对内容的常用操作工具，通常可以通过菜单设置它显示与否。

（4）工作区：操作区域或内容存储区域。

（5）状态栏：显示当前状态或给用户提示信息。

（6）最小化按钮：单击此按钮可以使窗口最小化，落入任务栏，单击任务栏窗口按钮，则最小化的窗口可以恢复。

（7）最大化按钮：单击此按钮可以使窗口覆盖整个屏幕，同时按钮转变为还原按钮，单击还原按钮，可以恢复原来大小。

> **课堂互动** 你还知道哪些最大化、最小化窗口的操作呢？

（8）关闭按钮：关闭窗口。如是一个程序，则程序被终止。

（9）滚动条：当内容不能全部显示时，会自动显示滚动条。有滚轮的鼠标也可以通过滚动滚轮上下移动内容区。

（10）窗口角：用来调整窗口大小。

2. Windows XP 窗口的基本操作

窗口的基本操作包括打开、缩放、移动、关闭、切换等操作方法。

（1）打开窗口：可用到以下两种方法。①双击要打开的目标图标即可。②右击选中的图标，在弹出的快捷菜单中选择"打开"命令。

（2）关闭窗口：可用到以下三种方法。①单击窗口标题栏右侧的"关闭"按钮。②使用快捷键"Alt + F4"。③在任务栏上右击该任务的任务按钮，在弹出的快捷菜单中选择"关闭"命令。

（3）缩放窗口：用户可根据需要自由地调整窗口的大小，但在最大化及最小化状态是不可实现的。操作步骤如下：①将鼠标指向窗口的边框线或窗口角上。②当鼠标指针变为双向箭头时，拖动鼠标沿着箭头的方向调整窗口大小，然后释放鼠标左键即可。

（4）移动窗口：用户可根据需要自由地移动窗口的位置，但在最大化及最小化状态是不可实现的。操作步骤如下：①将鼠标指针指向窗口标题栏的空白处，拖动鼠标，此时窗口的轮廓虚线跟随鼠标移动。②到达指定位置后，释放鼠标左键即可。

（5）切换窗口：Windows XP 系统可同时打开多个任务窗口，但只有一个窗口处于可操作状态，称为活动窗口，其标题栏颜色显示默认的深蓝色。其他的窗口为非活动窗口，标题栏颜色为淡蓝色。切换窗口也就是在多个窗口间切换，以达到切换当前窗口的目的。

1）鼠标切换窗口：单击要激活的窗口内的空白处或任务栏上对应窗口的任务按钮，即可激活当前窗口。

2）键盘切换窗口：利用"Alt + Tab"键进行切换，按住"Alt"键，再按"Tab"键，则出现切换任务栏，反复按"Tab"键，选中要切换的窗口图标后释放"Alt"键即可。

六、Windows XP 的菜单

每一个窗口都有一个菜单栏，在菜单栏中有"文件""编辑""查看"等菜单项，每个菜单项对应的下拉菜单提供一组命令列表。虽然各个菜单结构不完全相同，但这些菜单有一些共同的约定和相同的操作方法。

1. 菜单的约定

Windows 操作系统从 95 版问世至今，其菜单设计一直包含了一种很重要的交互规则，我们习惯上称之为"菜单约定"，如表 1 – 1 – 7 所示。

表 1 – 1 – 7　菜单的约定

菜单命令样式	菜单命令功能
黑色命令	表示此命令当前有效
灰色命令	表示此命令当前不可用
带"▶"命令	表示此菜单命令含有下级子菜单
带"…"命令	表示选择此命令后会弹出相应的对话框
带"●"命令	表示此命令已被选定，该组命令只能选择一个
带"√"命令	表示此命令有效，再选择一次√消失，命令无效
带组合键的命令	表示不打开菜单，按下该组合键即可执行相应命令

2. 菜单的操作

窗口菜单可以通过鼠标和键盘进行操作，操作方法如下。

（1）鼠标选择菜单：要想从菜单上选择某个命令，只要打开该命令所在的菜单项，单击该命令即可。如果不选择命令并且想关闭菜单，只需单击该菜单以外的空白处。

（2）键盘选择菜单：按"F10"或"Alt"键，利用上、下、左、右光标键移动选择区域到所需的菜单命令，按"Enter"键执行该命令。

七、其他操作系统简介

1. Windows 7.0

Windows 7.0 操作系统继承了部分 Vista 特性，在加强系统的安全性、稳定性的同时，重新对性能组件进行了完善和优化，部分功能、操作方式也回归质朴，在满足用户娱乐、工作、网络生活中的不同需要等方面达到了一个新的高度。特别是在科技创新方面，实现了上千处新功能和改变。Windows 7.0 操作系统成为了微软产品中的巅峰之作。

2. Windows 8.0

Windows 8.0 是由微软公司开发的，具有革命性变化的操作系统。该系统旨在让人们的日常电脑操作更加简单和快捷，为人们提供高效易行的工作环境。Windows 8.0 支持来自 Intel、AMD 和 ARM 的芯片架构。也就是说，下一代 Windows 系统还将支持更多合作伙伴的 ARM 系统。微软表示，这一决策意味着 Windows 系统开始向更多平台迈进，包括平板机。

3. Windows 10.0

Windows 10.0 操作系统不同于传统的桌面操作系统，也不同于新兴的移动操作系统。它将完全依托于云计算技术，采用全新的用户界面。

Windows 10.0 操作系统的特点如下。

（1）更加安全：Windows 提供更多内置安全功能以及更安全的身份验证功能。始终开启更新，可以帮助你在设备的支持生命周期内始终获得最新的安全功能。

（2）更加高效：使用更富创新的工具，帮助你将一切安排得井然有序，获得创意，在线完成任务并快速处理事务，从而将工作效率提高一倍。

（3）更加个性化：Windows 融入了你的生活，使你享有更具个性化的数字助理、迄今为止最适合玩游戏的 Windows，以及让你的设备与手机保持同步的功能。

（4）更加功能强大：Windows 引领创新潮流，赋予设备更出色的崭新工作方式，包括可以取代笔记本电脑的二合一平板电脑，以及可以像 PC 一样使用的手机。

任务评价

学习任务完成评价表

班级：_____ 姓名：_____ 项目号：_____ 任务号：_____ 任教老师：_____

项目	考核项目 （测试结果附后）	记录与分值			
		自测内容	操作难度分值	自测过程记录	操作自评分值
作品评价	Windows XP 的启动和关闭	1. Windows XP 的启动 2. Windows XP 的退出	20		

项目	考核项目 （测试结果附后）	记录与分值			
		自测内容	操作难度分值	自测过程记录	操作自评分值
作品评价	Windows XP的界面	1. Windows XP 的桌面 2. Windows XP 的图标 3. Windows XP 的任务栏	20		
	Windows XP的窗口	1. Windows XP 窗口的组成 2. Windows XP 窗口的操作	20		
	Windows XP的菜单	1. Windows XP 菜单的组成 2. Windows XP 菜单的操作	20		
	鼠标和键盘的操作	1. 鼠标的操作 2. 键盘的操作	20		
教师点评记录				作品最终评定分值	

任务拓展

一、课堂操作练习

利用窗口的基本操作完成下列练习。

（1）打开"我的电脑"窗口，观察窗口组成。

（2）在"我的电脑"窗口中将工具栏、地址栏、状态栏显示出来。

（3）将窗口进行最大化操作，然后还原，观察窗口大小的变化。

（4）将窗口进行最小化操作，然后还原，观察窗口大小的变化。

（5）将窗口还原显示，并移动窗口，观察窗口位置变化。

（6）再打开"回收站"窗口，在"我的电脑"窗口之间，尝试用三种方法进行切换。

二、课后作业

（一）选择题

1. Windows XP 的"桌面"指的是

    A. 某个窗口   B. 整个屏幕

    C. 某一个应用程序   D. 一个活动窗口

2. 桌面上的图标不能用来表示

    A. 最小化的窗口   B. 文件夹

    C. 文件   D. 快捷方式

3. 快捷键"Ctrl + Esc"的功能是

    A. 在打开的项目之间切换   B. 显示"开始"菜单

    C. 查看所选项目的属性   D. 以项目打开的顺序循环切换

4. 在"开始"菜单中点击"关闭计算机"按钮时，有几个选项

    A. 1   B. 2

    C. 3   D. 4

5. 对于 Windows 中的任务栏，描述错误的是

    A. 任务栏的位置、大小均可以改变

    B. 任务栏无法隐藏

    C. 任务栏中显示着已打开的文档或已运行程序的标题

    D. 任务栏的尾端可添加图标

（二）判断题

1. 在 Windows XP 窗口的菜单项中，灰色的表示该菜单项已经被使用过。 （   ）

2. 在 Windows 中可以同时打开多个窗口，它们都是活动窗口。 （   ）

3. Windows XP 中任务栏既能改变位置，也能改变大小。 （   ）

（欧阳斌）

任务 3　认识 Windows XP 的剪贴板

任务描述

    剪贴板是 Windows 系统可随存放信息的大小而变化的内存空间，可以存放的信息种类是多种多样的。它用来临时存放交换信息，可以通过剪切或复制操作在剪贴板上保存或提取信息。那么，如何将画图程序中的图画传递给 Word 程序呢？

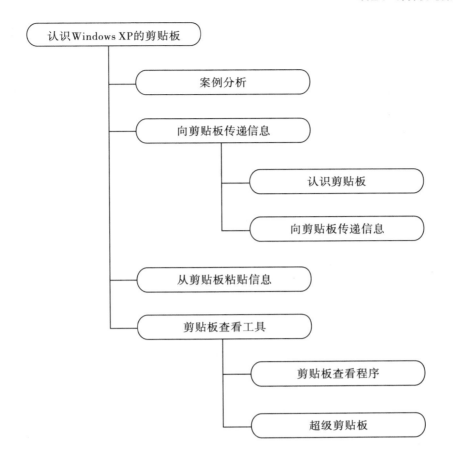

基本要求

1. 知识与技能

（1）知道剪贴板的作用。

（2）学会剪贴板的操作方法。

（3）认识剪贴板的查看工具。

2. 过程与方法

（1）培养学生对计算机的兴趣和爱好。

（2）学生通过互帮互学和讨论，在多次练习中掌握方法。

3. 情感态度与价值观

（1）培养学生独立观察思考的能力和动手能力，激发学生学习信息技术的兴趣，培养学生发现美、创造美的能力。

（2）在完成各个阶段的任务后，感受成功的快乐。

任务分析

画图是一个简单的图像绘画程序，是 Windows 操作系统的预装软件之一。用户可以自己绘制图画，也可以对扫描的图片进行编辑修改。Word 是一个文字处理应用程序。在画图和 Word 两个不同的程序中可通过剪贴板进行数据交换。

利用剪贴板在画图和 Word 程序中传递数据的内容主要包括：①在"开始"菜单中打开画图程序，在其中画一幅图画。②选择画好的图画，利用复制命令将图画复制到剪贴板中。③打开 Word 程序，利用剪贴板将其中的图画粘贴到 Word 中。④在 Word 程序中多次进行粘贴，观察结果。

任务实施

一、在画图与 Word 程序中传递数据案例分析

在画图与 Word 程序中传递数据包括三项内容：第一项是利用剪贴板复制图画内容，可以通过不同的方法进行操作。第二项是利用剪贴板将图画粘贴到 Word 程序中，可以通过不同的方法实现。第三项是重复粘贴，认识复制与粘贴的关系。

二、认识剪贴板

说起剪贴板，也许你平时没有太注意，但是你的许多操作可都是借助它才得以完成的。它作为 Windows 系统中重要的数据传递工具，作用不容忽视。

剪贴板是在 Windows 系统中单独预留出来的一块内存，用来暂时存放在 Windows 应用程序间要交换的数据。使用它，只需要简单地按几个键就可以将数据从一个文件拷贝到另一个文件中去。这些数据可以是文本、图像、声音或应用程序等。简单地说，只要能够在硬盘上存储的数据，就能存放在剪贴板里。

由于剪贴板是存在于系统内存中的，所以一旦关闭了计算机，上面的数据就会消失。只要不关闭计算机，剪贴板中的数据就会一直存在内存中。

三、向剪贴板传递信息

Windows 应用程序中的剪切、复制、粘贴命令是剪贴板应用的典型操作，它的流程就是当用剪切或复制命令对数据进行操作后，这些数据就被暂时存放在剪贴板当中。在剪贴板中同一时间只能存放此前最后一次剪切或复制的数据，再进行剪切或复制操作时，新的数据就会覆盖掉原有的数据。

要想把数据放进剪贴板中，可以通过复制或剪切操作来完成，在复制或剪切前必须要先选中指定的数据，这些信息可以是一段文字、图像或程序，不同的数据有不同的选定方法。剪切和复制命令的不同之处就在于执行的结果，剪切会删除原来的数据，而复制操作将保留原来的数据。

1. 剪贴板的复制操作

常用的剪贴板的复制操作有下面四种方法：①选择目标后，可从菜单栏的"编辑"菜单中选择"复制"命令。②选择目标后，可单击工具栏上的"复制"按钮。③选择目标后，鼠标右击，在打开的快捷菜单中选择"复制"命令。④选择目标后，按"Ctrl + C"组合键。

2. 剪贴板的剪切操作

常用的剪贴板的剪切操作有下面四种方法：①选择目标后，可从菜单栏的"编辑"菜单中选择"剪切"命令。②选择目标后，可单击工具栏上的"剪切"按钮。③选择目标后，鼠标右击，在打开的快捷菜单中选择"剪切"命令。④选择目标后，按"Ctrl + X"组合键。

3. 剪贴板的屏幕复制操作

屏幕上的数据如果需要复制到剪贴板中，实际上就是把当前屏幕上的数据抓图后以位图数据的形式存在剪贴板中。要把整个屏幕的抓图复制到剪贴板中，可按"Print Screen"键，如果只把当前窗口的抓图复制到剪贴板中，按下"Alt"键不放，再按"Print Screen"键即可。

四、从剪贴板粘贴信息

粘贴操作可以把剪贴板中的数据复制到指定位置。粘贴操作常用的有下面四种方法。

（1）首先将鼠标指针定位于目标位置，然后你可以从菜单栏的"编辑"菜单中选择"粘贴"命令。

（2）可单击工具栏上的"粘贴"按钮，或者在鼠标右键菜单中选择"粘贴"命令。

（3）可以按"Ctrl + V"组合键。

在粘贴时要注意的是，剪贴的数据必须粘贴在相兼容的程序里。例如，可以粘贴一个图形到写字板或者Word中，也可以从Excel中粘贴一个电子表格到Word中去，但都不能粘贴到记事本中去，因为记事本程序不支持图片和表格。

> **课堂互动**　你知道数据被复制后，可以粘贴多少次呢？

五、剪贴板查看工具

1. 剪贴板查看程序

剪贴板查看程序是Windows自带的一个剪贴板操作工具，用它可以对剪贴板中的数据进行浏览和简单的编辑等操作，通过单击"开始"按钮打开开始菜单，在"程序"选项中选择"附件"，在其子菜单中选择"剪贴板查看程序系统工具"，找到选择"剪贴板查看程序"就可以打开它。

如果在你的Windows中没有这个程序，你可以打开"控制面板"中的"添加/删除程序"来添加剪贴板查看程序。通过剪贴板查看程序可以对剪贴板中的数据进行简单的编辑操作，用来清空剪贴板中的内容。

2. 超级剪贴板

常规剪贴板只能存放一次剪贴内容，当再次拷贝时，前一次内容将被丢失。

超级剪贴板将突破这个局限，使你拥有无数剪贴板，并可在其中任意选择、排序，并可以保存为文件，即使一个月后仍然可以找回原来的剪贴内容。超级剪贴板支持任何形式的剪贴格式，包括文本、图像、文件等，当然，你首先要下载安装它，才可以使用。

任务评价

学习任务完成评价表

班级：_____ 姓名：_____ 项目号：_____ 任务号：_____ 任教老师：_____

项目	考核项目 （测试结果附后）	记录与分值			
		自测内容	操作难度分值	自测过程记录	操作自评分值
作品评价	画图程序的操作	1. 通过"开始"菜单打开画图程序 2. 在画图程序中绘制一幅图画	20		
	剪贴板的复制	选择图画，进行复制操作	30		
	剪贴板的粘贴	打开 Word 程序，将图画进行粘贴	30		
	多次使用剪贴板	重复粘贴相同内容，只进行一次复制操作，即可多次粘贴	20		
教师点评记录				作品最终评定分值	

任务拓展

课后作业

（一）选择题

1. 下列关于 Windows 剪贴板的叙述中，正确的是

    A. 利用剪贴板只能移动文件

    B. 关机后剪贴板中的信息会保留至下次使用

    C. 按下 "Print Screen" 键会往剪贴板中发送信息

    D. 剪贴板中的信息可以用磁盘文件的形式长期保存

2. 下列关于剪贴板叙述错误的是

    A. 剪贴板中的内容可以粘贴到多个不同的文档中

    B. 剪贴板内始终只保存剪切或复制的内容

    C. 退出 Windows 后剪贴板中的内容将消失

    D. 利用剪贴板 "剪切" 的数据只可以是文本

3. 在 Windows 中对多个目标连续进行了多次剪切操作，剪贴板中存放的是

    A. 第一次剪切的目标

    B. 最后一次剪切的目标

    C. 所有剪切的目标

    D. 空白

4. 复制整个屏幕到剪贴板的方法是

    A. Print Screen

    B. Alt

    C. Alt + Print Screen

    D. Ctrl + Alt + Print Screen

5. 关于剪贴板的叙述中错误的是

    A. 是 Windows 系统在计算机内存中开辟的一块临时存储区

    B. "复制"、"粘贴" 和 "剪切" 操作都是与剪贴板相关的

    C. 剪贴板中的内容可以保存成文件的形式

    D. 剪切板的内容可以查看

（二）判断题

1. 剪贴板上的内容不能多次粘贴。   （   ）

2. "剪贴板" 能存放剪切和复制内容各一次。   （   ）

3. "剪贴板" 的内容即使重新启动 Windows 仍然保存。 （   ）

（欧阳斌）

任务4　学会 Windows XP 的输入法

任务描述

根据样稿 "老人与黑人小孩子" 的文章，利用搜狗输入法进行打字训练。

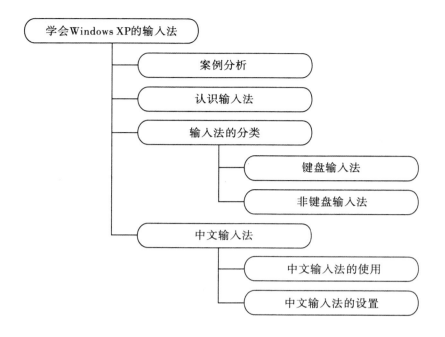

基本要求

1. 知识与技能

（1）认识输入法的分类。

（2）学会中文输入法的使用方法，提高文字录入速度。

2. 过程与方法

（1）培养学生对输入法的正确使用方法。

（2）通过学生自主学习，培养学生解决实际问题的能力。

（3）通过动手操作，加深对中文输入法的认识，并能促使学生动手探索新的知识。

3. 情感态度与价值观

（1）让学生自我展示、自我激励，体验成功，在不断尝试中激发求知欲，在不断摸索中陶冶情操。

（2）学习汉字输入法的用法及发展史，激发学生热爱科学、刻苦钻研的精神。

任务分析

依靠键盘进行打字是常规的文字录入方式，熟练掌握一种输入方法对于提高录入速度和效率非常重要。

利用搜狗输入法进行文字录入的内容主要包括：①要按照正确的坐姿、指法进行操作。②要进行中文录入，切换到搜狗中文输入法状态。③在录入中善于通过拼音使用默认字进行录入，从而提高录入速度。④注意标点符号的录入。

任务实施

一、搜狗输入法录入文章案例分析

样稿"老人与黑人小孩子"文章，如图 1-1-5 所示。

老人与黑人小孩子

一天，几个白人小孩在公园里玩。这时，一位卖氢气球的老人推着货车进了公园。白人小孩一窝蜂地跑了上去，每人买了一个气球，兴高采烈地追逐着放飞的气球跑开了。白人小孩的身影消失后，一个黑人小孩怯生生地走到老人的货车旁，用略带恳求的语气问道："您能卖给我一个气球吗？"

"当然可以"，老人慈祥地打量了他一下，温和地说，"你想要什么颜色的？"

他鼓起勇气说："我要一个黑色的。"

脸上写满沧桑的老人惊诧地看了看这个黑人小孩，随即递给他一个黑色的气球。

他开心地接过气球，小手一松，气球在微风中冉冉升起。

老人一边看着上升的气球，一边用手轻轻地拍了拍他的后脑勺，说："记住，气球能不能升起，不是因为它的颜色，而是因为气球内充满了氢气。"

大道理：成就与出身无关，与信心有关。这个世界是用自信心创造出来的。有自信，积极地面对自己所拥有的一切，这种积极和自信会帮助人登上成功的山顶。

图 1-1-5 样稿"老人与黑人小孩子"

二、认识输入法

输入法是指为了将各种符号输入计算机或其他设备（如手机）而采用的编码方法。

英文字母只有 26 个，它们对应着键盘上的 26 个字母，所以对于英文而言，是不存在什么输入法的。汉字的字数有几万个，它们和键盘是没有任何对应关系的，但为了向电脑中输入汉字，我们必须将汉字拆成更小的部件，并将这些部件与键盘上的键产生某种联系，才能使我们通过键盘按照某种规律输入汉字，这就是汉字编码。

1983 年，王永民先生推出了划时代的五笔字型输入法。五笔输入法不但可以让我们输入汉字，而且也极大地解决了输入速度慢这一顽症。但很快随着电脑用户的越来越多，强背字根、入门难的先天问题越来越突显出来了，更多的人需要一款使用简单、入门轻松的输入法来代替五笔输入法。1991 年，由长城集团与北京大学合作推出的智能 ABC 汉字输入法解决了这一问题，尤其是在 Windows 系统将智能 ABC 输入法内置成为系统默认安装输入法之一之后，使用它的用户越来越多。

随着互联网的蓬勃发展，中文输入法领域在 2007 年左右出现了重大变化，搜狗、谷歌和腾讯陆续推出了拼音输入法，这些输入法的特点是结合搜索引擎功能，将搜索引擎得到的关键词搜索数据添加到输入法中，满足了互联网时代新词、热词输入的准确性。

三、输入法的分类

输入法种类较多，选择不同的输入法，输入的方法及按键次数、输入速度均有所不同。目前键盘输入是最基础的计算机输入方式。此外还有手写、语音等输入法，但由于技术难度和设备的不普遍，这两种输入方式都还未成熟。

1. 键盘输入法

目前的键盘输入法种类繁多，而且新的输入法不断涌现，各种输入法各有各的特点，各有各的优势。随着各种输入法版本的更新，其功能越来越强。目前的中文输入法有对应码（流水码）、音码、形码。

2. 非键盘输入法

非键盘输入方式无非是手写、听、听写、读听写等方式。但由于组合不同、品牌不同，形成林林总总的产品，分为下面几类：手写笔、语音识别、手写加语音识别、手写语音识别加 OCR 扫描阅读器。

四、中文输入法

中文输入法是指为了将汉字输入计算机或手机等电子设备而采用的编码方法，是中文信息处理的重要技术。中文输入法大部分可以分为两类：汉语拼音及五笔字型输入法。

汉语拼音输入法是利用汉字的读音（汉语拼音）进行输入的一类中文输入法。拼音输入法有几种输入方案，包括全拼和双拼。常见的中文输入法有智能 ABC、搜狗拼音、拼音加加、谷歌拼音输入法等。

五笔字型输入法完全依据笔画和字形特征对汉字进行编码，是典型的"形码"。五笔字型输入法在使用简体中文的地区应用较广泛，是这些地区最常用的形码输入法。

本案例将以搜狗拼音输入法为例进行讲解。

1. 中文输入法的使用

（1）激活输入法：激活输入法的方法有以下几种。

1）使用中文输入法的操作步骤是在任务栏上的语言栏中单击输入法指示器"⌨"，随后弹出当前系统已安装的输入法菜单，单击要选用的输入法即可。如图 1-1-6 所示。

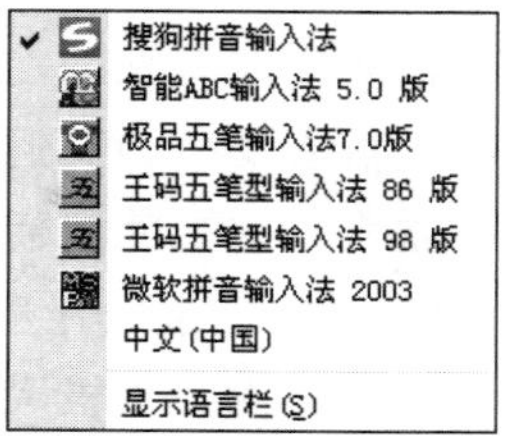

2）按下"Ctrl + Shift"键可切换输入法，不断按键切换到需要的输入法出来即可。

3）按下"Ctrl + Space"键即可在英文与中文输入法之间切换，至于切换到哪种中文输入法，与上次使用的哪种输入法和设置的默认输入法有关。

图 1-1-6　输入法菜单

（2）输入法状态条的构成：当激活一种输入法后，就会出现相应的输入法状态条。

输入法状态条表示当前的输入状态，可以通过单击来切换状态。虽然每种输入法状态栏所显示的工具栏图标不同，但是它们都具有一些相同的部分，如"中/英文输入状态""全角/半角符号""中文/英文标点""输入方式""皮肤"和"工具箱"。

（3）输入中文汉字：在中文 Windows 环境下，每一种输入法输入中文汉字的操作都会有差异，以搜狗输入法为例，其操作步骤如下。

1）输入汉字编码，例如输入拼音"老人与黑人孩子"，可以看到如图 1-1-7 所示的内容。

2）搜狗输入法的输入提示框很简洁，上面的一排是你所输入的拼音，下一排就是候选字，输入所需的候选字对应的数字，即可输入该词。第一个词默认是红色的，直接敲下空格键即可输入第一个词。

3）如果所需的汉字不在当前输入的提示框内，则通过"+""-"或","""。"来进行翻页查找，再按下对应的数字键即可。

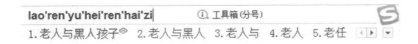

图 1-1-7　搜狗输入法的输入提示框

2. 中文输入法的设置

用户可以把一些 Windows 提供的输入法添加到输入法列表中，或把不用的输入法从列表中删除，也可以安装一些 Windows 没有提供的输入法。

（1）添加或删除输入法：在输入法指示器上右击鼠标，从出现的快捷菜单中选择"设置"命令，打开"文字服务和输入语言"对话框。如果要删除输入法，在"已安装的服务"列表中选择该输入法，单击"删除"按钮就可以完成删除。如果要添加Windows 提供的输入法，可单击对话框中的"添加"按钮，在弹出的对话框中选择"键盘布局/输入法"选项，并打开列表选择要添加的输入法，按"确定"按钮。

（2）安装输入法：安装新的输入法与安装程序方法相同，利用新输入法的安装软件就可按照安装提示一步步进行安装，直到安装结束。

（3）默认输入语言设置：默认输入语言是计算机启动时使用的一个已安装的输入语言，默认选择"简体中文-美式键盘"，用户可根据自己的习惯设置开机后的输入法。在"文字服务和输入语言"对话框中的"默认输入语言"设置列表中选择需要的输入法即可。

（4）输入法属性设置：在"已安装服务"列表中选择需要设置的输入法，单击"属性"按钮，可以对该输入法进行相关设置。

（5）输入法快捷键的设置：利用输入法设置快捷键，可以快速切换到该输入法。在"文字服务和输入语言"对话框中单击"键设置"按钮，打开"高级键设置"对话框，在其列表中选择要设置快捷键的输入法，单击"更改按键顺序"按钮，在弹出的"更改按键顺序"对话框中设置快捷键的组合，

> **课堂互动**　除了同学们掌握的中文输入方法，正确的指法分工也是必不可少的。你知道指法吗？知道基准键吗？

设置完毕后按"确定"按钮。

任务评价

学习任务完成评价表

班级: _____ 姓名: _____ 项目号: _____ 任务号: _____ 任教老师: _____

项目	考核项目 （测试结果附后）	记录与分值			
		自测内容	操作难度分值	自测过程记录	操作自评分值
作品评价	利用搜狗输入法录入中文	1. 要按照正确的坐姿、指法进行操作	15		
		2. 要进行中文录入，切换到搜狗中文输入法状态	10		
		3. 在录入中善于通过拼音使用默认字进行录入，从而提高录入速度	25		
		4. 注意标点符号的录入方法	20		
		5. 录入的速度和正确率	30		
教师点评记录				作品最终评定分值	

任务拓展

课后作业

（一）选择题

1. 以下不能进行输入法语言选择的是

A. 先单击语言栏上表示语言的按钮，然后选择

B. 先单击语言栏上表示键盘的按钮，然后选择

C. 在"任务栏属性"对话框中设置

D. 按下"Ctrl"和"Shift"键

2. 一般用哪种方式来输入中文的标点符号

A. 小写字母　　　B. 半角　　　　C. 全角　　　　D. 大写字母

3. 手写汉字输入系统一般由哪项组成

A. 纸张和圆珠笔　　　　　　　B. 专用笔和写字板

C. 钢笔和扫描仪　　　　　　　D. 圆珠笔和塑料板

4. 在 Windows 系统中，同时按下哪组键，可以转换中、英文输入方式

A. Ctrl + 空格键　　　　　　　B. Shift + 空格键

C. Alt + Shift + Del　　　　　D. Alt + 空格键

5. 在 Windows 系统中，以下哪项操作可以使输入法在半角/全角方式间切换

A. 用鼠标单击"全角/半角"按钮

B. 用鼠标单击桌面上的"开始"按钮

C. 同时按下键盘的"Ctrl"键和空格键

D. 同时按下"Ctrl""Alt"和"Del"键再松开

（二）判断题

1. 通过键盘启动和关闭汉字输入法的快捷键是"Ctrl + Shift"键。　　　（　　）

2. Windows XP 操作系统没有为用户提供五笔字型输入法，需自行安装。　（　　）

3. 在中文输入法中，只能输入中文标点符号，不能输入西文标点符号。　（　　）

（欧阳斌）

任务 5　学会 Windows XP 的文件管理

任务描述

熟悉 Windows XP 的文件管理的基本操作，并完成以下操作练习。

（1）新建文件夹练习：在文件夹"xinjian"下建立一个新的文件夹"ONE"和文件"README. txt"。

（2）重命名练习：把文件"README. txt"文件名改为"TWO. txt"。

（3）移动练习：把文件"TWO. txt"移动到"ONE"文件夹下，并改名为"THREE. txt"。

（4）复制练习：把"THREE. txt"文件复制到"xinjian"文件夹下。

（5）删除练习：删除"ONE"文件夹下"THREE. txt"文件。

（6）更改文件属性：将"xinjian"文件夹下的"THREE. txt"文件属性设置为只读。

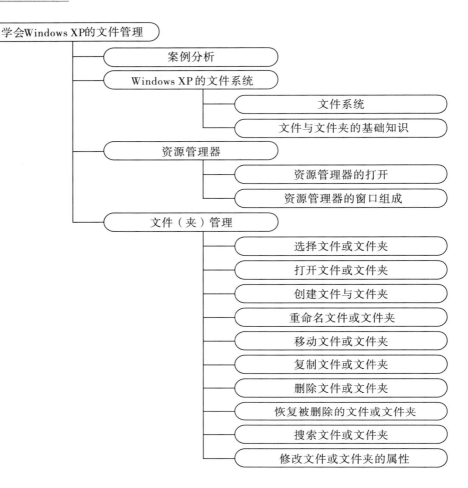

基本要求

1. 知识与技能

（1）认识资源管理器。

（2）知道资源管理器窗口的结构和使用方法。

（3）知道文件与文件夹相关定义、规则和概念。

（4）学会根据需要分类管理资源。

2. 过程与方法

（1）学会资源管理器的操作技能与常用技巧，提升计算机应用能力。

（2）通过实践活动来认识文件、文件夹，并学习资源管理器工具。

（3）通过对资源进行合理规划、分类，将无序数据进行科学的分类整理。

3. 情感态度与价值观

（1）逐步养成合理分类管理资源的良好习惯，提高学生对合理规划在学习中意义的认识。

（2）以小组活动的形式培养学生与学生之间的协同合作关系，增强学生的合作精神。

任务分析

我们不仅要了解计算机的基础知识，还要能熟练地组织和管理计算机中的文件。Windows XP 的文件管理主要包括新建、重命名、移动、复制、删除、搜索等操作，掌握这些操作便可以灵活管理目标了。

任务实施

一、文件管理案例分析

文件管理共有六项内容。

（1）在文件夹"xinjian"下建立一个新的文件夹"ONE"和文件"README. txt"。

（2）将文件"README. txt"文件名改为"TWO. txt"。

（3）将文件"TWO. txt"移动到"ONE"文件夹下，并改名为"THREE. txt"。

（4）将"THREE. txt"文件复制到"xinjian"文件夹下。

（5）删除"ONE"文件夹下"THREE. txt"文件。

（6）将"xinjian"文件夹下的"THREE. txt"文件属性设置为只读。

二、Windows XP 的文件系统

1. 文件系统

（1）文件系统的概念：操作系统中负责管理和存储文件信息的软件机构称为文件管理系统，简称文件系统。文件系统是操作系统用于明确磁盘或分区上的文件的方法和数据结构，即在磁盘上组织文件的方法。文件系统是管理和操作文件的系统。有了文件系统，用户可以用文件名对文件实施存取控制。

（2）文件系统的功能：从操作系统管理资源的角度看，一般应具备以下五种功能：①使用户能够按文件名对存储介质上的信息进行访问，文件系统负责完成对文件的按名存取。②实现用户要求的各种操作，包括文件的创建、修改、复制、删除等。③对文件提供共享功能及保护措施。④进行文件存储空间的管理。⑤提供转储和恢复的能力，尽量减少系统发生故障时所造成的损失和破坏。

（3）文件系统的类型：①FAT 文件系统是 MS – DOS 操作系统使用的文件系统，也能由 Windows 等操作系统访问。在 Windows 操作系统下，FAT16 支持的分区最大为2GB。②NTFS 文件系统是一个基于安全性的文件系统，是 Windows NT 所采用的独特的文件系统结构。它是建立在保护文件和目录数据基础上，同时照顾节省存储资源、减少磁盘占用量的一种先进的文件系统。③exFAT 文件系统是一种适合于闪存的文件系统，为了解决 FAT32 等不支持 4G 及更大的文件而推出。

（4）文件系统的分类：在文件系统中为了有效、方便地管理文件，常常把文件进行分类。由于不同的系统对文件的管理方式不同，因而对文件的分类方法也有很大差异。①按照文件的保护级别，可分为只读文件、读写文件和不保护文件。②按照文件的信息流向，可分为输入文件、输出文件和输入输出文件。③按照文件的存放时限，

可分为临时文件、永久文件和档案文件。④按照文件的存储设备类型，可分为磁盘文件和磁带文件。⑤按照文件的可执行情况，可分为程序文件和数据文件。

2. 文件与文件夹的基础知识

（1）文件：用来保存各种信息。用文字处理软件制作的文档，用计算机语言编写的程序，以及进入计算机的各种多媒体信息，都是以文件的方式存放的。每个文件都包括一个图标和一个文件名，文件名是管理文件的依据。

文件的名字由主文件名和扩展名组成，文件名和扩展名之间用一个"."字符隔开。主文件名表示文件的名称，由用户自己定义；扩展名用来表示文件的类型。

Windows中文件命名的规则：①文件名至多可以包含 255 个字符（包括扩展名）；可以使用汉字命名文件，一个汉字相当于两个英文字符。②在文件名中可以使用空格，但不可包含"/""\""|"":""<"">""?""*"等字符。③当文件名中有多个"."时，只有最后一个"."后的内容才是扩展名。④Windows 保留用户指定的名字的大小写格式，但不能利用大小写区分文件名。⑤当搜索和列举文件时，可以使用文件通配符"*""?"。"*"表示通配任意多个字符，"?"表示通配任意一个字符。

（2）文件类型：不同的文件有不同的扩展名，不同的扩展名代表了不同的文件类型。常见的扩展名如表 1 - 1 - 8 所示。

表 1 - 1 - 8　常见文件的扩展名及文件类型

扩展名	文件类型	扩展名	文件类型
. bmp	画图文件	. doc	Word 文档
. jpg	图像文件	. xls	Excel 文件
. htm	网页文件	. ppt	演示文稿文件
. mp3	声音文件	. zip	压缩文件
. wav	声音文件	. rar	压缩文件
. avi	视频文件	. sys	系统文件
. mpg	视频文件	. exe	可执行文件
. txt	文本文件	. com	系统程序文件

（3）文件夹：在 Windows 中，用"文件夹"的概念代替了"目录"的概念。使用文件夹的目的是为了我们对文件进行归类提供方便。

1）文件夹：是用户存放文件和子文件夹的地方，是存储文件的有组织的实体，用户可以使用文件夹把文件分成不同的组。

每一个文件夹都有名字，文件夹的命名规则与文件的命名规则相同。在同一个文件夹的同一级内，不允许出现同名的文件夹。

2）树型目录结构：大量的文件存储在磁盘上，如何有序地对文件进行管理，更快地搜索文件，是文件管理中的大问题。操作系统采用了我们日常生活中分类存档的思想，在文件系统中引入了"树型目录结构"的概念。

3）路径：操作系统是"按名存取"的，磁盘采用树型目录结构。在树型目录结构中，用户创建一个文件时，仅仅指定文件名就显得很不够，还应该说明该文件是在哪一盘区的哪个目录之下，这样才能唯一确定一个文件。因此，引入了"路径名"的概念。一个路径名由三部分组成：盘符、路径和文件名。

其中，路径描述了文件在树型目录结构中的位置，它是由相邻层的目录组成的，不同的目录名之间用反斜杠隔开。例如：

路径名：C：\ STUDENT \ WANG \ SCORE. doc 就可以唯一地定位一个文件，它是指在 C 盘根目录下"STUDENT"子目录下的"WANG"子目录中的"SCORE. doc"文件。

注意：路径名中的反斜杠"\"如果夹在目录和文件名之间，它是起隔离目录、文件名的作用，否则就是代表根目录。如上例中的第一个反斜杠就是指根目录。

三、资源管理器

资源管理器是 Windows 系统提供的资源管理工具，我们可以用它查看本台电脑的所有资源，特别是它提供的树型的文件系统结构，使我们能更清楚、更直观地认识电脑的文件或文件夹，这是"我的电脑"所没有的。在实际的使用功能上，"资源管理器"和"我的电脑"没有什么是不一样的，两者都是用来管理系统资源的，也可以说都是用来管理文件的。

1. 资源管理器的打开

常用的资源管理器的打开方法有以下几种：①在文件夹图标上右击，在快捷菜单中选择"资源管理器"命令。②在"开始"按钮上右击，选择"资源管理器"命令。③在文件夹窗口中，选择工具栏的"文件夹"工具。④利用快捷键"Win + E"打开资源管理器。

2. 资源管理器的窗口组成

资源管理器的窗口如图 1 - 1 - 8 所示。除了具有一般窗口的元素以外，它的特点在于工作区中包含两个子窗格。

图 1 - 1 - 8　资源管理器窗口

（1）左窗格：又称为列表框，显示各驱动器及内部各文件夹列表等。选中的文件夹称为当前文件夹，此时其图标呈打开状态，名称呈反显颜色。

文件夹左方有"＋"号标记的表示该文件夹有尚未展开的下级子文件夹，单击"＋"号可将其展开，同时"＋"号变为"－"号；若要折叠起来文件夹，在"－"号上面单击即可。没有标记的表示没有下级子文件夹。

（2）右窗格：又称为内容框，显示当前文件夹所包含的文件和下一级文件夹。

（3）窗口左右分隔条：拖动其可改变左右窗口大小。

3. 资源管理的使用

在资源管理器的左边列表框中，单击"＋"号，或者双击文件夹，都可展开该文件夹，同时"＋"号变为"－"号；而在右边内容框内则显示该文件夹中包含的所有文件和子文件夹。

右击左边内容栏的空白区域打开快捷菜单，选择"查看"子菜单或单击"查看"菜单，选择大图标、小图标、列表、详细资料或缩略图命令可对显示方式进行改变。

右击左边内容栏的空白区域打开快捷菜单或单击"查看"菜单中"排列方式"子菜单，选择按名称、按类型、按大小、按日期或自动排列命令，可对排列方式进行改变。除此之外，资源管理器中也可以对文件或文件夹进行管理。

四、文件（夹）管理

文件或文件夹的管理是 Windows XP 操作系统的主要功能之一。文件或文件夹的基本操作主要有选择、创建、重命名、移动、复制、删除等。

1. 选择文件或文件夹

Windows 操作系统中无论是打开文档、运行程序、删除文件或复制移动文件等操作，都要首先选择文件或文件夹。

（1）选择单个文件或文件夹：单击需要选择的文件或文件夹。

（2）选择矩形区域内的文件或文件夹：将鼠标指针指向矩形区域的一个角向矩形区域的对角线方向拖动鼠标，形成一矩形方框，该方框内的所有对象均被选择。

（3）选择多个连续文件：单击第一个要选择的文件或文件夹，按住"Shift"键，再单击最后一个选择的文件或文件夹。

（4）选择不连续的多个文件：按住"Ctrl"键，再单击选择需要的文件或文件夹。

（5）全部选定：打开菜单栏的"编辑"菜单，选择"全部选定"命令；或利用快捷键"Ctrl + A"选择全部。

（6）取消选定：要取消选定，只需在任一空白处单击即可；如要取消已选择目标中的其中一些目标，则可按住"Ctrl"键，再单击要取消的文件或文件夹。

2. 打开文件或文件夹

打开文件或文件夹有以下两种方法：①双击文件或文件夹；②右击文件或文件夹，打开快捷菜单，选择"打开"命令。

3. 创建文件或文件夹

（1）在桌面上创建文件或文件夹的操作步骤如下：①在桌面空白处单击鼠标右键，在快捷菜单中选择"新建"菜单中的"文件夹"命令或一种文件类型。如图 1－1－9

所示。②单击选择后，则出现一个新文件夹或文件的图标，同时光标处于文件或文件夹名部位，输入文件或文件夹名。③按"Enter"键或单击空白处即可。

（2）在窗口内创建文件或文件夹的操作步骤如下：①在窗口内打开"文件"菜单，选择"新建"菜单中的"文件夹"命令或一种文件类型。②单击选择后，则在窗口

图1-1-9　快捷菜单中新建命令

工作区出现一个新文件夹或文件的图标，同时光标处于文件或文件夹名部位，输入文件或文件夹名。③按"Enter"键或单击空白处即可。

4. 重命名文件或文件夹

重命名文件或文件夹有以下几种方法：①选择要重命名的文件或文件夹，单击"文件"菜单中的"重命名"命令。②右击要重命名的文件或文件夹，在弹出的快捷菜单中选择"重命名"命令。③选择要重命名的文件或文件夹，然后单击该文件或文件夹的名称。

> **课堂互动**　你知道什么是快捷方式吗？如何创建快捷方式呢？

进行以上操作后，光标处于文件或文件夹名位置，同时名称呈反显颜色，直接输入新的文件或文件夹名，后按"Enter"键或单击目标以外空白处即可。

5. 移动文件或文件夹

移动文件或文件夹是指把文件或文件夹从一个位置（源文件夹）移动到另外一个文件夹（目标文件夹）中，移动操作完成后，源位置的文件或文件夹就不存在了。移动文件或文件夹有以下几种方法。

（1）利用剪切板完成移动：选中要移动的文件或文件夹，在选中的目标上右击，在弹出的快捷菜单中选择"剪切"命令；或者选择文件或文件夹后，单击"编辑"菜单，选择"剪切"命令。

然后打开目标位置，在空白处右击，在弹出的快捷菜单中选择"粘贴"命令；或者单击"编辑"菜单，选择"粘贴"命令，即可完成移动。

（2）利用快捷键完成移动：选中要移动的文件或文件夹，按"Ctrl + X"键进行剪切，然后打开目标位置，再按"Ctrl + V"键进行粘贴。

（3）利用鼠标拖动完成移动：选择要移动的文件或文件夹，然后把所选的文件或文件夹拖放到目标位置，释放左键即可。如拖动时按下"Shift"键，不管源位置与目标位置是否是同一个磁盘，都是执行复制操作。

6. 复制文件或文件夹

复制文件夹或文件是指在保留源文件或文件夹的情况下，再产生一个与源文件或文件夹相同的目标，并将其放到其他位置中。复制文件或文件夹有以下几种方法。

（1）利用剪切板完成复制：选中要复制的文件或文件夹，在选中的目标上右击，在弹出的快捷菜单中选择"复制"命令；或者选择文件或文件夹后，单击"编辑"菜单，选择"复制"命令。

然后打开目标位置，在空白处右击，在弹出的快捷菜单中选择"粘贴"命令；或者单击"编辑"菜单，选择"粘贴"命令，即可完成复制。

（2）利用快捷键完成复制：选中要复制的文件或文件夹，按"Ctrl + C"键进行复制，然后打开目标位置，再按"Ctrl + V"键进行粘贴。

（3）利用鼠标拖动完成复制：选择要复制的文件或文件夹，然后把所选的文件或文件夹拖放到目标位置，释放左键即可。如拖动时按下"Ctrl"键，不管源位置与目标位置是否是同一个磁盘，都是执行复制操作。

7．删除文件或文件夹

为节省磁盘空间，应及时对不需要的文件或文件夹进行删除。在 Windows XP 中，文件或文件夹的删除分为逻辑删除和物理删除两种方式。

（1）逻辑删除是把被删除的文件或文件夹放入回收站，此时并没有真正删除目标，需要时还可以在回收站内还原恢复。逻辑删除有以下几种方法。

1）选中要删除的文件或文件夹，用鼠标左键将其拖动到回收站并释放鼠标键。

2）选中要删除的文件或文件夹，单击右键打开快捷菜单或打开菜单栏上的"文件"菜单，选择"删除"命令，在弹出的"确认文件或文件夹删除"的对话框中，单击"是"按钮确认。如图 1 – 1 – 10 所示。

图 1 – 1 – 10　"确认文件或文件夹删除"的对话框

3）选中要删除的文件或文件夹，按"Delete"键，在弹出的"确认文件或文件夹删除"对话框中，单击"是"按钮确认。

（2）物理删除是将文件或文件夹在计算机上彻底删除掉，这样删除的目标是不可恢复的。物理删除有以下两种方法。

1）在做逻辑删除时，按住"Shift"键，在弹出的"确认文件或文件夹删除"的对话框中，单击"是"按钮确认。被删除的文件或文件夹不会被送入回收站，而是直接永久删除。

2）右击桌面上"回收站"图标，在打开的快捷菜单中选择"清空回收站"命令，在弹出的"删除多个项目"的对话框中，单击"是"按钮确认，则回收站中被逻辑删除的所有文件或文件夹都被清除。

8．恢复被删除的文件或文件夹

被逻辑删除的文件或文件夹仍存放在回收站中，并没有真正从磁盘上彻底清除，还可将其还原。

双击桌面上的"回收站"图标，打开"回收站"窗口，右击选定的需要恢复的文件或文件夹，在打开的快捷菜单中选择"还原"命令即可恢复。还原后目标按照从哪里删除还原回哪里的原则恢复。

9. 搜索文件或文件夹

如果以前存放的文件忘记了在什么地方，怎么办呢？Windows 提供了一个功能强大的查找工具，可以快捷高效地查找文件或文件夹，甚至可以查找网络上的某台特定的计算机。

（1）搜索窗口：单击"开始"菜单，选择"搜索"命令，或直接单击如"我的电脑"等窗口工具栏中的"搜索"按钮，则打开"搜索"窗口。在打开的窗口中选择不同的查找目标类型，如不能确定查找什么类型，可选择"所有文件或文件夹"进行搜索。如图 1 – 1 – 11 所示。

（2）按文件名或内容查找：在已打开的"搜索"窗口中，在"全部或部分文件名"文本框中输入需要查找的文件或文件夹名字；在"文件中的一个字或词组"文本框中输入需要查找的文件内容包含的关键字；在"在这里寻找"下拉列表框中选择搜索范围区域。

单击"搜索"按钮，系统开始搜索。搜索完毕后，在右侧的窗口工作区中将会列出搜索的结果，并显示文件名称和它所在的位置。

另外，在 Windows 中也允许使用通配符来控制文件名匹配模式，进行模糊查找。可用通配符"＊"或"？"帮助进行查找。其中"＊"任意多个字符，"？"号只代表一个字符。

> **课堂互动** 有一个可执行文件，该文件的主文件名中第三个是 P，最后一个是 t，你能找到吗？

图 1 – 1 – 11 "搜索"窗口

10. 修改文件或文件夹的属性

在 Windows XP 中，每个文件或文件夹都有各自的属性，属性信息包括文件或文件夹的名称、位置、大小、创建时间、只读、隐藏和存档等。

（1）查看文件或文件夹属性的具体操作步骤如下：①选定要查看属性的文件或文件夹。②打开窗口菜单栏中的"文件"菜单，选择"属性"命令，或单击右键，在弹出的快捷菜单中选择"属性"命令，打开"属性"对话框。③选择"常规"选项卡，即可查看文件或文件夹的属性。

（2）更改文件或文件夹属性。文件或文件夹包含三种属性：只读、隐藏和存档。

若将文件或文件夹设置为"只读"属性，则表示该类型文件夹或文件只能显示不能修改；若将文件或文件夹设置为"隐藏"属性，则该文件或文件夹在常规显示中将不再显示，增加安全性；若将文件或文件夹设置为"存档"属性，则表示该文件或文件夹已修改或备份过。该类型的文件可读写、可删除，普通的文件夹或文件都具有该属性。有些程序用此选项来确定哪些文件需做备份。

打开文件或文件夹的属性对话框，选择"常规"选项卡，单击"属性"栏中的"只读"或"隐藏"复选框，加上或取消"√"标记，单击"确定"按钮即可。

（3）设置文件或文件夹显示方式。在常规设置下，Windows 操作系统对一些系统文件、属性设为隐藏的文件或文件夹，还有文件的扩展名会自动隐藏。下面我们一起来学习如何将这些被自动隐藏的信息找到。

1）显示或隐藏文件或文件夹，具体操作步骤如下：①打开任一文件夹窗口，选择"工具"菜单中的"文件夹选项"命令，打开"文件夹选项"对话框。②在该对话框中选择"查看"选项卡，选择"显示所有文件或文件夹"即可显示，选择"不显示隐藏的文件或文件夹"即可隐藏。

2）显示或隐藏文件扩展名，具体步骤如下：①打开任一文件夹窗口，选择"工具"菜单中的"文件夹选项"命令，打开"文件夹选项"对话框。②在该对话框中选择"查看"选项卡，选择或取消"隐藏已知文件类型的扩展名"即可隐藏或显示。

任务评价

学习任务完成评价表

班级：_____ 姓名：_____ 项目号：_____ 任务号：_____ 任教老师：_____

项目	考核项目（测试结果附后）	记录与分值			
		自测内容	操作难度分值	自测过程记录	操作自评分值
作品评价	新建目标	在文件夹"xinjian"下建立一个新的文件夹"ONE"和文件"README.txt"	10		
	重命名目标	将文件"README.txt"文件名改为"TWO.txt"	20		

续表

项目	考核项目 （测试结果附后）	记录与分值			
		自测内容	操作难度分值	自测过程记录	操作自评分值
作品评价	移动目标	将文件"TWO.txt"移动到"ONE"文件夹下，并改名为"THREE.txt"	20		
	复制目标	将"THREE.txt"文件复制到"xinjian"文件夹下	20		
	删除目标	删除"ONE"文件夹下"THREE.txt"文件	15		
	属性设置	将"xinjian"文件夹下的"THREE.txt"文件属性设置为只读	15		
教师点评记录				作品最终评定分值	

任务拓展

一、课堂操作练习——资源管理器

（1）通过工具栏切换到"资源管理器"窗口，并通过地址栏打开C：\Windows。

（2）通过C盘打开资源管理器，将C盘下的图标平铺显示，并按文件名排列。

（3）在"资源管理器"窗口中以"详细信息"显示图标。

二、课堂操作练习——文件和文件夹的创建、命令、移动和复制

（1）在C盘创建两个文件夹，分别命名为"练习1"和"练习2"。

（2）将"练习2"文件夹移动到"练习1"文件中。

（3）将"练习1"文件夹移动到桌面上。

（4）将"练习2"文件夹复制到D盘下，并重命名为"演示"。

三、课堂操作练习——文件或文件夹的删除与恢复

（1）删除D盘下的"演示"文件夹，观察其是否进入回收站。

（2）打开回收站窗口，恢复刚刚删除的文件夹"演示"。

（3）将"演示"文件夹进行彻底删除。

四、搜索文件或文件夹

（1）搜索计算机上所有扩展名为".txt"的文件，在 C 盘建立一个文件夹并命名为"我的文件"，将搜索到的目标保存在"我的文件"文件夹中。

（2）查找计算机中文件名只有四个字符，且第二个字符为"A"的所有文件。

（3）查找最近 2 个月内修改过的所有".txt"文件。

五、课后作业

（一）选择题

1. Windows XP 中关于回收站的说法正确的是
   - A. 回收站保存了所有删除的文件
   - B. 关机后，就不能再从回收站中恢复删除的文件
   - C. 任何操作删除的文件，都可以从回收站恢复
   - D. 删除软盘上的文件，不可从回收站恢复

2. 一个由写字板产生的文件，它可能有的文件属性是
   - A. 只读属性、存档属性
   - B. 只读属性、存档属性、系统属性
   - C. 只读属性、存档属性、系统属性、隐藏属性
   - D. 只读属性、隐藏属性

3. Windows XP 中，不能打开"资源管理器"窗口的操作是
   - A. 用鼠标右键单击"开始"按钮
   - B. 用鼠标左键单击"任务栏"空白处
   - C. 指向"开始"菜单中的"程序"，选择"附件"子菜单中的"Windows 资源管理器"
   - D. 用鼠标右键单击"我的电脑"图标

4. 关于文件与文件夹的复制和移动，下列说法中不正确的是
   - A. 在不同盘间进行移动，按住"Ctrl"键将选定对象拖放到目标对象即可
   - B. 在同一盘中移动，将选定对象拖到目标即可
   - C. 在不同盘间进行复制，将选定对象拖放到目标对象即可
   - D. 在同一盘中进行复制，按住"Ctrl"键将选定对象拖放到目标对象即可

5. 资源管理器的左边窗口显示的最顶层是
   A. A 盘   B. C 盘   C. 我的电脑   D. 桌面

（二）判断题

1. 用户打算把已经选择的文件移动到其他位置，应当先执行"编辑"菜单中的"粘粘"命令。   （   ）

2. 在资源管理器中不可以同时打开几个文件夹。   （   ）

3. card/01.txt 是一个非法的 Windows 文件名。   （   ）

（欧阳斌）

任务6 学会 Windows XP 文件压缩管理

任务描述

小张同学有一款很好玩的游戏，想要给小王同学，可是他只有一个 64MB 的 U 盘，而这个游戏的大小有 100MB，这怎么办呢？小张同学想到了课堂上学过的压缩文件，可是经过压缩后 U 盘还是不够容量容纳这个游戏，而且小张同学不知道小王的电脑有没有安装压缩程序，如果没有，就算游戏拷贝到小王的电脑里一样不能解压，这可怎么办啊？你能帮助小张同学把游戏拷贝给小王同学吗？

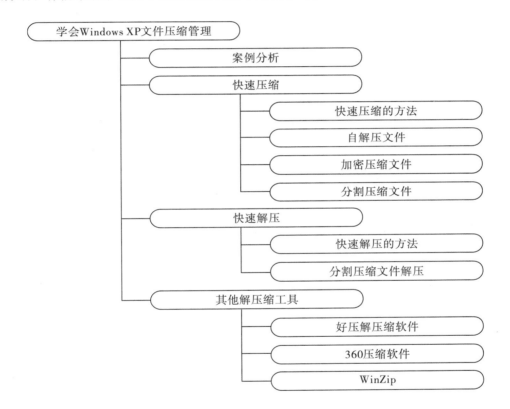

基本要求

1. 知识与技能
（1）知道文件压缩与解压缩在实际生活中的应用，并感受它给我们带来的便利。
（2）认识常见文件类型的压缩效果。
（3）学会使用 WinRAR 进行文件压缩与解压缩的基本操作方法。
2. 过程与方法
（1）培养学生对计算机的兴趣和爱好。

（2）通过演示、讨论和上机练习等，培养学生的主动探究、自主学习、团结协作、动手实践和创新能力。

3. 情感态度与价值观

（1）通过任务驱动和小组协作活动，激发学生的学习兴趣，培养学生协作学习的意识和研究探索精神。

（2）通过设计问题，逐步增强学生的表达交流能力，进一步培养学生分析问题、解决问题的能力，使学生感觉到计算机知识不是孤立的，而是相互之间有着紧密联系的。

任务分析

借助于压缩软件，可以将文件进行压缩，如果压缩后大小仍然很大，可以尝试用分卷压缩。如果不清楚用户是否有压缩程序进行解压，可以用自解压进行压缩。

分卷自解压文件的操作内容主要包括：①下载安装一款压缩软件，本案安装 WinRAR软件。②自解压文件的压缩方法。③分卷压缩的压缩方法。④如何对压缩文件进行解压。

任务实施

一、分卷自解压文件的压缩与解压案例分析

分卷自解压文件的压缩与解压共有四项内容：①下载安装 WinRAR 解压缩软件，做好压缩准备。②利用 WinRAR 创建自解压文件。③在创建自解压文件时，选择分卷压缩。④对分卷自解压文件进行解压。

在使用计算机的过程中，很多用户会遇到在发送邮件附件时由于容量超出限制而失败的问题。解决此类问题的有效方法之一就是使用压缩工具软件将大文件压缩变小或者分割为多个小文件。当然，对方接收到这些压缩后的文件之后，需要使用相反的功能将其恢复，这就是解压。

解压缩工具有很多，其中 WinRAR 是一个强大的压缩文件管理工具，界面友好，使用方便，在压缩率和速度方面都有很好的表现，是压缩率较大、压缩速度较快的压缩软件之一。本案例以 WinRAR 工具软件为例进行学习。

二、快速压缩

对于一些比较大的文件，我们可以对它进行压缩，从而减小它占用的空间。不仅如此，当我们需要把文件发送给别人时，如果直接以原文件发送过去，发送的速度往往会很慢，会浪费我们很多的时间。所以说，对文件进行压缩加工就显得很有必要了。那么，怎么快速地将文件进行压缩呢？

1. 快速压缩的方法

快速压缩的操作步骤如下，以文件夹"计算机应用基础"为例。

（1）选择需要压缩的文件或文件夹，右击目标，在打开的快捷菜单中选择"添加

到压缩文件"命令。如图 1 - 1 - 12 所示。
① "添加到压缩文件"命令：对目标经过
参数设置后，进行压缩。② "添加到'计
算机应用基础 . rar'"命令：对目标以默认
的参数设置进行压缩，并且将压缩后的文
件名以目标的原文件名命名。③ "压缩并
E - mail…"命令：对目标经过参数设置
后，进行压缩，并通过电子邮件发送。
④ "压缩到'计算机应用基础 . rar'并
E - mail…"命令：对目标以默认的参数设
置进行压缩，并且将压缩后的文件名以目
标的原文件名命名，同时通过电子邮件
发送。

图 1 - 1 - 12 "添加压缩文件"右键快捷菜单

（2）随后弹出"压缩文件名和参数"对话框。在
该对话框"常规"选项卡中可选择压缩文件名、文件格
式、压缩方式等。① "压缩文件名"：对压缩后的文件
起名，默认显示目标的名字。② "配置"：将应用的压
缩方式记录下来，以便对其他目标再以相同方式进行压

> **课堂互动** 对于已经
> 压缩好的文件，如何
> 添加新的文件？

缩，避免重复设置。③ "压缩文件格式"：分为 RAR、ZIP 两种格式。④ "压缩方式"：
逐级提高压缩率，但压缩率越高，压缩同一文件所需时间越长，一般用"标准"比较
好。⑤ "压缩为分卷，大小"：将目标在压缩时按设置分卷大小，分为若干个压缩文
件。⑥ "更新方式"：在添加文件时遇到同名文件的处理方式。⑦ "压缩选项"：压缩
时的设置，如对目标文件的处理，创建自解压格式等。

（3）设置完成后，单击"确定"即可开始进行压缩。压缩完成后产生压缩文件。

2. 自解压文件

自解压文件可以不用借助任何压缩工具，而只需双击该文件就可以自动执行解压
缩，因此叫作自解压文件。在压缩选项中选中"创建自解压格式压缩文件"复选框，
则压缩文件的扩展名变为". exe"，即文件将被直接压缩成自解压格式。下面我们一起
来创建自解压文件，步骤如下。

（1）选定要创建自解压文件的文件，单击右键，在弹出的快捷菜单上选择"添加
到压缩文件"打开"压缩文件名和参数"对话框，然后在"常规"选项卡上选择"创
建自解压格式的压缩文件"复选框。

（2）在"压缩文件名和参数"对话框选择"高级"选项卡，在该选项卡上单击
"自解压选项"打开"高级自解压选项"对话框。

（3）在"高级自解压选项"对话框上设置自解压文件的各种选项，这里主要针对
"常规""设置""模式""文本和图标""许可"五个模块进行设置。

1）常规：设置文件被自动解压到什么位置。

2）设置：在解压前后是否要自动执行什么程序。在"解压前运行"输入框中输入
执行的文件名的地址，在"解压后运行"输入框中输入执行的记事本程序的路径。

3）模式：主要设置是否显示默认信息以供调整。默认自解压在开始解压缩前会先询问确认，并允许用户更改目标文件夹。如果你设置"安静模式"的"隐藏启动对话框"，这时会跳过确认画面；如果你希望隐藏自解压的许可对话框和解压缩过程的话，请选择"全部隐藏"。

4）文本与图标：设置解压时的提醒信息与解压包图标的"自解压文件窗口标题"，将出现在解压时的标题栏中，而"显示的文本"会出现在 RAR 的解压提示处。

5）许可：设置"软件许可协议"，把你需要的内容填进去就行了，要是你愿意，还可以把软件的功能介绍放在这里。

（4）设置好后，单击"确定"，关闭"高级自解压选项"对话框，再次单击"确定"，关闭"压缩文件名和参数"对话框，这样 WinRAR 才能为选定的文件创建一个自解压文件。

3. 加密压缩文件

使用 WinRAR 可以对重要的压缩文件进行加密，操作步骤如下。

（1）选定要创建自解压文件的文件，单击右键，在弹出的快捷菜单上选择"添加到压缩文件"，打开"压缩文件名和参数"对话框。

（2）在"压缩文件名和参数"对话框选择"高级"选项卡，在该选项卡上单击"设置密码"，打开"输入密码"对话框。

（3）设置好后，单击"确定"，关闭"高级自解压选项"对话框，再次单击"确定"，关闭"压缩文件名和参数"对话框，这样即可为选定的文件创建带密码的压缩文件。

4. 分卷压缩文件

分卷压缩文件会把文件压缩并以设置大小分割成相应的多个文件，并以分割文件 .part1、分割文件 .part2、分割文件 .part3……等命名，同时存放在一个文件夹下。

（1）在文件压缩过程中直接分割文件的操作步骤如下：①选定要创建自解压文件的文件，单击右键，在弹出的快捷菜单上选择"添加到压缩文件"，打开"压缩文件名和参数"对话框。②在"压缩为分卷，大小"列表输入框中，输入你想要的压缩包大小。这里输入 60M，单位是字节。单击"确定"按钮即可。

（2）对压缩文件进行分卷的操作步骤如下：①双击要分割的压缩文件，在打开的窗口中单击"工具"菜单的"转换压缩文件格式"菜单命令，然后弹出"转换压缩文件"对话框。②在"转换压缩文件"对话框中点击"压缩"按钮，打开"设置默认压缩选项"对话框。③在"压缩为分卷，大小"列表输入框中，输入你想要的压缩包大小，注意单位是字节。单击"确定"按钮即可。

三、快速解压

1. 快速解压的方法

快速解压常用到两种方法，其操作步骤如下。

（1）利用快捷菜单解压：①选择需要解压的文件，右击其目标，在打开的快捷菜单中选择"解压文件"命令。②弹出"解压路径和选项"对话框，如图 1 - 1 - 13 所示。在该对话框"常规"选项卡中可选择解压路径、更新方式等选项。③设置完成后，单击"确定"即可开始进行解压。

图 1-1-13 "解压路径和选项"对话框

（2）利用 WinRAR 程序解压：①选定目标，双击打开程序窗口，在窗口中显示压缩文件内的内容。②选中其中需要内容，单击"解压到"工具按钮，弹出"解压路径和选项"对话框，在该对话框"常规"选项卡中可选择解压路径、更新方式等选项。③设置完成后，单击"确定"即可开始进行解压。

2. 分卷压缩文件解压

解压分卷压缩文件操作步骤如下：①首先在多个分卷的压缩文件中任意一个上右击，然后选择"解压文件"命令，弹出"解压路径和选项"对话框。②在"解压路径和选项"对话框中选择解压路径，默认为当前文件夹，如果需要解压到其他文件夹，可重新选择或输入。最后点击底部的"确认"即可开始解压分卷文件。

解压过程中会自动提取其他分卷文件，如果其中一个分卷丢失或损坏，解压过程会提示用户提供有效压缩分卷文件，否则无法完成解压。

3. 自解压文件解压

自解压文件进行解压时，只需双击文件图标，打开自解压文件窗口。选择解压路径后，点击"解压"按钮即可。如果在创建自解压时选择设置"安静模式"的"隐藏启动对话框"，则会隐藏自解压的许可对话框和解压缩过程。

四、其他解压缩工具

目前解压缩工具很多，除了常用的 WinRAR，还有好压、360 压缩软件、WinZip 等解压缩工具。

1. 好压软件

好压软件（HaoZip）是功能强大的压缩软件，是一款国产压缩软件，其凭借功能强大、国产免费等特点逐渐赢得市场，并将逐渐改变国外软件 WinRAR、WinZip 的原有格局。

2. 360 压缩软件

360 压缩软件是新一代的压缩软件。360 压缩软件相比传统软件，压缩速度提升了 2 倍以上，支持更多、更全面的压缩格式。360 压缩内置木马扫描功能，更安全，大幅简化了传统软件的繁琐操作。

3. WinZip

WinZip 是一种支持多种文件压缩方法的压缩解压缩工具，几乎支持目前所有常见的压缩文件格式，还全面支持 Windows 中的鼠标拖放操作，用户用鼠标将压缩文件拖拽到 WinZip 程序窗口，即可快速打开该压缩文件。同样，将欲压缩的文件拖曳到 WinZip 窗口，便可对此文件进行压缩。

任务评价

学习任务完成评价表

班级：＿＿＿＿ 姓名：＿＿＿＿ 项目号：＿＿＿＿ 任务号：＿＿＿＿ 任教老师：＿＿＿＿＿＿

项目	考核项目（测试结果附后）	记录与分值			
		自测内容	操作难度分值	自测过程记录	操作自评分值
作品评价	安装压缩软件	下载安装 WinRAR 解压缩软件，做好压缩准备	20		
	创建自解压	1. 利用 WinRAR 创建自解压文件 2. 选择"安静模式"的"隐藏启动对话框" 3. 选择解压路径在 D：\ 下	30		
	分卷压缩	1. 创建自解压文件时，选择分卷压缩 2. 设置分卷压缩大小为 60MB	30		
	解压	分卷自解压文件进行解压	20		
教师点评记录				作品最终评定分值	

任务拓展

一、课堂操作练习

1. 压缩文件

（1）练习一：①在桌面上创建一个文件夹，命名为"test1"，在其中创建三个文件"001. bmp""002. txt""003. doc"。②将该文件夹中的所有文件使用 WinRAR 进行压缩，压缩后的文件名叫"test. rar"，保存在 C：\ test1 文件夹中。

（2）练习二：①在桌面上创建一个文件夹，命名为"test2"，在计算机中搜索四个大于 1MB 的图像文件，并复制到"test2"文件夹中。②将"test2"文件夹中四个文件进行分卷压缩，分卷大小 2MB，文件名默认。

2. 解压文件

（1）练习一：在桌面上有一个"test3. rar"压缩文件，其中包括"test001. jpg""test002. ppt"两个文件。请将该压缩文件中的所有文件解压到 C：\ test3 中。

（2）在桌面上有一个"test4. rar"压缩文件，其中包括"test001. jpg""test002. ppt""test003. bmp""test004. mp3"四个文件。请将该压缩文件中的"test003. bmp""test004. mp3"文件解压到 C：\ test4 中。

二、课后作业

（一）选择题

1. WinRAR 不能实现的功能有

    A. 对多个文件进行分卷压缩

    B. 双击一个压缩包文件将其自动解压到当前文件夹

    C. 使用右键快捷菜单中的命令在当前目录下快速创建一个压缩包

    D. 给压缩包设置密码

2. WinRAR 可用于

    A. 浏览图片　　　　　　　　　　　B. 压缩文档

    C. 制作表格　　　　　　　　　　　D. 播放电影

3. 下列文件格式属于压缩文档的是

    A. XLS　　　　　B. RAR　　　　　C. jpg　　　　　D. MID

4. 在 WinRAR 的压缩方式中有如下几个选项：储存、最快、较快、标准、较好、最好，其中压缩率最高的选项是

    A. 储存　　　　　B. 标准　　　　　C. 最好　　　　　D. 最快

5. WinRAR 属于哪种软件

    A. 系统　　　　　B. 办公　　　　　C. 工具　　　　　D. 视频播放

（二）判断题

1. WinRAR 只能压缩文件，不能对文件进行解压。　　　　　　　　（　　　）

2. WinRAR 是比较常用的压缩软件之一。　　　　　　　　　　　　（　　　）

3. 压缩文件不可以设置密码。 （　　）

（欧阳斌）

任务7　认识 Windows XP 的控制面板

任务描述

Windows XP 的"控制面板"中集合了用来配置系统的全部应用程序，用于查看 Windows 的系统设置，完成个性化的设置操作。

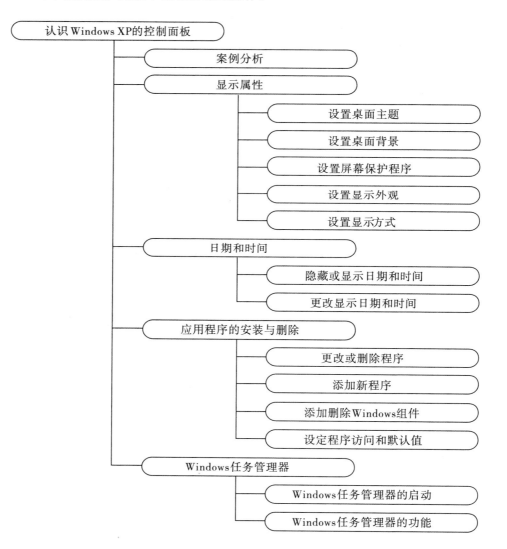

基本要求

1. 知识与技能

（1）知道控制面板的功能及其使用方法。

（2）学会启动控制面板的方法。

（3）学会通过控制面板设置显示属性。

（4）学会通过控制面板添加或删除程序。

（5）学会通过控制面板调整日期和时间。

（6）学会任务管理器的使用方法。

2. 过程与方法

（1）培养学生的动手实践操作能力。

（2）通过初步感知控制面板的作用，提高学生学习的兴趣和主动性。

（3）在教师指导下培养学生的一些较高的实践能力和自我解决问题的能力。

3. 情感态度与价值观

（1）控制面板对计算机系统的某些设置可能引起有些操作不能正常实现，这就需要对教育学生维护好计算机进行思想教育。

（2）学生进行探索、尝试性学习时，可鼓励学生相互讨论、合作，培养其团队协作的精神。

任务分析

控制面板可以对计算机软、硬件资源环境进行设置，用以达到管理计算机和个性化设置的目的，学会控制面板的操作管理有助于更好地对计算机进行控制。

控制面板操作的内容主要包括：①在控制面板窗口中以经典视图方式进行查看。②更改系统主题、桌面、系统图标、屏幕保护程序、外观、分辨率、刷新率。③卸载搜狗输入法程序。④调整正确的日期和时间。⑤打开任务管理器，结束 Word 程序任务。

任务实施

一、控制面板操作案例分析

控制面板操作任务共有五项内容。

（1）在控制面板窗口中以经典视图方式进行查看。

利用打开"控制面板"的常用方法，打开窗口。通过设置显示方式，以经典视图显示。

（2）更改系统主题、桌面、系统图标、屏幕保护程序、外观、分辨率、刷新率。

通过显示属性对话框对主题、桌面、系统图标、屏幕保护程序、外观、分辨率、刷新率进行设置。

（3）卸载搜狗输入法程序。

通过添加和删除应用程序的工具，将搜狗输入法卸载。

（4）调整正确的日期和时间。

通过日期和时间设置，将计算机设置为当前正确的时间。

（5）打开任务管理器，结束 Word 程序任务。

通过打开任务管理器，利用"应用程序"选项卡将 Word 程序任务结束掉。

Windows XP 的"控制面板"中集合了用来配置系统的全部应用程序，"控制面板"用于查看 Windows 的系统设置，完成个性化的设置操作，如管理用户账户、安装新的软件和硬件，改变硬件的设置等。可以说，控制面板是用来对系统设置的一个工具集。

> **课堂互动** 你知道"控制面板"如何打开吗？

二、显示属性

显示属性可以改变显示的一些属性，包括对桌面背景、显示外观、屏幕保护程序、色彩显示等进行设置。

打开屏幕显示属性的方法也很简单。单击"开始"菜单，选择"控制面板"命令，在弹出的"控制面板"窗口中选择"显示"图标（若在"分类视图"模式下则单击"外观和主题"，然后选择"显示"）；或右击桌面任意空白处，在弹出的快捷菜单中选择"属性"命令。

1. 设置桌面主题

桌面主题是一组预定义的窗口元素，可以将计算机个性化，使之有别具一格的外观。主题会影响桌面的总体外观，包括背景、屏幕保护程序、图标、字体、颜色、窗口、鼠标指针和声音等。

在 Windows XP 中，可以使用 Windows 经典外观作为主题，可以切换桌面主题，或修改现有主题的元素以创建新的主题并使用你希望的外观来自定义桌面。设置桌面主题的操作步骤如下。

（1）打开"显示属性"对话框，选择"主题"选项卡，如图 1-1-14 所示。

（2）单击"主题"下拉列表，在列出的桌面主题中进行选择。当选中任一主题后，就可在示例中显示出选定主题在桌面上的外观样式。

（3）单击"确定"或"应用"按钮即可。

2. 设置桌面背景

图 1-1-14 显示属性"主题"选项卡

用户可以选择单一的颜色作为桌面的背景，也可以选择扩展名为". bmp"". jpg"

".html"等的图像文件作为桌面的背景图片。设置桌面背景的操作步骤如下。

（1）打开"显示属性"对话框，选择"桌面"选项卡。

（2）在"背景"列表框中选择一幅喜欢的背景图片，在选项卡中的显示器中将会得到预览该图片作为背景图片的效果，也可以单击"浏览"按钮，在本地磁盘或网络中选择其他图片作为桌面背景。在"位置"下拉列表中有"居中""平铺"和"拉伸"三种选项，可调整背景图片在桌面上的位置。

（3）单击"确定"或"应用"按钮即可。

如果需对桌面上图标的显示情况进行设置，可单击"自定义桌面"按钮，打开"桌面项目"对话框。通过对复选框的选择来决定在桌面上图标的显示情况。

用户也可以在该对话框中对桌面系统图标进行更改，当选择一个图标后，单击"更改图标"按钮，出现"更改图标"对话框。在其中选择图标，也可以单击"浏览"按钮，在弹出的对话框中进一步查找图标。当选定图标后，单击"确定"按钮，即可应用所选图标。

3. 设置屏幕保护程序

在实际使用中，若彩色屏幕的内容一直固定不变，间隔时间较长后可能会造成屏幕的损坏，因此若在一段时间内不用计算机，可设置屏幕保护程序自动启动，以动态的画面显示屏幕，以保护屏幕不受损坏。设置屏幕保护程序的操作步骤如下。

（1）打开"显示属性"对话框，选择"屏幕保护程序"选项卡。

（2）在该选项卡的"屏幕保护程序"选项卡中的下拉列表中选择一种屏幕保护程序，在选项卡的显示器中即可看到该屏幕保护程序的显示效果。

（3）单击"设置"按钮，可对该屏幕保护程序进行一些设置，每种屏幕保护程序的设置方式都不尽相同；在"等待"文本框中可输入或调节微调按钮来确定时间，若在这一段指定的时间内没有使用鼠标或键盘，则屏幕保护程序会自动启动。

选中"密码保护"复选框将在激活屏幕保护程序时锁定您的计算机，退出屏幕保护程序时，系统将提示键入密码进行解锁。

（4）单击"预览"按钮，可预览该屏幕保护程序的效果，移动鼠标或操作键盘即可退出预览状态。

（5）单击"确定"或"应用"按钮即可。

4. 设置显示外观

更改显示外观就是更改桌面、消息框、活动窗口和非活动窗口等的颜色、大小、字体等。在默认状态下，系统使用的是"Windows 标准"的颜色、大小、字体等设置。用户也可以根据自己的喜好设计自己关于这些项目的颜色、大小和字体等显示方案。更改显示外观的操作步骤如下。

（1）打开"显示属性"对话框，选择"外观"选项卡。

（2）在该选项卡中的"窗口和按钮"下拉列表中选择样式，然后在"色彩方案"下拉列表中可选择不同的色彩方案，在"字体大小"下拉列表中进行字体大小的整体设置。

（3）单击"高级"按钮，将弹出"高级外观"对话框，如图 1-1-15 所示。

在"高级外观"对话框中的"项目"下拉列表中提供了所有可进行更改设置的选

项，单击选择具体项目后，可更改项目颜色和大小等；若所选项目中包含字体，则"字体"下拉列表变为可用状态，用户可对其进行设置字体、大小和颜色。

（4）设置完毕后，单击"确定"按钮回到"外观"选项卡中。

（5）单击"效果"按钮，打开"效果"对话框。

（6）在"效果"对话框中可以为菜单和工具提示使用过渡效果，可以使屏幕字体的边缘更平滑，尤其是对于液晶显示器的用户来说，使用这项功能可以大大增加屏幕显示的清晰度。

除此之外，用户还可以使用大图标、在菜单下设置阴影显示等。单击"确定"按钮回到"外观"选项卡中。

（7）单击"应用"或"确定"按钮即可应用所选设置。

图 1 - 1 - 15　"高级外观"对话框

5. 设置显示方式

显示器显示清晰的画面，不仅有利于用户观察，而且会很好地保护视力，特别是对于一些专业从事图形图像处理的用户来说，对显示屏幕分辨率的要求是很高的。在"显示属性"对话框中切换到"设置"选项卡，可以在其中对高级显示属性进行设置。

在"屏幕分辨率"选项中，用户可以拖动小滑块来调整其分辨率，分辨率越高，在屏幕上显示的信息越多，画面就越逼真；在"颜色质量"下拉列表框中有"中（16位）""高（24位）"和"最高（32位）"三种选择。显卡所支持的颜色质量位数越高，显示画面的质量越好。在进行调整时，要注意自己的显卡配置是否支持高分辨率，如果盲目调整，则会导致系统无法正常运行。

单击"高级"按钮，弹出一个当前显示属性对话框，在其中有关于显示器及显卡的硬件信息和一些相关的设置，如图 1 - 1 - 16 所示。

（1）"常规"选项卡：如果屏幕分辨率调整后，屏幕项目显示过小，可以通过增大 dpi（分辨率单位：像素/英寸）的方式来补偿，正常为 96dpi。如果在更改显示设置后不立即重新启动计算机，某些程序可能无法正常工作，用户可以在"兼容性"选项中设置更改显示后的处理办法。

（2）"适配器类型"选项卡：列出显示适配器的类型，以及适配器的其他相关信息，包括芯片类型、内存大小等。单击"属性"按钮，弹出"适配器"属性对话框，用户可以在此查看适配器的使用情况，还可以进行驱动程序的更新。

（3）"监视器"选项卡：同样有监视器的类型、属性信息，用户可以进行刷新率的设置。

（4）"疑难解答"选项卡：可以设置有助于用户诊断与显示有关的问题。在"硬件加速"选项组中，用户可以通过手动控制硬件所提供的加速和性能级别，一般启用全部加速功能。

图 1-1-16 高级属性对话框"常规"选项卡

三、日期和时间

在任务栏的右端显示有系统提供的时间和星期，将鼠标指向时间栏稍有停顿即会显示系统日期。若用户不想显示日期和时间，或需要更改日期和时间可按以下步骤进行操作。

1. 隐藏或显示日期和时间

隐藏或显示日期和时间，可执行以下操作。

（1）右击任务栏，在弹出的快捷菜单中选择"属性"命令，打开"任务栏和开始菜单属性"对话框。选择"任务栏"选项卡。

（2）在"通知区域"选项组中，选择或取消"显示时钟"复选框，则可显示或隐藏时间。单击"应用"和"确定"按钮即可。

2. 更改日期和时间

更改日期和时间，可执行以下步骤。

（1）在"控制面板"窗口中选择"日期和时间"图标或在任务栏的时间区域双击，可打开"日期和时间属性"对话框。

（2）在"时间和日期"选项卡中可对年、月、日、时、分、秒进行设置。

（3）在"时区"选项卡中选择当地时区，我们所在的时区为"（UTC＋08：00）北京，重庆，香港特别行政区，乌鲁木齐"。更改完毕后，单击"应用"或"确定"按钮即可。

四、应用程序的安装与删除

在使用计算机的过程中，常常需要安装、更新或删除已有的应用程序。安装应用程序可以简单地从 U 盘或网络下载后运行安装程序（通常是 SETUP. exe 或 INSTALL. exe），但是删除应用程序最好不要通过删除其中文件的方式来删除某个应用程序，因为这样的操作不一定能完全删除该应用程序，还有导致其他程序受到影响的问题。

在 Windows 的"控制面板"中，可通过"添加和删除应用程序"工具对安装和删除过程进行控制，不会因为误操作而造成对系统破坏。在"控制面板"中双击"添加/删除程序"图标，就会弹出如图 1－1－17所示窗口。

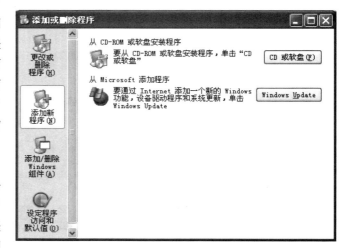

1. 更改或删除程序

更改或删除程序的操作步骤如下：在"添加或删除程序"窗口左侧选择"更改或删除程序"，从右侧的列表中选择要删除的程序名，然后选择"删除"按钮就可以了。

图 1－1－17　"添加或删除程序"窗口

有的初学者删除应用程序时直接将某个文件夹删掉，结果有时删除不完全或有时将不该删除的删掉了，引起系统启动不正常等现象。

2. 添加新程序

添加新程序的步骤如下。

（1）在"添加或删除程序"窗口左侧选择"添加新程序"，就会弹出添加新程序窗口。

（2）如果需要从 CD－ROM 或软盘安装程序，则可单击"CD 或软盘"按钮；如要通过 Internet 添加一个新的 Windows 功能、设备驱动器或系统更新，则可单击"Windows Update"按钮，单击按钮后，可按照提示进行下一步操作。

但几乎没有用户在 Windows XP 系统中采用这种方法进行程序的安装，而是采用双击程序安装文件的方式来进行安装。

3. 添加删除 Windows 组件

Windows 操作系统提供了丰富且功能齐全的组件。在安装 Windows 的过程中，考虑到用户的需求和其他条件的限制，往往没有把组件一次性安装好。在使用过程中，可以根据需要再来安装某些组件。同样，如果某些组件不再使用，可以删除这些组件，以释放磁盘空间。在添加过程中系统因缺少文件，会提示用户提供系统安装盘。

添加删除 Windows 组件的步骤如下。

（1）在"添加/删除程序属性"窗口中，选择"添加删除 Windows 组件"，就会弹出"Windows 组件向导"对话框。如图 1-1-18 所示。

（2）在"组件"列表框中，选定要安装的组件复选框，或者清除要删除的复选框。

如果组件左边的方框内没有"√"，则表示该组件未安装；如果方框内有"√"，并且呈灰色，表示该组件只有部分被安装。

每个组件包含一个或若干个程序，如果要添加或删除一个组件的部分程序，则先选定该组件，然后单击"详细资料"按钮，选择或清除要添加或删除的复选项即可，最后按"确定"按钮返回"Windows 组件向导"对话框。

（3）选择复选框后，可单击"下一步"按钮，系统会根据你的设置进行配置更改，然后单击"完成"按钮即可。

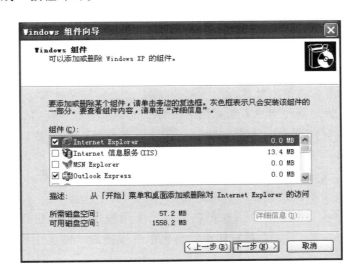

图 1-1-18　Windows 组件向导

4. 设定程序访问和默认值

"设定程序访问和默认值"用来指定某些动作的默认程序，例如网页浏览和发送电子邮件。设定程序访问和默认值的步骤如下。

（1）在"添加/删除程序属性"窗口中，选择"设定程序访问和默认值"，就会弹出窗口。

（2）在"选择配置"列表框中，单击要选择的配置方式，打开选项的详细设置，根据需要选择，单击"确定"按钮即可。

五、Windows 任务管理器

在计算机操作中，如果应用程序运行不正常，用户可以打开"Windows 任务管理器"窗口,如图1-1-19所示。任务管理器提供了正在运行的程序和进程的相关信息,可以监视计算机性能、查看网络状态等。

1. Windows 任务管理器的启动

(1)任务栏快捷菜单法:在任务栏空白处点击鼠标右键,弹出快捷菜单,选择单击"启动任务管理器"命令选项。打开任务管理器。

(2)键盘组合键法:在 Windows XP 系统,按下"Ctrl + Alt + Delete"组合键,打开任务管理器。

(3)运行命令法:点击"开始"按钮,打开开始菜单,单击"运行"选项,或通过键盘组合键"WIN + R"均可打开"运行"对话框。

图1-1-19 "Windows 任务管理器"窗口

在"运行"对话框中输入"taskmgr"命令,然后点击确定,即可打开任务管理器。

2. Windows 任务管理器的功能

Windows 任务管理器的用户界面提供了文件、选项、查看、窗口、关机、帮助六大菜单项,其下还有应用程序、进程、性能、联网、用户等五个标签页,窗口底部则是状态栏,从这里可以查看到当前系统的进程数、CPU 使用率、物理内存等使用情况数据,默认设置下系统每隔两秒钟对数据进行一次自动更新,当然你也可以点击"查看→更新速度"菜单重新设置。

(1)应用程序:显示了所有当前正在运行的应用程序,不过它只会显示当前已打开窗口的应用程序,而 QQ、杀毒软件等最小化至系统托盘区的应用程序则并不会显示出来。

可以在选择某个应用程序后,点击"结束任务"按钮关闭这个应用程序;点击"新任务"按钮,可以直接打开相应的程序、文件夹、文档或 Internet 资源,如果不知道程序的名称,可以点击"浏览"按钮进行搜索,其实这个"新任务"的功能看起来有些类似于开始菜单中的运行命令。

(2)进程:显示了所有当前正在运行的进程,包括应用程序、后台服务等,那些隐藏在系统底层深处运行的病毒程序或木马程序都可以在这里找到,当然前提是你要知道它的名称。找到需要结束的进程名,然后执行右键菜单中的"结束进程"命令,就可以强行终止,不过这种方式将丢失未保存的数据,而且如果结束的是系统服务,则系统的某些功能可能无法正常使用。

(3)性能:从任务管理器中我们可以看到计算机性能的动态概念,例如 CPU 和各种内存的使用情况。

1)CPU 使用情况:是表明处理器工作时间百分比的图表,该计数器是处理器活动的主要指示器，查看该图表可以知道当前使用的处理时间是多少。

2）CPU 使用记录：显示处理器的使用程序随时间的变化情况的图表，图表中显示的采样情况取决于"查看"菜单中所选择的"更新速度"设置值，"高"表示每秒 2 次，"正常"表示每 2 秒 1 次，"低"表示每 4 秒 1 次，"暂停"表示不自动更新。

3）查看内存的使用情况："任务管理器"窗口底部列出了正在使用的内存的百分比。如果内存使用一直保持在较高状态或者明显降低了计算机的性能，请尝试减少同时打开的程序数量，或者安装更多内存。

（4）联网：显示了本地计算机所连接的网络通信量的指示，使用多个网络连接时，我们可以在这里比较每个连接的通信量，当然只有安装网卡后才会显示该选项。

（5）用户：显示当前已登录和连接到本机的用户数、标识（标识该计算机上的会话的数字 ID）、活动状态（正在运行、已断开）、客户端名，可以点击"注销"按钮重新登录，或者通过"断开"按钮连接与本机的连接。如果是局域网用户，还可以向其他用户发送消息。在 Windows XP 中，如果只有 Administrator 一个用户，则不会显示该选项。

任务评价

学习任务完成评价表

班级：＿＿＿＿　姓名：＿＿＿＿　项目号：＿＿＿＿　任务号：＿＿＿＿　任教老师：＿＿＿＿

项目	考核项目 （测试结果附后）	记录与分值			
		自测内容	操作难度分值	自测过程记录	操作自评分值
作品评价	控制面板视图方式	在控制面板窗口中以经典视图方式进行查看	20		
	显示属性设置	1. 更改系统主题 2. 桌面背景 3. 系统图标 4. 屏幕保护程序 5. 外观 6. 分辨率	20		
	添加删除程序	卸载搜狗输入法程序	20		
	日期和时间设置	调整正确的日期和时间	20		
	任务管理器	结束 Word 程序任务	20		

项目	考核项目 （测试结果附后）	记录与分值			
		自测内容	操作难度分值	自测过程记录	操作自评分值
		教师点评记录		作品最终评定分值	

任务拓展

一、课堂操作练习

（1）通过"开始"菜单打开"控制面板"窗口，并切换到"经典视图"。

（2）在控制面板中设置屏幕颜色为"中（16 位）"，屏幕分辨率为"1024×768"。

（3）利用控制面板，设置屏幕保护程序为"三维飞行物"，样式为"彩带"。

（4）利用控制面板，设置窗口和按钮样式为"Windows 经典样式"，字体大小为"大"。

（5）设置切换鼠标键的主要和次要的按钮，并启用指针阴影。

（6）设置 Windows 显示数字的"小数位数"为"4"，"负数格式"为"（1.1）"。

（7）设置 Windows 显示货币的货币符号为"＄"，长日期格式为"yyyy mm dd"。

（8）设置系统的时间格式为"tt hh：mm：ss"，AM 符号为"上午"。

（9）利用控制面板，将计算机的日期更改为"2008 年 8 月 10 日上午 10：00"。

（10）利用控制面板，设置日期和时间自动与 Internet 时间服务器同步，并选择柏林时间。

二、课后作业

（一）选择题

1. 在 Windows 系统中，双击"控制面板"中的哪个图标，可以用来设置屏幕保护程序

　　A. 系统　　　　　B. 辅助选项　　　　　C. 显示器　　　　　D. 多媒体

2. 关于 Windows 系统的四项描述中，不正确的选项是

　　A. 在"控制面板"中双击"鼠标"图标，用户可以在弹出的"鼠标属性"对话框中设置鼠标的左右手使用习惯

　　B. 在"控制面板"中双击"鼠标"图标，用户可以在弹出的"鼠标属性"对

话框中设置鼠标单击的速度

C. 在"控制面板"中双击"鼠标"图标，用户可以在弹出的"鼠标属性"对话框中设置鼠标双击的速度

D. 在"控制面板"中双击"鼠标"图标，用户可以在弹出的"鼠标属性"对话框中设置鼠标光标的形状

3. Windows 系统利用哪项进行输入法程序的安装和删除

    A. "附件"组   B. 输入法生成器   C. 状态栏   D. 控制面板

4. Windows XP 系统部分附件工具没装，最合理的解决方法应执行

    A. 重装 Windows XP 系统   B. 设置工具栏

    C. 设置显示器   D. "控制面板"中的"添加/删除程序"

5. 在 Windows XP 系统中，下列哪项操作不能设置显示器的分辨率

    A. 通过"附件"菜单下的"系统工具"选项内选定

    B. 通过"资源管理器"下的"控制面板"选项内选定

    C. 在 Windows XP 桌面下的空白处单击鼠标右键，利用"属性"选项选定

    D. 通过"开始"菜单中"设置"下的"控制面板"选项内选定

（二）判断题

1. 在 Windows 中，可以利用控制面板或桌面任务栏最右边的时间指示器来设置系统的日期和时间。（　　）

2. 通过"控制面板"来完成计算机系统的软、硬件资源管理。（　　）

3. 桌面上的图案和背景颜色可以通过"控制面板"中的"系统"来设置。（　　）

（欧阳斌）

项目 2　计算机网络应用

任务 1　认识计算机网络

任务描述

　　计算机网络的使用是必须掌握的一项基本技能，那么你对它又了解多少呢？如何用好计算机网络，充分发挥它的作用呢？这就需要我们进一步地掌握计算机网络技术。同学们相互之间进行网络共享，最简单、最方便的组网方式就是局域网。

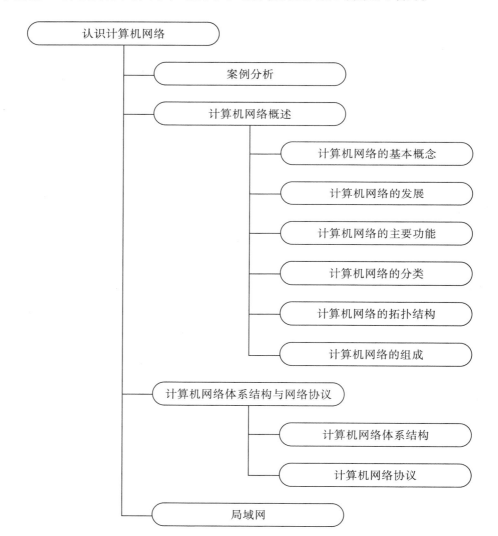

基本要求

1. 知识与技能
（1）知道计算机网络的产生与发展。
（2）知道计算机网络的分类。
（3）知道计算机网络的发展及应用。
（4）学会局域网的构成。
2. 过程与方法
（1）引导学生探讨计算机房的网络拓扑结构并绘制简图。
（2）掌握计算机网络的基本分类方法。
（3）让学生调查了解网络系统的应用情况，熟悉计算机网络的应用。
3. 情感态度与价值观
（1）通过上网搜寻网络功能的新发展和讨论生活中接触过的计算机网络应用的实例，增强学生深入学习网络知识的兴趣。
（2）培养良好的上网习惯，感受计算机网络在学习生活中的应用。

任务分析

通过计算机网络的学习，使大家知道计算机网络的分类、计算机网络的组成结构，利用网络硬件了解计算机局域网的组建。

组建局域网内容主要包括：①网络选择；②硬件安装；③网络配置。

任务实施

一、组建局域网案例分析

自己动手构建简单的局域网，其网络拓扑图如图 1 - 2 - 1 所示。

组建局域网共有三项准备事项：第一项是网络选择，为了方便安装、检查故障情况、出现问题容易解决等考虑，这里选择星形网络结构。第二项是硬件安装，除了连接网络的计算机外，还需要交换机、网线、网卡。网线、网卡这些设备应随着加入网络的计算机数来增加。第三项是网络配置，主要是安装协议，配置 IP 地址，设置工作组，打开 Microsoft 网络的文件和打印机共享等内容。

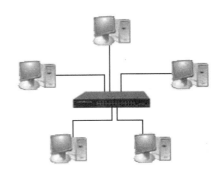

图 1 - 2 - 1 局域网组网拓扑图

二、计算机网络概述

计算机网络和 Internet 技术的发展和应用已成为当今社会工作和生活中的一大热

点。在这种背景下，人们通过掌握使用计算机网络进行交流和获取信息。

1. 计算机网络的基本概念

计算机网络是计算机技术、通信技术和微电子技术相结合的产物。所谓计算机网络，就是将地理位置不同、具有独立功能的多台计算机及其外部设备通过通信线路连接起来，并且配以功能完善的网络软件，实现网络上资源共享的系统，又称为计算机网络系统。

从以上不难看出，虽然计算机网络的构成相当复杂，但归纳起来其最基本、最本质的要素无非三点：①计算机资源的共享能力；②计算机信息的联系通道（即传输媒介）；③计算机通信的规则（协议）。

2. 计算机网络的发展

伴随着计算机网络技术的蓬勃发展，计算机网络的发展大致经历了四个阶段。

（1）第一阶段为诞生阶段。20 世纪 60 年代中期之前的第一代计算机网络是以单个计算机为中心的远程联机系统。典型应用是由一台计算机和全美范围内 2000 多个终端组成的飞机订票系统。当时，人们把计算机网络定义为"以传输信息为目的而连接起来，实现远程信息处理或进一步达到资源共享的系统"，但这样的通信系统已具备了网络的雏形。

（2）第二阶段为形成阶段。20 世纪 60 年代中期至 70 年代的第二代计算机网络是以多个主机通过通信线路互联起来，为用户提供服务，兴起于 60 年代后期，典型代表是美国国防部高级研究计划局协助开发的 ARPANET。主机之间不是直接用线路相连，而是由接口报文处理机（IMP）转接后互联的。这个时期，网络概念为"以能够相互共享资源为目的互联起来的具有独立功能的计算机之集合体"，形成了计算机网络的基本概念。

（3）第三阶段为互联互通阶段。20 世纪 70 年代末至 90 年代的第三代计算机网络是具有统一的网络体系结构并遵循国际标准的开放式和标准化的网络。由于没有统一的标准，不同厂商的产品之间互联很困难，人们迫切需要一种开放性的标准化实用网络环境，这样应运而生了两种国际通用的最重要的体系结构，即 TCP/IP 体系结构和国际标准化组织的 OSI 体系结构。

（4）第四阶段为高速网络技术阶段。20 世纪 90 年代末至今的第四代计算机网络，由于局域网技术发展成熟，出现光纤及高速网络技术、多媒体网络、智能网络，整个网络就像一个对用户透明的大的计算机系统，发展为以 Internet 为代表的互联网。计算机网络向全面综合化、高速化、多媒体化、人性化、智能化和大众化方向发展。

3. 计算机网络的主要功能

各种计算机网络虽然在数据传送、系统连接方式以及具体用途方面各不相同，但一般网络系统都具有下述主要的功能。

（1）资源共享。充分利用计算机资源是组建计算机网络的重要目的之一。

（2）数据通信能力。网络系统中的各计算机间能快速可靠地相互传送数据及信息，根据需要可能对这些数据信息进行分散、分组、集中管理或处理，这是计算机网络最基本的功能。

（3）均衡负载互相协作。通过网络可以缓解用户资源缺乏的矛盾，使各资源间的

"忙"与"闲"得到合理调整。

（4）分布处理。在计算机网络中，用户可以根据问题的性质，选择网内最合适的资源来处理，使问题得到快速而经济的解决。

（5）提高计算机的可靠性。计算机网络系统能实现对差错信息的重发，从而增强了可靠性。

4. 计算机网络的分类

计算机网络的类型可以按不同的标准去划分。标准不同，得到的网络分类也不同。网络分类对网络的实质和特性没有任何影响，但有助于对网络加深了解。以下列举几种不同的分类方法。

（1）按网络的作用范围和计算机之间互联的距离分类：分为广域网、局域网和城域网三种类型。①广域网（WAN）：也叫远程网（RCN），它的作用范围大，一般可以从几十公里到几万公里。②局域网（LAN）：它的地理范围一般在十公里以内，属于一个部门或一个单位组建的小范围网络，传输速率一般在1Mbps（每秒1兆比特）以上。③城域网（MAN）：它的作用范围在广域网和局域网之间，其作用距离一般在五公里到五十公里，如在一个城市内。城域网的传输速率也在1Mbps以上。

（2）按传输信息容量分类：按照网络能同时传输一路信息或多路信息来划分，网络可分为基带网络和宽带网络。基带网络同时只能传输一路信息，大多数局域网都是基带网络。

（3）按拥有者对网络分类：按照网络数据传输和转接系统的拥有者划分，网络可分为公用网和专用网。

（4）根据信号传输速率分类：网络中信号传输速率的单位是"位/秒"（bps）。通常情况下，宽带网络支持较高的传输速率。按传输速率不同，网络可分为低速网、中速网和高速网。

5. 计算机网络的拓扑结构

计算机网络的拓扑结构是把构成网络的节点和连接各节点的线路抽象成点和线，用几何关系表示网络结构，从而反映出网络中各实体之间的结构关系。常见的网络拓扑结构主要有星形、环形、总线形、树形和网状等几种。

（1）星形拓扑结构：最早的通用网络拓扑结构形式，在星形拓扑中，每个节点与中心节点相连，中心节点控制全网的通信，任何两个节点之间的通信都要通过中心节点。

1）星形拓扑结构的优点：①结构简单，连接方便，管理和维护都相对容易，而且扩展性强。②网络延迟时间较小，传输误差低。③在同一网段内支持多种传输介质，除非中心节点故障，否则网络不会轻易瘫痪。因此，星形网络拓扑结构是目前应用最广泛的一种网络拓扑结构。

2）星形拓扑结构的缺点：①安装和维护的费用较高。②共享资源的能力较差。③通信线路利用率不高。④对中心节点要求相当高，一旦中心节点出现故障，则整个网络将瘫痪。

（2）环形拓扑结构：在环形拓扑结构中，各个节点通过中继器连接到一个闭合的环路上，环中的数据沿着一个方向传输，由目的节点接收。

1）环形拓扑的优点：①电缆长度短。环形拓扑网络所需的电缆长度比星形拓扑网络要短得多，和总线拓扑网络相似。②增加或减少工作站时，仅需简单的连接操作。③可使用光纤。光纤的传输速率很高，十分适合于环形拓扑的单方向传输。

2）环形拓扑的缺点：①节点的故障会引起全网故障。这是因为环上的数据传输要通过接在环上的每一个节点，一旦环中某一节点发生故障，就会引起全网的故障。②故障检测困难。因为不是集中控制，故障检测需在网上各个节点进行，因此不很容易。③环形拓扑结构的媒体访问控制协议都采用令牌传递的方式，在负载很轻时，信道利用率相对来说就比较低。

（3）总线形拓扑结构：总线形拓扑结构中各个节点通过公共传输媒体相连，这个公共传输媒体即称为总线。数据在总线上由一个节点传向另一个节点，如图1－2－2所示。

图1－2－2　总线型拓扑结构

1）总线拓扑结构的优点：①总线结构所需要的电缆数量少，线缆长度短，易于布线和维护。②总线结构简单，又是无源工作，有较高的可靠性。传输速率高，可达1～100Mbps。③易于扩充，增加或减少用户比较方便，结构简单，组网容易，网络扩展方便。④多个节点共用一条传输信道，信道利用率高。

2）总线拓扑的缺点：①总线的传输距离有限，通信范围受到限制。②故障诊断和隔离较困难。③分布式协议不能保证信息的及时传送，不具有实时功能。站点必须是智能的，要有媒体访问控制功能，从而增加了站点的硬件和软件开销。

（4）树形拓扑结构：树形拓扑从总线拓扑演变而来，形状像一棵倒置的树，顶端是树根，树根以下带分支，每个分支还可再带子分支，树根接收各节点发送的数据，然后再广播发送到全网。树形拓扑的特点大多与总线拓扑的特点相同，但也有一些特殊之处，如图1－2－3所示。

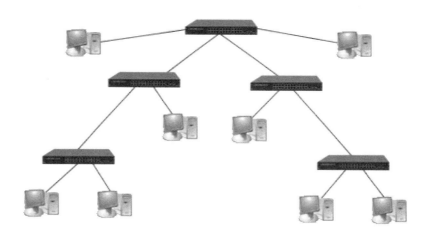

图1－2－3　树形拓扑结构

1）树形拓扑的优点：①易于扩展。这种结构可以延伸出很多分支和子分支，这些新节点和新分支都能容易地加入网内。②故障隔离较容易。如果某一分支的节点或线路发生故障，很容易将故障分支与整个系统隔离开来。

2）树形拓扑的缺点：各个节点对根的依赖性太大，如果根发生故障，则全网不能正常工作。从这一点来看，树形拓扑结构的可靠性有点类似于星形拓扑结构。

（5）网状型拓扑结构：在广域网中得到了广泛应用，它的优点是不受瓶颈问题和失效问题的影响。由于节点之间有许多条路径相连，从而可以绕过失效的部件或过忙的节点。这种结构虽然比较复杂，成本也比较高，提供上述功能的网络协议也较复杂，但由于它的可靠性高，仍然受到用户的欢迎。

1）网状型拓扑结构的优点：①易于扩展。数据传输有多条路径，可以选择最佳路径，减少时延，提高网络性能。②可靠性高。

2）网状型拓扑结构的缺点：①结构复杂，不易于管理和维护。②线路成本相对过高，适用于大型广域网。

6. 计算机网络的组成

计算机网络是由网络硬件和网络软件组成的。在网络组成中，网络硬件提供数据处理、传输的物质技术，对网络起着决定性的作用。网络软件负责控制数据的通信，实现网络功能依赖于网络硬件去完成，二者相互作用，共同完成网络功能。

（1）计算机网络的硬件：网络硬件一般指网络的计算机、传输介质和网络连接设备等。

1）网络计算机：①服务器，也称伺服器，是为客服提供各种计算服务的设备。②工作站，又称客户机，是网络上除服务器之外通过执行应用程序来完成工作任务的计算机。其功能是向各种服务器发出服务请求，并接收网络上传送给用户的数据。

2）传输介质：①有线网络的传输介质，局域网中常用的传输介质有双绞线、同轴电缆和光导纤维。双绞线由两根绝缘导线相互缠绕而成，一对或多对（常见的是四对）不同颜色的双绞线放置在一根塑料护套中便成了双绞线电缆，既可用于传输模拟信号，也可以用于传输数字信号。双绞线电缆又可分为屏蔽和非屏蔽两种。同轴电缆由绕在同一轴线上的两个导体组成。光导纤维的内部是由光导纤维纤芯构成，而后被一层玻璃包住，外层是一层能吸收光线的外壳。②无线网络的传输介质，通常是指无线电波、微波或红外线。无线电波通过各种传输天线产生全方位广播或定向发射。无线电发射器决定了信号的频率及功率。微波数据通信系统有两种形式：地面系统和卫星系统。红外线传输数据采用光发射二极管、激光二极管或光电二极管来进行站点之间的数据交换，红外无线传输既可以进行点到点通信，也可以广播方式通信。

3）网络连接设备：①网卡，包含了所有的计算机或其他设备与传输介质之间的物理及逻辑连接。网卡安装在计算机上通过连接器（如 T 型连接器或 RJ-45 接头）连接到电缆上。只要是连接在网上的计算机，无论是工作站还是服务器，至少要配有一块网卡，如图 1-2-4 所示。②集线器，是计算机网络中用来连接多个计算机或其他设备的连接设备，是对网络进行集中管理的最小单位。③交换机，是一种用于电信号转发的网络设备，它可以为接入交换机的任意两个网络节点提供独享的电信号通路。④路由器，又称路径器，是一种计算机网络设备，它能将数据包通过一个个网络传送至目的地（选择数据的传输路径），这个过程称为路由。

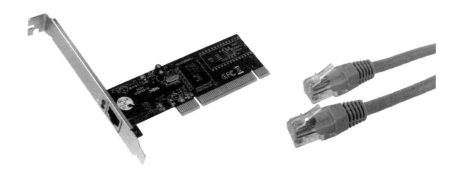

图 1-2-4　网卡及网线

（2）计算机网络的软件：网络软件一般是指系统的网络操作系统、网络通信协议和应用级的提供网络服务功能的专用软件。

1）网络操作系统是指能够控制和管理网络资源的软件。目前常见的网络操作系统有 Windows Server 2000 及以上、Linux、Unix 等。

2）网络协议是保证网络中两台设备之间正确地传送数据的特殊软件，它融合于其他软件系统中，在网络中无所不在。

三、计算机网络体系结构与网络协议

1. 计算机网络体系结构

计算机的网络结构可以从网络体系结构、网络组织和网络配置三个方面来描述，网络组织是从网络的物理结构和网络的实现两方面来描述计算机网络，网络配置是从网络应用方面来描述计算机网络的布局，硬件、软件和通信线路来描述计算机网络，网络体系结构是从功能上来描述计算机网络结构的。

网络协议是计算机网络必不可少的，一个完整的计算机网络需要有一套复杂的协议集合，组织复杂的计算机网络协议的最好方式就是层次模型。而将计算机网络层次模型和各层协议的集合定义为计算机网络体系结构。

计算机网络由多个互连的结点组成，结点之间要不断地交换数据和控制信息，要做到有条不紊地交换数据，每个结点就必须遵守一整套合理而严谨的结构化管理体系。计算机网络就是按照高度结构化设计方法采用功能分层原理来实现的，即计算机网络体系结构的内容。

通常所说的计算机网络体系结构，即在世界范围内统一协议，制定软件标准和硬件标准，并将计算机网络及其部件所应完成的功能精确定义，从而使不同的计算机能够在相同功能中进行信息对接。

2. 计算机网络协议

计算机网络协议也可以看成是计算机通信的语言，网络中的计算机如果要相互"交谈"，它们就必须使用一种标准的语言，有了共同的语言，交谈双方才能相互表达自己的意向，并让对方理解。

在计算机网络分层结构体系中，通常把每一层通信中用到的规则与约定称为协议。网络协议遍及 OSI 通信模型的各个层次，有上千种之多。对于普通用户而言，不需要关心太多的底层通信协议，只需要了解其通信原理即可。在实际管理中，底层通信协议一般会自动工作，不需要人工干预。但是对于第三层以上的协议，就经常需要人工干预了，比如 TCP/IP 协议就需要人工配置它才能正常工作。

（1）网络协议。随着计算机网络技术的发展，已经开发了许多协议，但是只有少数被保留了下来。那些协议的淘汰有多种原因——设计不好、实现不好或缺乏支持。而那些保留下来的协议经历了时间的考验并成为有效的通信方法。局域网中最常见的三个协议是 TCP/IP、NetBEUI 和 IPX/SPX 协议。

1）TCP/IP 协议是三大协议中最重要的一个，作为互联网的基础协议，没有它就根本不可能上网，任何和互联网有关的操作都离不开 TCP/IP 协议。不过 TCP/IP 协议也是这三大协议中配置起来最麻烦的一个，通过局域网访问互联网的话，就要详细设置 IP 地址、网关、子网掩码、DNS 服务器等参数。

TCP/IP 协议中 TCP 称为传输控制协议，它负责提供数据的可靠传输，好比货物装箱单，保证数据在传输过程中不会丢失。IP 协议称为网络协议，它负责数据的传输，好比收发货人的姓名地址，保证数据到达指定的地点。

TCP/IP 尽管是目前最流行的网络协议，但 TCP/IP 协议在局域网中的通信效率并不高，使用它在浏览"网上邻居"中的计算机时，经常会出现不能正常浏览的现象。此时安装 NetBEUI 协议就会解决这个问题。

2）NetBEUI 协议可以看作是一种传输协议，是 NetBIOS 协议的增强版本，曾被许多操作系统采用。NetBEUI 协议在许多情形下很有用，是 Windows 98 之前的操作系统的缺省协议。

3）IPX/SPX 协议是网络进行数据交换、传输的专用协议簇，提供分组发送服务，在局域网中使用比较广泛。目前大部分可以联机的游戏都支持 IPX/SPX 协议，比如星际争霸、反恐精英等。虽然这些游戏通过 TCP/IP 协议也能联机，但显然还是通过 IPX/SPX 协议更省事，因为根本不需要任何设置。

（2）Windows XP 系统网络协议的安装。使用 Windows XP 系统过程中，需要设置网络协议，却发现没有安装的情况下，可以通过网络连接进行安装，操作步骤如下：①利用"控制面板"，打开"网络连接"窗口。如图 1-2-5 所示。②在"网络连接"窗口中，右键"本地连接"选择"属性"，打开"属性"对话框。③在"常规"标签页中点击"安装"按钮，打开"选择网络组件类型"对话框。④在"选择网络组件类型"对话框列表中，选择"协议"，然后点击"添加"按钮。⑤弹出"选择网

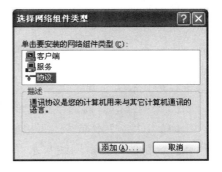

图 1-2-5　"网络连接"窗口

络协议"对话框界面，在列表中可选择"Internet 协议（TCP/IP）""NWLink IPX/SPX/NetBIOS Compatible Transport Protocol"协议，单击"确定"按钮进行安装。安装完成之后，就可以在"本地连接"属性窗口中看到添加的协议项目。

四、局域网

局域网是在一个局部的地理范围内（如一个学校、工厂和机关内），将各种计算机、外部设备和数据库等互相连接起来组成的计算机通信网，简称 LAN。

局域网可以实现文件管理、应用软件共享、打印机共享、工作组内的日程安排、电子邮件和传真通信服务等功能。局域网是封闭型的，可以由办公室内的两台计算机组成，也可以由一个公司内的上千台计算机组成。

局域网通常分为有线局域网和无线局域网。有线局域网传输媒介主要依赖铜缆或光缆进行数据的传输；无线局域网简称 WLAN，它是为了解决有线网络受到布线、改线工程量大、线路容易损坏、网中的各节点不可移动等限制而出现的，是对有线联网方式的一种补充和扩展，使网上的计算机具有可移动性，能快速、方便地解决以有线方式不易实现的网络联通问题。

在 Windows XP 中，用户可以通过局域网实现资料共享和信息的交流，下面我们一起来搭建自己的局域网。

1. 选择组网方式

目前在组建小型局域网中常用的组网方式有三种：总线型网络、交叉双绞线、星形网络。其中星形网络是目前普遍采用的组网方式，因为在星形网络中，局部线路故障只会影响到局部区域，不会导致整个网络的瘫痪（集线器或交换机损坏除外），同时可随时增加或减少计算机而网络不受影响，所以星形网络已成为首选的组网方式。本案例介绍星形网络的组建。

2. 选择网络硬件

组建局域网所需设备主要如下。

（1）集线器或交换机（HUB）。集线器是局域网中计算机和服务器的连接设备，是局域网的星形连接点，每个工作站是用双绞线连接到集线器上，由集线器对工作站进行集中管理。选购时，集线器插槽数目要跟计算机的数目相适应。

（2）网卡（网络适配器）。它是连接计算机与网络的硬件设备。网卡插在计算机或服务器的扩展槽中，通过网线（双绞线、同轴电缆或光纤）与网络交换数据、共享资源。通常计算机中都带有集成的网卡。如果没有则需要购置，选购网卡需考虑以下几点。①速度：网卡的速度是描述网卡接收和发送数据的快慢的。在小型共享式局域网中 10M 的网卡就够用了。②接口：网卡接口有 BNC 和 RJ-45 接口。接口的选择与网络布线形式有关。星形网络中采用 RJ-45 接口网卡。

（3）网线。普通的小型局域网的网线一般用的是非屏蔽双绞线。

（4）RJ-45 水晶头。每根网线的两端都需要连接水晶头，所以数量是网线根数或计算机数目的两倍。网线与水晶头的压接不能随便做，用到的工具有集线钳、测线器等。如果不能自己动手制作，可以购置带水晶头的网线成品。

3. 组建局域网

由于是小型局域网网络，因此，网络的搭建非常方便，只要用已经做好的网线分别将计算机与集线器相连即可。每增加一台电脑，就用一条双绞线将电脑和集线器连接起来，原先已经接上集线器的计算机可以不必做任何调整。这样，网络的物理连接就全部完成了。需要注意的是，不要随意扯动网线，以免造成线路接触不良，还要注意接通集线器的电源，否则集线器不会工作。

4. 配置局域网

硬件安装完毕后，就可以进行网络组件的配置调试了。网络组件是指当计算机连接到网络时，用来进行通信的客户、服务和协议。

（1）安装协议。在网络适配器安装正确后，Windows XP 默认安装有"Internet 协议"，即 TCP/IP 协议。如果需要添加其他的协议，请单击"安装"按钮，以打开"选择网络组件类型"对话框，在此对话框中用户可以选择要安装组件的类型。

双击"协议"选项，打开"选择网络协议"对话框，该对话框中的列表中列出了当前可用的协议，选中需要添加的协议，单击"确定"按钮即可进行安装。

（2）设置 TCP/IP 协议。TCP/IP 协议是 Internet 最重要的通信协议，它提供了远程登录、文件传输、电子邮件和 WWW 等网络服务，是系统默认安装的协议。

1）设置服务器 IP 地址：在"本地连接属性"对话框中，双击列表中的"Internet 协议（TCP/IP）"项，打开"Internet 协议属性"对话框，在该对话框中，选择"使用下面的 IP 地址"单选项，可以设置 IP 地址、子网掩码、默认网关等。

IP 地址：在局域网中，IP 地址一般是 192.168.0.X，X 可以是 1~255 之间的任意数字，但在局域网中每一台计算机的 IP 地址应是唯一的。通常对于服务器（局域网中把提供服务的计算机称为服务器）来说输入 IP 地址为 192.168.0.1。

子网掩码：局域网中该项一般设置为 255.255.255.0。

默认网关：如果本地计算机需要通过其他计算机访问 Internet，需要将"默认网关"设置为代理服务器的 IP 地址，也就是 192.168.0.1。

2）设置其他计算机的 IP 地址：其他计算机在设置 IP 地址的时候，有一些区别，其他计算机的 IP 地址设置为了不和服务器冲突，可以设置为 192.168.0.2~192.168.0.255 之间的任何一个地址，子网掩码同样是 255.255.255.0，网关设为服务器的 IP 地址 192.168.0.1。

> **课堂互动** 你知道如何利用 Ping 命令来检测网络是否连接正常吗？

5. 设置工作组

局域网中的计算机应同属于一个工作组，才能相互访问。设置工作组的操作步骤如下。

（1）在"控制面板"中打开"系统"窗口，选择"计算机名"选项卡，单击"更改"按钮，进入"计算机名称更改"对话框。如图 1-2-6 所示。

（2）在"计算机名称更改"对话框中的"计算机名"输入框，可设置计算机的名称；在"隶属于"选项组中单击"工作组"文本框，输入工作组的名称。

（3）点击"确定"按钮，重新启动系统即可。按照同样的方法设置局域网中的每一台计算机。注意计算机名可以不一样，但是工作组必须保持一致，比如都设置为 MS-HOME。

6. 设置计算机资源的共享

在 Windows XP 局域网中，计算机中的每一个软、硬件资源都被称为网络资源，用

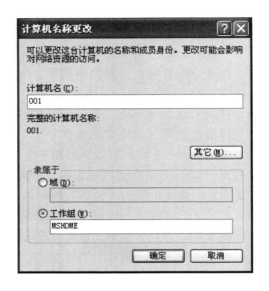

图 1 – 2 – 6　　"计算机名称更改"对话框

户可以将软、硬件资源共享，被共享的资源可以被网络中的其他计算机访问。

为了保证网络文件的共享，局域网计算机中还必须保证选择"Microsoft 网络的文件和打印机共享"项目。安装步骤如下。

（1）"Microsoft 网络的文件和打印机共享"服务：安装"Microsoft 网络的文件和打印机共享"服务操作步骤如下。

1）打开"开始"菜单中的"控制面板"窗口，单击打开"网络连接"。

2）在"网络连接"窗口中，右击"本地连接"，选择"属性"，打开"本地连接属性"对话框。

3）在"常规"标签页中点击"安装"按钮，打开"选择网络组件类型"对话框。

4）在"选择网络组件类型"对话框列表中，选择"服务"，然后点击"添加"按钮。

5）弹出"选择网络服务"对话框界面，在列表中可选择"Microsoft 网络的文件和打印机共享"选项，单击"确定"按钮进行安装。安装完毕后关闭"本地连接""属性"对话框。

（2）文件夹的共享：准备好你要共享的文件夹，如计算机应用基础文件夹，其共享操作步骤如下。

1）选择需要共享的文件夹，右击打开快捷菜单，从中选择"共享与安全"命令，打开共享属性对话框。

2）单击"共享"选项卡，点击"如果您知道在安全方面的风险，但又不想运行向导就共享文件，请单击此处。"链接。

3）打开"启动文件共享"对话框，选择"只启动文件共享"选项。

4）打开"文件夹 属性"对话框，选择"在网络上共享这个文件夹"选项。如果在共享时允许其他网络用户也可以修改或删除文件，可以选择"允许网络用户更改我的文件"复选框。单击"确定"按钮。

任务评价

学习任务完成评价表

班级：_____　姓名：_____　项目号：_____　任务号：_____　任教老师：_____

项目	考核项目 （测试结果附后）	记录与分值			
		自测内容	操作难度分值	自测过程记录	操作自评分值
作品评价	网络选择	1. 选择合适的网络结构 2. 画出网络拓扑图	20		
	硬件安装	1. 选择合适的网络硬件（交换机、网线、多台带网卡的计算机） 2. 正确连接各个设备	30		
	网络配置	1. 安装 TCP/IP 协议 2. 安装 IPX/SPX 协议 3. 安装"Microsoft 网络的文件和打印机共享"服务 4. 配置 IP 5. 配置工作组	50		
教师点评记录				作品最终评定分值	

任务拓展

课后作业

（一）选择题

1. 计算机网络是计算机技术和通信技术相结合的产物，这种结合开始于

　　A. 20 世纪 50 年代　　　　　　　　　　B. 20 世纪 60 年代初期

　　　C. 20 世纪 60 年代中期　　　　　　　　D. 20 世纪 70 年代

　2. TCP/IP 是一组

　　　A. 局域网技术

　　　B. 广域网技术

　　　C. 支持同一种计算机网络互联的通信协议

　　　D. 支持一种计算机网络互联的通信协议

　3. 计算机网络中可以共享的资源包括

　　　A. 硬件、软件、数据

　　　B. 主机、外设、软件

　　　C. 硬件、程序、数据

　　　D. 主机、程序、数据

　4. 在下列网络拓扑结构中，中心节点的故障可能造成全网瘫痪的是

　　　A. 星形拓扑结构

　　　B. 环形拓扑结构

　　　C. 树形拓扑结构

　　　D. 网状拓扑结构

　5. 下列属于星形拓扑的优点的是

　　　A. 易于扩展　　　　　　　　　　B. 电缆长度短

　　　C. 不需接线盒　　　　　　　　　D. 简单的访问协议

（二）判断题

　1. 计算机网络就是通过电缆、电话或无线通讯将两台以上的计算机互联起来的集合。　　　　　　　　　　　　　　　　　　　　　　　　　　（　　）

　2. 连入网络中的每台计算机可以混用不同厂家生产的硬件，但必须遵循国际标准。　　　　　　　　　　　　　　　　　　　　　　　　　　（　　）

　3. 网络软件不是实现网络功能不可缺少的环境。　　　　　　　　（　　）

（欧阳斌　刘　军）

任务 2　认识 Internet

任务描述

　　Internet 的应用渗透到了各个领域，大大缩短了人们的生活距离，为用户提供资源共享、数据通信、信息查询等服务，已经逐步成为人们不可或缺的生活元素。Internet 的接入方式分为宽带接入和窄频接入，而宽带接入中的 ADSL 接入又是现代家庭上网的最主要方式。申请了宽带如何连接因特网呢？

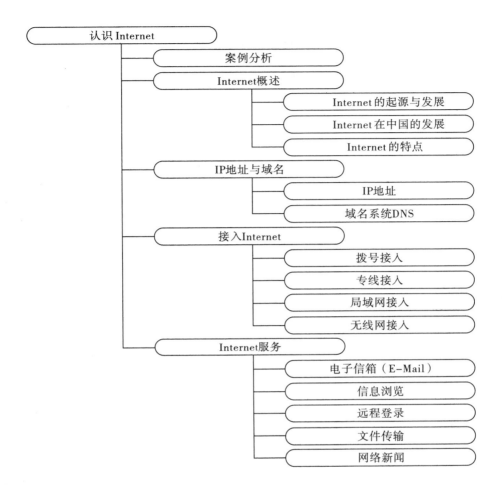

基本要求

1. 知识与技能

（1）知道 Internet 的发展。

（2）知道网络 IP 地址及域名系统。

（3）知道 Internet 的服务功能。

（4）学会 Internet 的基本接入方式。

2. 过程与方法

（1）通过了解因特网基本功能，知道因特网的强大作用。

（2）通过教师设疑启发，提高学生对知识的理解。

3. 情感态度与价值观

（1）培养学生学习、使用因特网的兴趣和意识。

（2）养成良好的上网行为。

任务分析

Internet 的宽带连接是现代家庭主要的上网连接方式，通过宽带连接掌握 Internet 常用接入技术，不但有助于了解 Internet，还利于学生掌握 Internet 接入技术的实用操作技能。

在 Windows XP 操作系统下进行宽带连接的操作主要包括：①通过"网上邻居"进行网络连接的创建。②选择合适的连接方式。③输入正确上网账号和上网密码来完成连接。④在桌面创建快捷方式，方便上网连接。

任务实施

一、Windows XP 的宽带连接案例分析

利用宽带 ASDL 接入 Internet 是用户采取的普遍上网接入方式，Windows XP 操作系统下宽带连接设置分为以下几步。

（1）保证电脑网卡驱动程序安装完成，工作正常。

（2）利用"新建连接向导"进行连接设置。

（3）在桌面创建快捷方式，方便使用。

二、Internet 概述

Internet 是网络与网络之间所串连成的庞大网络，这些网络以一组通用的协定相连，形成逻辑上的单一巨大国际网络。这种将计算机网络互相联接在一起的方法可称作"网络互联"，在这基础上发展出覆盖全世界的全球性互联网络称"互联网"，即是"互相连接一起的网络"。

1. Internet 的起源与发展

Internet 起源于 20 世纪 60 年代末，由美国国防部承建的名为 Arpanet 的网络，它把当时美国的几个军事及研究用的计算机连接起来，组成一个军事指挥系统，这就是 Internet 的雏形。

进入 80 年代中期，当时的美国国家科学基金会为鼓励大学与研究机构共享他们非常昂贵的计算机主机，利用 TCP/IP 协议建立了 NSFnet 网，并和 Arpanet、MILnet 以及其他一些更小的网络连接在一起，让全国各大学及学术研究机构共享资源，从而形成了 Internet。

到 1994 年底，Internet 已通往全世界 150 个国家和地区，连接着 3 万多个子网，320 多万台主机，直接用户超过 3500 万，成为世界上最大的计算机网络。

2. Internet 在中国的发展

从 20 世纪 90 年代初开始，因特网进入了全盛的发展时期。我国因特网的起步较晚，但是发展也非常迅速。因特网在中国的发展大致可分为以下三个阶段。

（1）第一阶段（1987—1994 年）：电子邮件使用阶段。

1990 年，我国开通 CHINAPAC 分组数据交换网，但这种低速率的网络远远满足不

了计算机通讯及数据交换的需要。故于 1991 年 6 月中科院高能所确定租用国际卫星信道建立了与美国 SLAC 国家实验室的专线，经过建设，于 1993 年 3 月 2 日正式开通了由北京高能所到美国斯坦福直线加速器中心的计算机通讯专线，并且运行 Decent 协议与各地连通。不久，高能所获得进口 CISCO 路由器权，转入运行 TCP/IP 协议联入因特网。

（2）第二阶段（1994—1995 年）：教育科研网发展阶段。

我国通过 TCP/IP 连接，实现了因特网的全部功能。到 1995 年初，高能所将卫星专线改为海底电缆，通过日本进入因特网。1994 年 4 月正式开通了与国际因特网专线连接，并设立了中国最高域名（CN）服务器。这时，我国才算真正加入了国际因特网的行列之中。

（3）第三阶段（1995 年至今）：商业应用的阶段。

中国已经广泛地融入了因特网大家族。自进入商业阶段以来，因特网这一新生事物以其强大的生命力和无可匹敌的优势如一股狂风席卷中国大地。CHINANET 在北京、上海设立了两个枢纽节点与因特网相连，并在全国范围建造 CHINANET 骨干网。目前，CHINANET 已在大部分重要城市开通业务。

3. Internet 的特点

Internet 是由许许多多属于不同国家、部门和机构的网络互连起来的网络，任何愿意接入因特网的网络都可以成为因特网的一部分，其用户可以共享因特网的资源，用户自身的资源也可向因特网开放。其主要特点有以下几点。

（1）灵活多样的入网方式是 Internet 获得高速发展的重要因素。TCP/IP 协议成功解决了不同硬件平台、网络产品、操作系统的兼容性问题，成为计算机通信方面实际上的国际标准。

（2）网络信息服务的灵活性。Internet 采用分布式网络中最为流行的客户机/服务器模式，用户通过自己计算机上的客户程序发出请求，就可与装有相应服务程序的主机进行通信，大大提高了网络信息服务的灵活性。

（3）集成了多种信息技术。Internet 将网络技术、多媒体技术以及超文本技术融为一体，体现了现代多种信息技术互相融合的发展趋势。

（4）入网方便，收费合理。Internet 服务收费是很低的，低收费策略可以吸引更多的用户使用 Internet，从而形成良性循环。

（5）信息资源丰富。Internet 已成为全球通用的信息网络，具有极为丰富的信息资源，并且绝大多数的服务器都是免费的。

（6）服务功能完善，简便易用。Internet 具有丰富的信息搜索功能和友好的用户界面，操作简便，无须用户掌握更多的计算机专业知识就可方便使用 Internet 的各项服务功能。

三、IP 地址与域名

1. IP 地址

Internet 通过路由器将成千上万不同类型的物理网络互联在一起，是一个超大规模的网络。为了使信息能够准确到达 Internet 上指定的目的地，我们必须给因特网上每台计算机指定一个全局唯一的地址标识，就像每一部电话都具有一个全球唯一的电话号码一样。在 Internet 通信中，可以通过 IP 地址和域名来实现。

（1）IP 地址的组成：为了在 Internet 环境下实现计算机之间的通信，TCP/IP 协议给每个连到 Internet 上的计算机指定一个唯一的号码，这个号码规定由 32 位二进制组成，这个号码就是 IP 地址。

为了便于记忆和书写，通常将 IP 地址的 32 位数分成四组，每组 8 位，各组之间用小数点隔开，然后把每一组二进制数都转换成相应的十进制数。

例如：甘肃省中医学校 WWW 服务器的 IP 地址是 61.178.41.72。

IP 地址由网络地址和主机地址两部分组成，其中网络地址用来标识连入 Internet 的网络数，主机地址用来决定网络中最大的主机数。同一个物理网络上的所有主机都使用同一个网络地址，网络上的一个主机都有一个主机地址与其对应。

（2）IP 地址的分类：TCP/IP 协议将 Internet 中的 IP 地址类型分为五种，用以适合不同容量的网络，即 A 类、B 类、C 类、D 类和 E 类。

在实际应用中，A 类网络地址通常被分配给主要的服务提供者（如 IBM 公司、AT&T 公司）所组织的大型网络；B 类网络地址通常被分配给中等规模的局域网或广域网；C 类网络地址通常被分配给小型网络。其中 A、B、C 类地址由 Internet NIC 在全球范围内统一分配，D、E 类为特殊地址，不太常用，如表 1-2-1 所示。

表 1-2-1　A 类、B 类、C 类 IP 地址

网络类别	最大网络数	IP 地址范围	最大主机数	私有 IP 地址范围
A	126（2^7-2）	1.0.0.0—127.255.255.255	16777214	10.0.0.0—10.255.255.255
B	16384（2^{14}）	128.0.0.0—191.255.255.255	65534	172.16.0.0—172.31.255.255
C	2097152（2^{21}）	192.0.0.0—223.255.255.255	254	192.168.0.0—192.168.255.255

A 类 IP 地址是指在 IP 地址的四段号码中，第一段号码为网络号码，剩下的三段号码为本地计算机的号码。A 类网络地址数量较少，可以用于主机数达 1600 多万台的大型网络。

B 类 IP 地址是指在 IP 地址的四段号码中，前两段号码为网络号码。B 类网络地址适用于中等规模的网络，每个网络所能容纳的计算机数为 6 万多台。

C 类 IP 地址是指在 IP 地址的四段号码中，前三段号码为网络号码，剩下的一段号码为本地计算机的号码。C 类网络地址数量较多，适用于小规模的局域网络，每个网络最多只能包含 254 台计算机。

（3）子网掩码：Internet 分为五种 IP 地址，常用的有 A、B、C 三类地址。A 类网络数有 126 个，每个 A 类网络可能有 16777214 台主机，它们处于同一广播域。而在同一广播域中有这么多结点是不可能的，网络会因为广播通信而饱和，结果造成 16777214 个地址大部分没有分配出去。解决这一问题可以把基于每类的 IP 网络进一步分成更小的网络，每个子网由路由器界定并分配一个新的子网网络地址，子网地址是借用基于每类的网络地址的主机部分创建的。划分子网后，通过使用掩码，把子网隐藏起来，使得从外部看网络没有变化，这就是子网掩码。

2. 域名系统 DNS

Internet 网上的主机（包括网关以及每一台连在网络上的计算机）都有唯一的一个 32 位的 IP 地址，但是，用户使用一个数字地址是很不方便的。就如同人们习惯于用姓名，而不是用身份证号码来指明一个人那样，用户更愿意使用具有一定意义的名字来指明主机。为此，人们为每个已经分配了 IP 地址的主机指定一个名字。为了避免重名，域名采用层次结构，各层次的子域名之间用"."分隔，从右向左分别是顶级域名、一级域名、二级域名、……主机名、低级域名包含于高级域名之中。

Internet 的顶级域名的命名方式分两大类：一类是由三个字母组成的，表示所属的机构类型，如表 1－2－2 所示，这种方式只有美国注册的域名；另一类是由两个字母组成的，它表示所在的国家或地区，这种方式适用于除美国以外的国家和地区，如表 1－2－3 所示。

表 1－2－2　美国的三字母域名

域名	国家或地区	域名	国家和域名
Au	澳大利亚	ca	加拿大
Cn	中国	de	德国
Dk	丹麦	fr	法国
Gb	英国	in	印度
It	意大利	jp	日本
Ru	俄罗斯	us	美国

表 1－2－3　常用的二字母域名

域名	说明
Gov	政府部门
Edu	教育机构
Com	商业和工业组织
Mil	军事部门
Net	网络运行和服务中心
Org	其他组织机构

根据我国《中国互联网络域名注册暂行管理办法》，我国的顶级域名是 CN，次级域名分为类别域名和地区域名，共计 40 个。如表 1－2－4 所示。

表 1－2－4　我国的一级类别域名

域名	含义	域名	含义
AC	科研院及科研管理部门	COM	企业公司
GOV	国家政府部门	EDU	教育单位
ORG	社会团体及民间非营利组织	NET	网络组织

四、接入 Internet

Internet 的接入方式通常有拨号接入、专线接入、局域网接入及无线网接入四种。其中使用 ADSL 方式拨号连接是个人和小单位最经济、简单，采用最多的一种接入方式。目前无线网连接也称为流行的一种接入方式，给网络用户提供了极大的便利。

1. 拨号接入

拨号上网方式是最常见的和应用最为广泛的。主机通过调制解调器和电话线路与 ISP（Internet 服务商）网络服务器的调制解调器相连，实现主机与 Internet 网络服务器的连接。

（1）普通 Modem 拨号接入。拨号上网用电话线作为传输介质，由于电话线只能传输模拟信号，所以应配备 Modem 实现数字信号和模拟信号的相互转换。

（2）ISDN 拨号接入。ISDN 是综合业务数字网，能在一根普通的电话线上提供数据、语音、图像等综合业务。ISDN 拨号上网速度很快，同时可以供两部终端同时使用。

（3）ADSL 虚拟拨号接入。ADSL 是目前用电话线接入因特网的主要技术，称为非对称数字用户线路。

ADSL 不需要改造信号传输线路，利用普通的铜制电话线为传输介质，配上专用 modem 可以实现数据高速传输，具有下行速率高、频带宽、性能优、安装方便等优点。

在 Windows XP 系统下如何创建 ADSL 宽带连接呢？其操作步骤如下：①在"网上邻居"图标上面右击，从弹出的菜单中选择"属性"，系统会打开一个新的名为"网络连接"的窗口，如图 1－2－7 所示。②单击"网络任务"任务窗格里的"创建一个新的连接"选项，系统会打开"新建连接向导"，单击下一步。③在"网络连接类型"中选择"连接到 Internet"，单击下一步。④设置 Internet 连接，选择"手动设置我的连接"，单击下一步。⑤选择"用要求用户名和密码的宽带连接来连接"，单击下一步。⑥ISP 名称可以不写，此名称为连接显示的名称，为空则为默认的"宽带连接"，单击下一步。⑦用户名和密码框内输入您的宽带账号和上网密码，单击下一步。⑧最后一步选择是否在桌面创建一个快捷方式，方便以后使用，然后单击完成创建。⑨单击"完成"后，您会看到您的桌面上多了一个名为"宽带连接"的连接图标。双击打开后，如果确认用户名和密码正确，直接单击"连接"即可拨号上网。

图 1－2－7　"网络连接"窗口

2. 专线接入

（1）Cable Modem 接入。Cable Modem 也叫线缆调制解调器，利用有线电视网进行数据传输。

（2）DDN 专线加入。DDN 也叫数字数据网，是随着数据通信发展而迅速发展起来的一种新型网络。

（3）光纤接入。随着网络的发展，主干网线路光纤化是一种必然趋势。光纤接入是指从节点到用户终端之间全部或部分采用光纤通信。

3. 局域网接入

局域网接入（LAN）实际上是将局域网作为一个子网接入 Internet。通过局域网接入 Internet，不需要 Modem 和电话线路，只需要一个网卡和网路连接线，通过集线器或交换机经路由器接入 Internet。

4. 无线网接入

无线网的构建不需要布线，因此为用户的使用提供了极大的便捷，并且在网络环境发生变化、需要更改时，也易于更改维护。

五、Internet 服务

随着 Internet 的飞速发展，Internet 提供的各种服务已多达 65535 种，其中大部分是免费的。Internet 基本的服务功能提供有以下几种。

1. 电子信箱（E－Mail）

电子信箱是 Internet 的一个基本服务。通过电子信箱，用户可以方便、快速地在 Internet 上交换电子邮件，查询信息，加入有关的公告、讨论和辩论组，这也是 Internet 用户使用最为频繁的服务功能。

（1）电子邮件简介。电子邮件简称 E－mail，标志是"@"，又称电子信箱。

> **课堂互动**　你知道中国第一封电子邮件是哪年发的吗？内容是什么？

（2）电子邮件地址格式。电子邮箱一般格式为：用户名@邮箱地址，如 youxiang@ qq. com，其中注册邮箱时的注册名，根据国际惯例"@"为邮箱分割符，意为"在"的意思。在"@"之前"youxiang"为电子邮箱的用户名，可以是中文、英文、数字或是中、英文夹带数字；在"@"之后为电子邮箱的服务器域名地址，"qq. com"为电子邮箱注册网站的域名。

（3）如何申请电子邮箱。国内个人用户常见的、使用人数占主流的、提供免费邮件服务功能的有 QQ 邮箱、163 邮箱、新浪邮箱等。

下面以申请"youxiang@ qq. com"为例，操作步骤如下：①打开 QQ 邮箱的申请地址：https：//mail. qq. com/。②打开后点击"注册新账号"，来到电子邮箱注册页面。③在邮箱账号中输入您的邮箱用户名，任何电子邮箱地址都只能由英文、数字或英文＋数字组成，不能出现中文汉字，用户名尽量采用简单明了，且有特定意义容易记忆的拼音或拼音＋数字，总之要简单好记。这里填写"youxiang"这个名称。④连续两次输入您将要设置的密码后，再按照提示输入手机号和图片中的验证码之后，电子邮箱"youxiang@ qq. com"就注册成功了。

（4）电子邮件的收取。在成功注册邮箱之后，就可以自动接收其他用户发来的电子邮件。登录邮箱后，点击"收信"就可以转到收信页面，选择收到的电子邮件名就可以进行查看。

（5）电子邮件的发送。登录邮箱后，点击"写信"，打开"写信"界面。

1）收件人：填写正确的收信人的邮箱地址。

2）主题：填写发送邮件的标题。

3）正文：填写邮件的内容。

如果需要发送一些文件的话，可以点击"添加附件"链接，弹出"打开"对话框，选择发送的文件即可。附件上传完成后，点击"发送"。当邮件发送成功后，会有"发送成功"的提示信息。

此时，一份完整的邮件就发送完成了。需要注意的是，如果遇到暂时不能发送的情况，可以将写好的邮件存储到草稿箱，到时再发送。

2. 信息浏览

信息浏览（WWW）是 Internet 最基本的应用方式，正是 WWW 的简单易用和强大的功能极大地推动了因特网的发展和普及，它可以使一个从没有用过计算机的人几分钟内就可以学会浏览网上丰富多彩的多媒体信息。您只需要用鼠标点击一下相关题目和照片，就可以从一个网站进入另一个网站，从一个国家进入另一个国家，坐在家中就可轻松漫游全球。

（1）浏览器是显示网站服务器或文件系统内的文件，并让用户与一些文件交互的一种应用软件。

1）统一资源定位符（URL）：是计算机网络相关的术语，是对从互联网上得到的资源的位置和访问方法的一种简洁的表示，是互联网上标准资源的地址，也就是网页地址。

正确的 URL 应该是可以通过浏览器打开一个网页。上网浏览网页，在鼠标点击之间就是连接到不同的 URL 的过程，这个过程中 URL 都会显示在电脑的浏览器的地址栏里。

2）超文本传输协议（http）：网页中的协议是用来告诉浏览器如何处理将要打开的文件。最常用的模式是超文本传输协议（http），这个协议可以用来访问网络。URL 是以 http：//和 https：//开头的。一般来说，https 开头的 URL 要比 http 开头的更安全，因为这样的 URL 传输信息是采用了加密技术。如果有使用支付宝或者网银的经历就会发现，当访问这些加密过的网页时，浏览器的地址栏里显示的 URL 是以 https 开头的。

（2）Internet Explorer 浏览器的基本操作：Internet Explorer 浏览器简称 IE，是众多网络浏览器中市场占有率最高的性能良好的浏览器。

1）启动 IE：可用鼠标双击桌面上的"Internet Explorer"图标，也可以从"开始"菜单中打开浏览器。

2）保存网页：可以将感兴趣的网页保存到本机或其他存储器上。单击"文件"菜单，选择"另存为"菜单命令，弹出"保存网页"对话框。

3）添加当前网址到收藏夹：收藏夹是 IE 提供的保存 Web 页或站点地址的特殊文件夹。在浏览 Web 页时，可将喜欢或常访问的网站地址添加到收藏夹中。这样，在以后需要访问时，只需在收藏夹中网址列表中选择就可以了。

在 IE 浏览器中单击"收藏夹"菜单，选择"添加到收藏夹"菜单命令，打开"添加收藏"对话框，如图 1-2-8 所示。单击"添加"按钮即可。

如需选择添加位置，则可在"创建位置"下拉列表中选择。

4）IE 主页的设置：IE 主页是启动 IE 浏览器时自动连接的网址，一般都将最常访问的网站地址设置为 IE 主页。单击"工具"菜单，选择"Internet 选项"菜单命令，打开"Internet 属性"对话框，然后在"主页"输入框中输入网址。如经常访问甘肃省中医学校网，可输入 http：//www.gszyxx.com/，以后每次启动 IE 时，IE 浏览器都会自动连接到该网站。

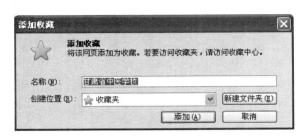

图 1-2-8　"添加收藏"对话框

3．远程登录

远程登录（Telnet）是指在网络通信协议 Telnet 的支持下，用户的计算机通过成为远程计算机的仿真终端。使用 Telnet 可以实现任意类型的计算机之间进行通信，共享资源，获取有关信息。

4．文件传输

文件传输（Ftp）允许网络上的用户将一台计算机上的文件传送到另一台计算机上。使用 Ftp 可以传输文本文件、二进制可执行文件、图像文件、声音文件、压缩文件等几乎任何类型的文件。

5．网络新闻

网络新闻（USENET）是一个世界范围的电子公告板，用于发布公告、新闻和各种文章供大家使用。USENET 的每个论坛又称为新闻组，如同报纸一样，每篇来稿被看成一篇文章，每个人都可以阅读，每个读过文章的人都可以根据自己的观点发表评论。

任务评价

学习任务完成评价表

班级：_____　姓名：_____　项目号：_____　任务号：_____　任教老师：_____

项目	考核项目（测试结果附后）	记录与分值			
		自测内容	操作难度分值	自测过程记录	操作自评分值
作品评价	通过"网上邻居"进行网络连接的创建	1．打开网络连接 2．"创建一个新的连接"选项，打开"新建连接向导"	20		

项目	考核项目（测试结果附后）	记录与分值			
		自测内容	操作难度分值	自测过程记录	操作自评分值
作品评价	选择连接方式	1. 设置 Internet 连接，选择"手动设置我的连接" 2. 选择"用要求用户名和密码的宽带连接来连接" 3. 填写 ISP 名称	40		
	输入账号	1. 填写用户名 2. 在密码框内输入宽带账号和上网密码	20		
	在桌面创建快捷方式	1. 桌面上多了一个名为"宽带连接"的连接图标 2. 通过快捷图标进行连接	20		
教师点评记录				作品最终评定分值	

任务拓展

一、课后操作练习

（1）设置 IE 主页为 http：//www.gszyxx.com。

（2）打开甘肃省中医学校主页，将"学校概况"中的"学校简介"网页保存在桌面上。

（3）申请 QQ 邮箱，并向教师公布的邮箱内发送内容为："张老师：我班经过全体同学的共同商议，特制订了创建文明班级计划书，现寄上，请张老师给予指导，谢谢！"。同时添加一个位于桌面上的文件"计划书.doc"作为附件一起发送。

二、课后作业

（一）选择题

1. 目前在 Internet 网上提供的主要服务有电子邮件、WWW 浏览、远程登录和哪一项

    A. 文件传输   B. 数字图书馆   C. 互动教学   D. 视频演播

2. 在 Internet 上浏览网页，哪项是目前常用的 Web 浏览器之一

    A. HTML   B. Internet Explorer

    C. Yahoo   D. Outlook Express

3. 以局域网方式接入 Internet 的个人计算机

    A. 没有自己的 IP 地址   B. 有一个动态的 IP 地址

    C. 有自己固定的 IP 地址   D. 有一个临时的 IP 地址

4. 当个人计算机以拨号方式接入 Internet 时，必须使用的设备是

    A. 电话机   B. 调制解调器

    C. 网卡   D. 浏览器软件

5. 在以下 IP 地址中，属于 A 类地址的是

    A. 191.196.29.43   B. 51.202.96.25

    C. 158.96.207.5   D. 121.233.12.57

（二）判断题

1. 所有域名都是以 WWW 开头。   （   ）

2. Internet 上，一台主机可以有多个 IP 地址。   （   ）

3. 从网址 www.stastics.gov 看，它属于商业部门。   （   ）

（欧阳斌   刘   军）

任务3 学会文件的下载与上传

任务描述

元旦马上就要到了，小张同学想给老师做一张电子贺卡，但是没有相关素材，你能利用网络寻找一些素材，帮助小张同学完成吗？

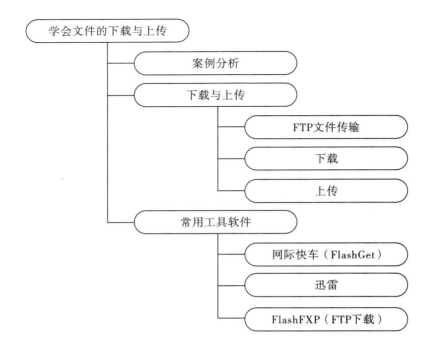

基本要求

1. 知识与技能

（1）学会建立分类目录，掌握资源管理方法，形成资源管理意识。

（2）知道根据不同的下载目标与下载环境选择不同的下载策略。

（3）知道计算机数据处理、存储单位、数据编码的基础知识。

（4）知道网络信息资源的下载技巧。

2. 过程与方法

（1）尝试简单的文字、图片与音乐的下载。

（2）分组合作，尝试教学软件的下载。

（3）团结合作，分享技巧。

3. 情感态度与价值观

（1）培养学生自主学习、团结协作的能力。

（2）培养遇事冷静、学会等待的良好心态。

任务分析

制作电子贺卡需要相关素材及软件，可以通过网络下载图片、音乐、祝福短语、贺卡制作软件等。

制作电子贺卡下载素材的操作主要包括：①下载图片。②从音乐网站上下载一首mp3音乐。③从网络上下载有关节日祝福的短语。④利用下载软件，从网络上下载一个贺卡制作软件。

任务实施

一、下载电子贺卡素材案例分析

从网络下载素材要有一定的下载策略，通常对于音乐、图片、祝福短语等可通过浏览器来进行下载，对于软件程序可通过下载软件来下载。

下载素材共有四个方面内容：①在因特网上下载一首 mp3 音乐，并保存到"我的文档"中。②在因特网上搜索喜欢的图片，保存到"我的文档"中。③在因特网上搜索祝福的短语，复制粘贴到文字处理软件中，并命名保存到"我的文档"中。④利用网际快车下载软件，从因特网上下载一个贺卡制作软件，保存到"我的文档"中。

二、下载与上传

简单来说，下载与上传就是完成两台计算机之间的拷贝。若从远程计算机拷贝文件至自己的计算机上，称为下载文件；若将文件从自己的计算机中拷贝到远程计算机上，称为上传文件。

1. FTP 文件传输

（1）FTP 文件传输协议：在网络中常常需要将文件从一台计算机复制到另外一台相距较远的计算机中。初看起来这非常简单，其实这是一件非常困难的事情，这是因为众多的计算机应用厂商研制出来的文件系统多达数百种，并且差别很大，彼此传输受到很大限制。

为了解决这个矛盾，开发者们研发出了 FTP 文件传输协议，以解决这些问题。FTP 文件传输协议是 TCP/IP 网络上两台计算机传送文件的协议，它是在 TCP/IP 网络和 Internet 上最早使用的协议之一，是 Internet 文件传送的基础。

（2）FTP 服务器：与大多数 Internet 服务器一样，FTP 也是一个服务器系统。用户通过一个支持 FTP 协议的客户机程序，连接到远程主机上的 FTP 服务器程序。用户通过客户机程序向服务器程序发出命令，服务器程序执行用户所发出的命令，并将执行的结果返回到客户机。

（3）FTP 用户授权：在 FTP 的使用过程中，必须首先登录，在远程主机上获得相应的权限以后，方可上传或下载文件。也就是说，要想同哪一台计算机传送文件，就必须具有哪一台计算机的适当授权。换言之，除非有用户 ID 和口令，否则便无法传送文件。这种情况违背了 Internet 的开放性，Internet 上的 FTP 主机何止千万，不可能要求每个用户在每一台主机上都拥有账号，因此就衍生出了匿名 FTP。

1）用户授权：要连上 FTP 服务器，必须要有该 FTP 服务器授权的账号，也就是说，你只有在有了一个用户标识和一个口令后才能登陆 FTP 服务器，享受 FTP 服务器提供的服务。

2）FTP 地址格式：ftp：//用户名：密码@FTP 服务器 IP 或域名：FTP 命令端口/路径/文件名

上面的参数除 FTP 服务器 IP 或域名为必要项外，其他都不是必需的。

2. 下载

（1）下载的概念：广义上说，凡是在屏幕上看到的不属于本地计算机上的内容，皆是通过"下载"得来。狭义上人们只认为那些自定义了下载文件的本地磁盘存储位置的操作才是"下载"。

（2）下载方式：主要包括以下几种方式。

1）使用浏览器下载：通过浏览器下载是许多上网初学者常使用的方式，操作起来简单方便。

①下载文件程序：在浏览过程中，只要点击想下载的链接，浏览器就会自动启动下载，只要给下载的文件找个存放路径即可正式下载了。

文件程序下载可通过浏览器寻找需要下载的内容，单击下载链接，打开"文件下载"对话框，如图 1 - 2 - 9 所示。点击"保存"按钮，打开"另存为"对话框，选择保存位置及文件名即可。

图 1 - 2 - 9　"文件下载"对话框

打开：只是通过链接打开目标，但不保存。可通过目标程序窗口进行保存。

②下载图片：通过浏览器寻找需要下载的图片，在图片上右击打开快捷菜单，选择"图片另存为"命令，在打开的"保存图片"对话框中选择保存位置及文件名即可。

2）使用专业软件下载：通过浏览器下载虽然简单，但也有它的弱点，那就是不能限制速度、不支持断点续传、对于拨号上网的朋友来说下载速度也太慢。选择专业的下载软件，例如迅雷、电驴、快车等。它使用文件分切技术，就是把一个文件分成若干份同时进行下载，这样下载软件时就会感觉到比浏览器下载得快多了。更重要的是，它们都支持断点续传功能，当下载出现故障断开后，下次下载仍旧可以接着上次断开的地方下载。

3）通过邮件下载：此方式可能是最省事的了，你只要向因特网上的 FtpMail 电子邮件网关服务器发送下载请求，服务器将你所需的文件邮寄到你所指定的信箱中，这样就可以像平时收信那样来获得所需的文件了。我们可以采用专业的邮件下载工具，如 McCool、电邮卡车 E - mail Truck 等，只要给它一个文件下载地址和信箱，剩下的就可由它总代理了。

4）BT 下载：BT 是一种互联网上流行的 P2P 传输协议，使用 BT 软件通过相应的 BT 种子下载想要的资源。BT 软件之间的数据传输是双向的（你下载数据的同时数据也上传出去给别人），BT 已经被很多个人和企业用来在互联网上发布各种资源，其好处是不需要资源发布者拥有高性能服务器就能迅速有效地把发布的资源传向其他的 BT 客户软件使用者，而且大多数的 BT 软件都是免费的。只要有该资源的 BT 种子，就可以使用 BT 下载软件进行下载。

3. 上传

（1）概念：上传就是将信息从个人计算机传送至中央计算机系统上，让网络上的人都能看到。简单讲就是把你电脑上的内容复制到网络上。

（2）上传方式：主要包括以下几种方式。

1）使用浏览器上传：通过浏览器上传文件，按照"操作向导"完成操作，用户无须培训。上传的文件属性会自动生成，方便快捷。上传完成后进行审核，保证安全，用户可以通过服务器进行浏览。通过浏览器上传时速度缓慢，而且不支持断点续传。

2）使用FTP软件上传：FTP软件上传是最常用、最方便也是功能最为强大的主页上传方法，如FileZilla、CuteFtp、FlashFXP等软件。FTP软件除了可以完成文件传输的功能以外，还可以通过它们完成站点管理、远程编辑服务器文件等工作，一些常用的FTP软件还有断点续传、任务管理、状态监控等功能，可以让你的上传工作变得非常轻松。

3）通过E-mail上传：这种方法要求你把主页文件通过E-mail发给系统管理员，然后再由系统管理员把它们放到服务器上。这是最简单也是最复杂的方法，随着网络条件的提高，这种方法已逐渐销声匿迹了。

课堂互动 我们如何保障下载的文件是安全的呢？

三、常用工具软件

1. 网际快车（FlashGet）

网际快车是一个快速下载工具，通过把一个文件分成几个部分同时下载，可以成倍地提高速度。在下载过程中自动识别文件中可能含有的间谍程序及捆绑插件，并进行有效提示。

（1）安装FlashGet软件的操作步骤如下：①双击FlashGet的安装文件，打开安装向导，单击"我接受"按钮。②设置安装选项。③选择软件安装目录，默认安装路径为C:\Program Files\FlashGet Network\FlashGet 3，如需更改安装目录，单击"浏览"按钮，在打开的对话框中选择相应的目标文件夹，等待文件复制完成，单击"完成"按钮，完成FlashGet软件的安装。

注意：为了避免系统重装而对网际快车下载文件的内容和数据有所影响，应该尽量将网际快车安装在非系统盘。

（2）FlashGet软件的使用：安装完毕后，就可以开始下载了。FlashGet在下载时可以监视浏览器中的每个点击动作，一旦它判断出你的点击符合下载要求，它便会拦截该链接，并自动添加至下载任务列表中。

1）快捷菜单启动：每当通过浏览器需要下载文件的时候，请用鼠标右键点击该下载链接，选择其中的"使用快车下载"，便可启动FlashGet开始下载。

2）快速启动：将下载链接拖拽进FlashGet悬浮窗即可。启动FlashGet开始下载，弹出"新建任务"对话框，在对话框中可选择下载保存位置及文件名，点击"立即下载"按钮进入下载界面。

（3）查看下载状况：通过FlashGet下载文件时的窗口状态，用户可以很直观地查看出下载的具体情况。

1）文件夹：窗口左侧有两个文件夹，为"正在下载"和"已下载"，目前正在下载的文件处于"正在下载"文件夹中（当下载任务完成之后，它会自动移至"已下载"文件夹中等待您的处理）。

2）窗口右侧则详细地列出了下载文件的各项参数细则，如"文件名""大小""完成数""百分比""用时""剩余时间""速度""分成的块数""URL"等。

2. 迅雷

迅雷是一款基于多资源超线程技术的下载软件，作为"宽带时期的下载工具"，迅雷针对宽带用户做了优化，在下载时非常方便。

（1）安装迅雷软件：安装迅雷下载软件非常方便，双击迅雷安装文件，打开安装向导。选择"一键安装"可以默认设置进行安装；选择"自定义安装"可选择安装位置。等待安装完成，直接启动迅雷下载软件。

（2）迅雷软件的使用：安装完毕后，就可以开始下载了。迅雷在下载时也同样监视浏览器中的点击动作，当判断出你的点击符合下载要求时，会自动添加至下载任务列表中。

1）快捷菜单下载：打开下载页面，在下载链接上点右键，在快捷菜单中选择"使用迅雷下载"，弹出"新建任务"对话框。

2）直接下载：如果你知道一个文件的下载地址，例如 http：//www.gszyxx.com/UploadFiles/1.doc，那么你可以先复制此下载地址，复制之后迅雷会自动弹出"新建任务"对话框。启动迅雷下载，在"新建任务"对话框中可选择下载保存位置及文件名，点击"立即下载"按钮进入下载界面。

（3）查看下载状况　通过迅雷下载窗口，如图 1-2-10 所示，用户可以很直观地查看出下载的具体情况，还可查询下载完成后的"文件名""大小""完成数""用时""剩余时间""速度""URL"等。

图 1-2-10　迅雷下载窗口

3. FlashFXP（FTP 下载）

FlashFXP 是一款功能强大的 FXP/FTP 软件，FlashFXP 集成其他优秀的 FTP 软件的优点，FlashFXP 支持上传、下载，以及第三方文件续传，FlashFXP 支持每个平台使用被动模式等。

（1）安装 FlashFXP：FlashFXP 的安装并不复杂，只需要多注意一下语言选择。在开启安装后，需要选择"Chinese Simplifed"，才会安装简体中文版。①双击 FlashFXP 安装文件，打开安装向导，选择安装位置，点击"next"。②在弹出的 FlashFXP 安装向导中选择"Chinese Simplifed"，安装中文版，点击"next"。③安装结束后，点击"Finish"，完成安装。

（2）FlashFXP 的设置：使用 FlashFXP，首先要连接 FTP 服务器，操作步骤如下：①点击"会话"菜单中的"快速连接"命令选择。②在弹出的"快速连接"对话框中输入服务器的地址、账号、密码等资料，点击"连接"按钮，便可成功连接了。

（3）FlashFXP 上传与下载：成功连接 FTP 服务器后，FlashFXP 会显示本地目录和 FTP 目录。如要把文件从本地传到 FTP 服务器，可选择目标，右击打开快捷菜单，选择"传输选定的项"命令即可传输。

从 FTP 中把文件传送到本地，只要点击右键，选择"传输选定的项"选项即可。当文件下载完成后，FlashFXP 程序窗口会有提示。

任务评价

学习任务完成评价表

班级：_____ 姓名：_____ 项目号：_____ 任务号：_____ 任教老师：_____

项目	考核项目（测试结果附后）	记录与分值			
		自测内容	操作难度分值	自测过程记录	操作自评分值
作品评价	下载音乐	1. 在网络上寻找适合的音乐 2. 单击下载链接，将音乐下载 3. 保存时选择保存位置在"我的文档"，文件名为音乐名	25		
	下载图片	1. 在网络上寻找适合的图片 2. 选择后，利用"目标另存为"命令，将图片保存 3. 保存时选择保存位置在"我的文档"，文件名为：贺卡图片	25		

项目	考核项目（测试结果附后）	记录与分值			
		自测内容	操作难度分值	自测过程记录	操作自评分值
作品评价	下载短语	1. 在网络上寻找适合的祝福短语 2. 选择后，复制粘贴到文字处理软件中，并命名保存到"我的文档"中	20		
	下载软件	1. 安装网际快车下载软件 2. 打开教师给定的网址 3. 利用网际快车进行下载，下载保存位置选择"我的文档"，文件名：贺卡制作软件	30		
教师点评记录				作品最终评定分值	

任务拓展

一、课后操作练习

下载搜狗输入法软件，并成功安装。

二、课后作业

（一）选择题

1. 在因特网上专门用于传输文件的协议是

    A. FTP   B. http

    C. Internet   D. TCP/IP

2. 以下属于下载软件的是

    A. Flash   B. 迅雷

    C. 360 安全卫士   D. 金山打字通

3. 同学甲在某网站上看到自己喜欢的图片，想将其下载到自己的电脑里，以下能帮助他正确将图片下载的操作是

    A. 单击鼠标左键   B. 单击鼠标右键，选择"图片另存为"

    C. 双击鼠标右键   D. 双击鼠标左键

4. 下列叙述不对的是

    A. WWW 可以下载文件   B. FTP 可以下载文件

    C. WWW 可以上载文件   D. FTP 可以上载文件

5. 从网络上下载文件时，下列说法正确的是

    A. 只能用专门下载工具下载文件

    B. 从网页上直接下载速度较慢，只适合小文件下载

    C. 只能从网页上直接下载

    D. 不能从网页上直接下载

（二）判断题

1. 如果没有专门的下载工具，就不能从网上下载文字、图片以及各种文字资料。
                                                             （   ）

2. 对于我们需要的网络资源都应该下载到自己的计算机上，而且不必理会文件知识产权和合法性问题。
                                                       （   ）

3. 下载网页上的图片，可在该图片上单击鼠标右键，再选择"图片另存为"选项。
                                                       （   ）

（欧阳斌 刘 军）

任务 4 学会即时通信

任务描述

    课堂上，班级同学通过老师分发的 QQ 安装程序进行 QQ 的安装。安装完毕后全班同学利用网络注册自己的 QQ 号，并设置分组，互相加为好友。通过查找并加入老师的 QQ 群内，每人向老师发送一句关于使用 QQ 的心得和体会。

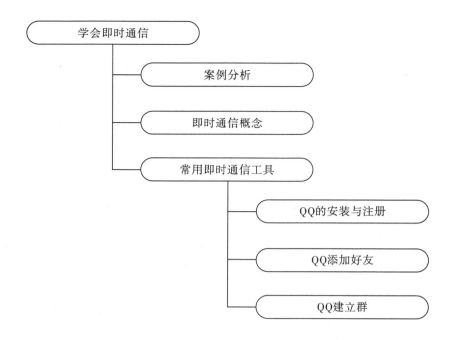

基本要求

1．知识与技能

（1）知道即时通信的优势所在。

（2）学会通过一定方式查找、添加好友，并进行文字交流。

（3）学会使用某一款即时通信软件上传、下载共享文件。

2．过程与方法

以学习或思想交流为线索，掌握即时通信的交流技巧，体验即时交流的过程。

3．情感态度与价值观

（1）正确引导学生使用即时通信工具交流知识、促进学习、传递友谊，加强自控力，不要沉湎于网络交友与无谓的聊天中，影响正常的学习和生活。

（2）树立健全的人格，加强自我保护意识，自觉控制上网时间和交流内容，慎重择友，让网络真正成为我们的良师益友。

任务分析

利用 QQ 即时通信软件进行操作学习，触类旁通，了解即时通信软件的共同操作方法。QQ 即时通信软件的操作主要包括：①QQ 程序的安装与注册。②查找、添加 QQ 好友。③加入 QQ 群。④收发信息。

任务实施

一、QQ 程序使用案例分析

QQ 程序使用操作内容：①同学们安装 QQ 程序。②注册自己的 QQ 账号。③查找各自好友，并分组进行添加。④查找老师的 QQ 群，输入验证信息，并提出加入申请。⑤待老师同意后，每人在 QQ 群内发一句关于 QQ 使用的心得和体会的信息。

二、即时通信概念

即时通信简称 IM，是一个实时通信系统，允许两个人或多人使用即时通信软件通过网络即时地传递文字、图片、语音和视频信息。在即时通信中，接受信息者通常在发送者按下送出键后才会看到信息，这种模式比使用电子邮件更便捷。即时通信产品最早的创始人是三个以色列青年，是他们在 1996 年开发出来的，取名叫 ICQ。目前 ICQ 有 1 亿多用户，主要市场在美洲和欧洲，已成为世界上最大的即时通信系统。现在国内也开发了许多通信软件，如腾讯 QQ、MSN 等，在不同的通信软件之间一般是无法互通的。随着互联网的发展，即时通信迅速发展，其功能日益丰富，不再是一个单纯的聊天工具，它已经发展成集交流、资讯、娱乐、搜索、电子商务、办公协作和企业客户服务等为一体的综合化信息平台。现在有许多的即时通信软件，如腾讯 QQ、阿里旺旺、YY 语音、新浪 show、易信、百度 HI 等。

三、常用即时通信工具——QQ

腾讯 QQ 原名 OICQ，是一种即时通信工具，一款基于 Internet 的即时通信软件。腾讯 QQ 支持在线聊天、视频电话、点对点断点续传文件、共享文件、网络硬盘、自定义面板、QQ 邮箱等多种功能，并与移动通讯终端等多种通讯方式相连。

1. QQ 安装与注册

（1）QQ 的下载安装：使用 QQ，必须已经下载安装了 QQ 程序。在腾讯 QQ 官网选择下载 QQ 程序，并依照安装向导提示进行安装。QQ 程序安装步骤如下。

1）下载好 QQ 安装程序，开始双击安装，在出现的"腾讯 QQ 用户协议"中选择"我同意"，点击"下一步"进行安装。

2）在安装界面中，点击"下一步"在默认目录安装，或点击"浏览"选择安装目录。建议用户把 QQ 安装在 C 盘以外的分区中，如 D：\ QQ，那样在计算机遇到问题重新安装操作系统时也不会丢失。

3）继续点击安装，等待出现安装完成后，点击"完成"按钮，完成安装。

（2）QQ 的号码注册：QQ 安装完成后，双击桌面 QQ 图标启动，在登录界面中点击"注册账号"，进入注册页面。如图 1 - 2 - 11 所示，按照要求填写相关个人信息后，点击"立即注册"，完成注册。

在注册成功后，用户将会获得 QQ 号码，这个号码是数字组成的，应妥善保存。

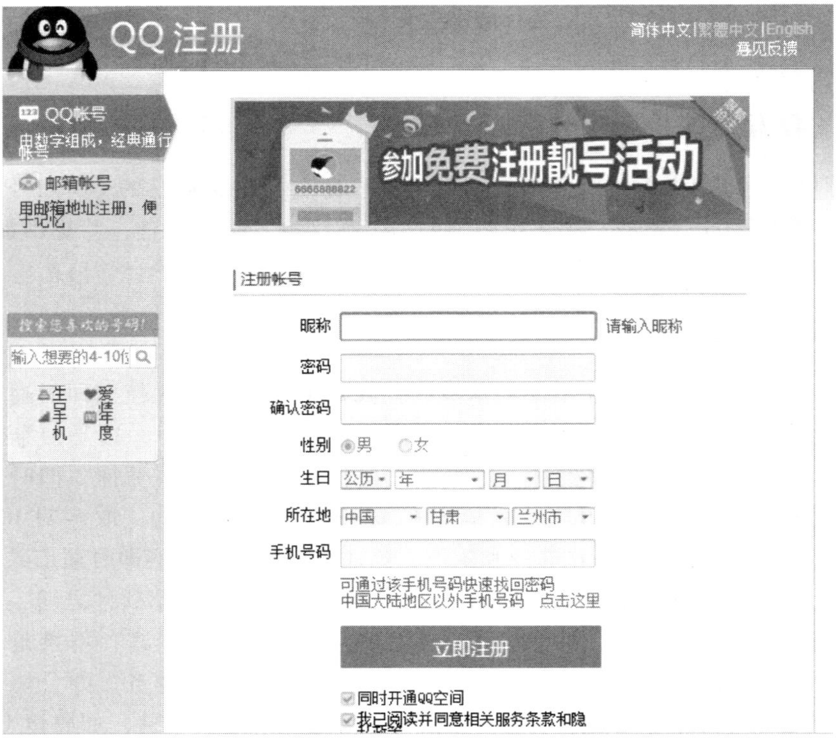

图 1-2-11 QQ 注册页面

2. QQ 添加好友

首先登录你的 QQ，点击界面下方的"查找"按钮。打开"查找"联系人界面后，你可以在下图搜索框中输入你想添加好友的 QQ 号、昵称、关键词、邮箱、手机号等进行查找。输入完成后，点击"查找"按钮，就可以找到你想要加的好友信息。

在好友信息中，单击选择好友的" +好友 "按钮就可以添加好友了，当然为了让你的朋友知道是谁想加他好友，你可以输入验证信息。在添加好友过程中，你还可以对其进行分组，并且修改姓名，这样可以方便你查找。点击"完成"按钮后，只要等待对方确认就可以成功添加了。

3. 建立 QQ 群

QQ 已经成为日常中不可缺少的聊天软件之一，如果在工作中需要对一个问题进行讨论时，我们就可以创建 QQ 群。创建 QQ 群的操作步骤如下。

（1）打开 QQ 使用界面，单击"群/讨论组"按钮，弹出下拉菜单，选择"创建一个群"。

（2）随后会跳转到群空间，然后选择需要创建的群类型，选择类型后，进入设置界面，根据提示对群的信息进行完善。

（3）点击"下一步"，进入群成员的添加，在左边好友列表内选择需要进入 QQ 群的好友，单击"添加"

课堂互动　你知道 QQ 密码忘记或被盗应如何找回吗？

按钮进行添加。

（4）点击"完成创建"后即可创建QQ群。

任务评价

学习任务完成评价表

班级：_____ 姓名：_____ 项目号：_____ 任务号：_____ 任教老师：_____

项目	考核项目（测试结果附后）	记录与分值			
		自测内容	操作难度分值	自测过程记录	操作自评分值
作品评价	安装QQ程序	安装QQ程序	20		
	注册QQ账号	注册QQ账号	20		
	查找并添加	1. 通过昵称、QQ号进行查找 2. 找到好友后同意添加 3. 分组	20		
	加入QQ群	1. 查找老师的QQ群 2. 找到老师QQ群后，输入验证信息，并提出加入申请	20		
	发送信息	待老师同意后，每人在QQ群内发一句关于QQ使用的心得和体会的信息	20		
教师点评记录				作品最终评定分值	

任务拓展

一、课后操作练习

建立自己的班级群，并修改每位同学的姓名备注，以真实的名字显示在QQ群中。

二、课后作业

1. 即时通信软件是一种基于互联网的即时交流软件，提供了即时通讯网络服务，即时通讯不同于 E - mail 在于它的交谈是
   A. 方便的   B. 即时的
   C. 先进的   D. 落伍的

2. 下面关于即时通信的说法正确的有
   A. 可以在任何时候进行实时通信
   B. 接收者必须在同意后才能接收信息
   C. 当双方都联网时，才可实现信息的发送和接收
   D. 不同的即时通信工具软件不能互通

3. 以下不属于即时通信的是
   A. YY   B. MSN
   C. FTP   D. QQ

（欧阳斌 刘 军）

任务 5 学会医药信息搜索

任务描述

Internet 上信息非常丰富，要查找需要的内容，必须借助于搜索引擎，掌握常用搜索引擎的使用方法就显得非常重要。本案例借助于百度搜索引擎搜索新闻、图片、文本、歌曲，还有你的家到学校的距离等资源。

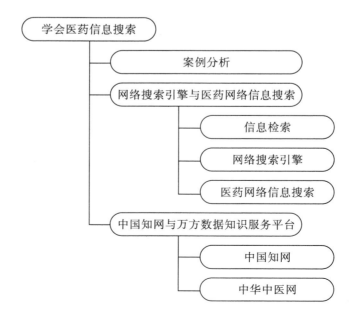

基本要求

1．知识与技能

（1）知道搜索引擎的发展、工作原理和分类。

（2）学会搜索引擎的使用技巧。

（3）知道医药网络信息搜索、中国知网、万方数据平台的基本知识。

（4）学会使用百度搜索引擎搜索各类资源。

2．过程与方法

（1）能使用网络提供的搜索引擎搜索有用的信息，并能够对搜索到的信息进行加工、处理和交流。

（2）有效使用网络检索信息，搜索引擎帮助系统的使用。

3．情感态度与价值观

（1）培养学生自主发现、自主探究的学习方法和创新精神。

（2）在合作学习中学会资源共享、交流协作，使学生的合作意识和合作能力得到提高。

（3）加强网络安全防范意识，认清网上信息的精华和糟粕，做遵守网络道德的网民。

任务分析

利用百度搜索引擎进行搜索，搜索内容包括：①搜索一首你最喜欢的歌曲。②搜索一篇学校最近发生的新闻。③搜索一幅冬虫夏草的中药材图片。④搜索一下你家到学校最短路程有多远。

任务实施

一、百度搜索案例分析

通过百度搜索引擎完成搜索的内容如下。

（1）通过百度搜索引擎，在"歌曲"中搜索一首你最喜欢的歌曲，并下载到计算机中。

（2）通过百度搜索引擎，在"新闻"中搜索一篇学校最近发生的新闻，可以利用指定域帮助搜索，搜索完毕后将网页保存在计算机中。

（3）通过百度搜索引擎，在"图片"中搜索一幅冬虫夏草的中药材图片，并保存在计算机中。

（4）通过百度搜索引擎，在"地图"中搜索一下你家到学校最短路程有多远，并截图保存。

二、网络搜索引擎与医药网络信息搜索

1．信息检索

信息检索是指将信息按一定的方式组织起来，并根据信息用户的需要找出有关信

息的过程和技术。信息检索有广义和狭义的之分。

2. 网络搜索引擎

（1）搜索引擎的含义：搜索引擎指自动从因特网搜集信息，经过一定整理以后，提供给用户进行查询的系统。因特网上的信息浩瀚万千，而且毫无秩序，所有的信息像汪洋上的一个个小岛，网页链接是这些小岛之间纵横交错的桥梁，而搜索引擎则为用户绘制一幅一目了然的信息地图，供用户随时查阅。

（2）搜索引擎的工作原理：为了在现有的数亿网页中找到信息，搜索引擎使用了一种特殊的软件机器人，称为蜘蛛程序（Spider）。Spider顺着网页中的超链接，连续地抓取网页。被抓取的网页被称为网页快照。由于互联网中超链接的应用很普遍，理论上，从一定范围的网页出发，就能搜集到绝大多数的网页。

（3）搜索引擎的分类：主要包括以下几种。

1）全文搜索：全文搜索引擎是目前广泛应用的主流搜索引擎，它从互联网提取各个网站的信息（以网页文字为主），建立起数据库，并能检索与用户查询条件相匹配的记录，按一定的排列顺序返回结果。国外搜索引擎的代表是Google，国内则有百度。

2）目录搜索：也称为分类检索，是因特网上最早提供WWW资源查询的服务，主要通过搜集和整理因特网的资源，根据搜索到的网页内容，将其网址分配到相关分类主题目录的不同层次的类目之下，形成像图书馆目录一样的分类树形结构索引。

3）元搜索：元搜索引擎又称多搜索引擎，是一种调用其他独立搜索引擎的引擎，亦称"搜索引擎之母"。

（4）常用的网络搜索引擎：主要包括以下几种。

1）百度（Baidu）搜索：是全球最大的中文搜索引擎。"百度"二字源于中国宋朝词人辛弃疾的《青玉案》诗句："众里寻他千百度"，象征着百度对中文信息检索技术的执著追求。用户通过百度主页，可以瞬间找到相关的搜索结果，这些结果来自于百度超过数百亿的中文网页数据库。百度也使中国成为除美国、俄罗斯和韩国之外，全球仅有的四个拥有搜索引擎核心技术的国家之一。

①百度搜索引擎：界面非常简洁，易于操作。主体部分包括一个长长的搜索框，外加一个搜索按钮、LOGO及搜索分类标签。当在搜索框内输入需要搜索的关键字时，就会进入分类搜索界面。

★网页搜索：使用百度搜索，只需要在搜索框内输入需要查询的内容，按回车键；或者用鼠标点击搜索框右侧的"百度搜索"按钮，就可以得到最符合查询需求的网页内容。

★新闻搜索：百度新闻是一种24小时的自动新闻服务，与其他新闻服务不同，不含任何人工编辑成分，没有新闻偏见。点击首页正上方"新闻"标签，再输入要查询的关键词即可查看你想要的新闻。

★图片搜索：点击首页正上方"图片"标签，再输入要查询的关键词，即可进行图片内容的搜索，并且百度还提供了多种图片分类供用户来准确搜索。

★音频搜索：音频文件的搜索可以说是百度最有特色的搜索服务，也是它借以成名的法宝，甚至可以毫不夸张地说，没有音频文件搜索的成功，就没有百度的辉煌。

点击首页正上方"音频"标签，再输入要查询的关键字，即可进行音频信息的搜索，并且百度还提供了多种音频分类供用户选择搜索。

★视频搜索：点击首页正上方"视频"标签，再输入要查询的关键字，即可进行视频信息的搜索，并且还提供了多种视频分类供用户来选择搜索。

★地图搜索：通过百度地图搜索，可以找到指定的城市、城区、街道、建筑物等所在的地理位置，也可以找到离你最近的所有餐馆、学校、银行、公园等。

★文库搜索：百度文库是互联网分享学习的开放平台，汇集1亿份高价值的文档资料，涵盖基础教育、资格考试、经营管理、工程技术、IT计算机、医药卫生等50余行业。

★更多搜索：点击"更多"链接后，会打开百度大全，内含多个服务、工具、娱乐等项目。

②百度搜索引擎的使用技巧：搜索引擎可以帮助使用者在Internet上找到特定的信息，但它们同时也会返回大量无关的信息。使用一些技巧，让搜索引擎用尽可能少的时间找到需要的确切信息。

★简单查询：在搜索引擎中输入关键词，然后点击"搜索"就行了，系统很快会返回查询结果，这是最简单的查询方法，使用方便，但是查询的结果却不准确，可能包含着许多无用的信息。

★使用双引号（""）：在需要查询的关键词上加双引号（半角，以下要加的其他符号同此），可以实现精确的查询，这种方法要求查询结果要精确匹配，不包括演变形式。

★使用加号（＋）：在关键词的前面使用加号，也就等于告诉搜索引擎该单词必须出现在搜索结果中的网页上。

★使用减号（－）：在关键词的前面使用减号，也就意味着在查询结果中不能出现该关键词。

★指定域："site"表示指定的网域。如果在某个特定的域或站点中进行搜索信息，可以在搜索框中输入"关键字 site：网址"。

★使用通配符：通配符包括"＊"和"？"，前者表示匹配的数量不受限制，后者匹配的字符数要受到限制，主要用在英文搜索引擎中。

★使用括号：当两个关键词用另外一种操作符连在一起，而你又想把它们列为一组时，就可以对这两个词加上圆括号。

★区分大小写：这是检索英文信息时要注意的一个问题，许多英文搜索引擎可以让用户选择是否要求区分关键词的大小写，这一功能对查询专有名词有很大的帮助。

2）Google（谷歌）搜索：Google被公认为全球最大的搜索引擎，也是互联网上五大最受欢迎的网站之一，在全球范围内拥有无数的用户。Google允许以多种语言进行搜索，在操作界面中提供多达30余种语言选择。Google是全球最大的并且最受欢迎的搜索引擎，主要的搜索服务有网页搜索、图片搜索、视频搜索、地图搜索、新闻搜索、购物搜索、博客搜索、论坛搜索、学术搜索、财经搜索。

3. 医药网络信息搜索

众所周知，医学信息浩如烟海，博大精深，而且由于医学行业特别注重资料的整

理、归纳、统计、分析工作，所以如何从如此庞杂的资料中搜寻整理出自己所需的信息，也就成了每个医生都必须面对的一道难题。在以下的内容里，着重说一说如何利用互联网搜索医学资料。

（1）使用通用搜索引擎进行搜索：通用搜索引擎包含许多类目，内容几乎涵盖所有领域，如商业、经济、艺术与人文、教育、健康、科学等，每一大类下又分许多小类，你可以按类进行检索，层层展开，直至所需。也可用医学类关键词来进行检索，可提高针对性，加快检索速度。大家熟知的搜索引擎如 Google、百度等都属于通用搜索引擎。

（2）使用专业搜索引擎进行搜索：对于专业性很强的网络信息，通过通用搜索引擎很难搜索到，必须借助专业的医药信息搜索引擎进行搜索。

（3）常用的医药信息搜索引擎：主要包括以下几种。

1）国内医药信息搜索引擎：①360 良医助手（http：//www. liangyi. com/）。360 搜索推出的"360 良医助手"是专业的医疗、医药、健康信息的子垂直搜索引擎，也是 360 专业的医学服务平台。②搜狗明医（http：//mingyi. sogou. com/）。2016 年 5 月 8 日，搜狗公司宣布上线"搜狗明医"垂直搜索，旨在把权威、真实有效的医疗信息提供给用户。③中科院科学数据库系统（http：//www. sdb. ac. cn）。涉及 20 几个学科，由近百个子库组成，分为专业数据库和非专业数据库。

2）国外医药信息搜索引擎：①Medweb（http：//www. medweb. emory. edu/Medweb/）。Medweb 学术性强，推介网站比较偏重美国，对每个网站虽有评介但较简短。从 2002 至 2005 年曾四易网址，用户须从其他大型目录跟踪其网址变化。② 瑞士卫生网（HON）

> **课堂互动** 你知道还有哪些医药信息搜索引擎？

（http：//www. hon. ch/）。HON 是瑞士日内瓦市政府资助的非盈利基金会，并和日内瓦大学医院和瑞士生物信息学研究所密切合作，1996 年创建。它广受世界各地生物医学机构欢迎，所推荐的网站兼顾欧美。③Medscape（医景 www. medscape. com/）。美国 Medscape 公司 1994 年研制，1995 年 6 月投入使用，由功能强大的通用搜索引擎 AltaVista 支持，可检索图像、音频、视频资料，至今共收藏了近 20 个临床学科 25 000 多篇全文文献，拥有会员 50 多万人，临床医生 12 万人。④INTUTE（http：//www. intute. ac. uk/healthandlifesciences/）。该站点在欧洲尤其在英国与大英联邦系统影响很大。它对北美重要网站并不忽视，但它推介英国与欧洲各国网站比较深入，因此对 Medweb、HON 等大型生物医学搜索引擎互补性很强。

二、中国知网与万方数据知识服务平台

1. 中国知网

（1）中国知网（http：//www. cnki. net/）英文简称为 CNKI，是国家知识基础设施，此概念由世界银行于 1998 年提出。CNKI 是以实现全社会知识资源传播共享与增值利用为目标的信息化建设项目。

（2）中国知网提供的服务内容如下。

1）中国知识资源总库：中国知网提供 CNKI 源数据库、外文类、工业类、农业类、

医药卫生类、经济类和教育类多种数据库。

2）数字出版平台：数字出版平台是国家"十一五"重点出版工程。

3）文献数据评价：中国知网 2010 年推出的《中国学术期刊影响因子年报》制定了我国第一个公开的期刊评价指标统计标准——《〈中国学术期刊影响因子年报〉数据统计规范》。

4）知识检索，提供以下检索服务。

★文献搜索——精确完整的搜索结果、独具特色的文献排序与聚类是科研的得力助手。

★数字搜索——"一切用数字说话"，CNKI 数字搜索让你的工作、生活、学习和研究变得简单而明白。

★翻译助手——文献、术语中英文互译的好帮手，词汇、句子、段落应有尽有。

★图形搜索——各专业珍贵的学术图片，研究成果和复杂流程的直观展现。

★专业主题——168 个专业主题数字图书馆，各领域学者均有属于自己的专业知识。

★学术资源——全面的学术资源网站导航。

★学术统计分析——对学术文献进行绩效评价及统计分析。

（3）中国知网的注册。

1）中国知网合作网站账号注册登录步骤如下：①在中国知网的网站首页，点击上方的注册，进入到注册页面，直接就可以选择"使用合作网站账号登录知网"。②选择一个，如果你现在已经登录了相关账户，系统会自动检测到；如果没有检测到，输入相关的账号和密码，手动登录。③授权以后会让你填写注册邮箱和密码，填写后会显示注册成功，自动跳转到知网的首页。

2）快速注册登录：①在中国知网的网站首页，点击上方的注册，进入到注册页面。②在注册首页按要求填写好用户名、密码、注册邮箱、验证码。③显示注册成功，五秒后自动跳转到知网首页。

2. 万方数据知识服务平台

（1）万方数据知识服务平台（http://www.wanfangdata.com.cn/）是在原万方数据资源系统的基础上，经过不断改进、创新而成，集高品质信息资源、先进检索算法技术、多元化增值服务、人性化设计等特色于一身，是国内一流的品质信息资源出版、增值服务平台。

（2）万方数据提供的服务内容如下。

1）知识脉络分析服务（WFKS_KTAS）：知识脉络即为以主题词为核心，根据所发表论文的知识点和知识点的共现关系的统计分析，使用可视化的方式向用户揭示知识点发展趋势和共现研究时序变化的一种服务。

2）论文相似性检测服务（WFKS_PSDS）：是万方数据推出的特色服务，用于指导和规范论文写作，检测新论文和已发表论文的相似片段。

3）查新咨询服务中心（WFKS_LIBRARIAN）：科技查新是一种深层次的、具有特定含义的检索工作，普通检索系统无法满足查新专业用户的需求，因此为图书馆情报机构贴身打造了一个用于查新咨询的服务平台。

4）科技文献分析服务（WFKS_STLA）：科技文献子系统由 40 个典型主题数据库组成，主题的选取主要来源于国家中长期科学和技术发展规划纲要——重点领域及其优先主题，侧重于社会关注高的社会焦点、热点问题，兼容国家和社会的重大需求，有未来或当前重要的应用目标。

5）身份证核查服务（WFKS_IDCHECK）：全国公民身份证核查系统是万方数据公司联合全国公民身份证号码查询服务中心（简称中心）共同推出的身份证核查服务平台，是目前唯一经公安部和中编办批准提供全国公民身份信息服务的机构，负责"全国公民身份信息系统"的建设、管理，对社会提供全国公民身份信息服务。

6）专利分析服务（WFKS_PA）：以专利信息分析、竞争情报和知识挖掘等理论为基础，对专利信息进行多维统计加工、智能化定量分析和内容的深度挖掘，并将分析结果以可视化界面提供给用户。

7）移动阅读服务：移动阅读成为信息化时代的全新阅读方式，我国移动阅读的用户量呈爆炸式增长，用户需要信息更丰富、获取更容易、得到更及时。

（3）万方数据知识服务平台的注册。

1）万方平台合作网站账号注册步骤：①在万方数据知识服务平台的网站首页，点击右上角的"请登录"图标，进入到登录注册页面，选择下方的"其他方式快速登录"。②在 QQ、微博、微信中选择一个，如果你现在已经登录了相关账户，系统会自动检测到；如果没有检测到，输入相关的账号和密码，手动登录。③授权以后会提示你：首次登录，请绑定您的万方数据账号，方便今后找回密码、查询订单信息等。选择"快捷注册万方数据账号"选项，填写注册邮箱和密码，填写后会显示注册成功，自动跳转到网站首页。

2）快速注册登录：①在万方数据知识服务平台的网站首页，点击右上角的"请登录"图标。进入到登录界面，选择上方的"立即注册"链接。②在注册页面按要求填写好用户名、密码、注册邮箱、验证码、个人相关信息等。③注册成功后，需要返回注册邮箱进行验证，验证成功后可登录进入在万方数据知识服务平台的网站首页。

三、重要医药网站简介

1. 中国医药信息网（http：//www.cpi.gov.cn/）

中国医药信息网是由国家食品药品监督管理局信息中心建设的医药行业信息服务网站，始建于 1996 年，专注于医药信息的搜集、加工、研究和分析，为医药监管部门、医药行业及会员单位提供国内外医药信息及咨询、调研服务。

2. 中华中医网（http：//www.zhzyw.org/）

中华中医网是致力于弘扬国医国粹，普及中医药基础知识，推广中医药文化与特色，扩大中医药的影响，推动中药贸易的一个网站。设置有中医信息、中医常识、中医特色、中医保健等栏目。网站积极弘扬国医国粹，推广中医药文化，扩大中医药的影响，推动中药贸易，从而把中医药推向世界；建立完善的全国疑难病防治研究网络，开展与世界各种医药学的交流与合作，互相学习，取长补短，促进发展，共同提高；介绍中医药知识，传播中医药文化，提供名医在线会诊与治疗服务，增进人们对中医的了解。

任务评价

学习任务完成评价表

班级：_____ 姓名：_____ 项目号：_____ 任务号：_____ 任教老师：_____

项目	考核项目 （测试结果附后）	记录与分值			
		自测内容	操作难度分值	自测过程记录	操作自评分值
作品评价	搜索歌曲	1. 在百度中的"歌曲"分类中搜索一首你最喜欢的歌曲 2. 进入歌曲的下载页面，下载到计算机中	20		
	搜索新闻	1. 在百度中的"新闻"分类中搜索甘肃省中医学校一篇最近发生的新闻 2. 借助于指定域帮助搜索 3. 搜索完毕后将网页保存在计算机中	30		
	搜索图片	1. 在百度中的"图片"分类中搜索一幅冬虫夏草的中药材图片 2. 查看图片并保存在计算机中	20		
	搜索地图	1. 在百度中的"地图"分类中选择家的起点和学校的终点位置 2. 搜索路程，选择最短路程，并记录距离 3. 截图保存	30		
教师点评记录				作品最终评定分值	

任务拓展

一、课堂操作练习

小孙一个人从兰州坐火车去海南进行为期六天的旅游,她只带了4000元,请你利用搜索引擎在网上帮她查出以下信息。

(1)她来回车票的价钱。

(2)住宿的酒店,酒店最好是靠近厦门大学,酒店的地址,房价是多少。

(3)推荐几个旅游景点,并写出景点的门票价格。

(4)厦门有些什么特色小吃。

(5)厦门有些什么特产?价钱是多少?

二、课后作业

(一)选择题

1. 下列哪些是搜索引擎

　　A. 新浪　　　　　　B. 百度　　　　　　C. QQ　　　　　　D. 天涯

2. 在百度上搜索歌曲,其中输入的文字叫作

　　A. 目录　　　　　　B. 网页　　　　　　C. 关键字　　　　　D. 歌曲名

3. 下列对搜索引擎的认识,正确的是

　　A. 只能用百度搜索引擎　　　　　B. 只能用百度搜索引擎和谷歌搜索引擎

　　C. 所有搜索引擎都不能用　　　　D. 所有搜索引擎都能用

4. 听到一首好听的歌曲,于是想通过网络找到这首歌并下载下来,最好的方法是

　　A. 访问网站进行查找　　　　　　B. 访问音乐公司的网站进行查找

　　C. 询问 QQ 好友　　　　　　　　D. 用搜索引擎进行音乐分类搜索

5. 以下搜索引擎中,没有自己的数据库,而是借助其他搜索引擎完成搜索任务的是

　　A. 元搜索引擎　　　　　　　　　B. 目录搜索引擎

　　C. 全文搜索引擎　　　　　　　　D. 分类搜索引擎

(二)判断题

1. 通过搜索引擎不仅可以查找网络信息,也可以查找计算机硬盘上的信息。

　　　　　　　　　　　　　　　　　　　　　　　　　　　　　　　(　)

2. 百度属于目录搜索引擎。　　　　　　　　　　　　　　　　　　(　)

3. 关键字"+计算机+computer",表示在搜索结果中都要出现"计算机"和"computer"字符。

　　　　　　　　　　　　　　　　　　　　　　　　　　　　　　　(　)

(欧阳斌 刘 军)

任务6　认识信息安全

任务描述

在计算机中安装一套功能齐全的杀毒软件，对做好病毒防治工作非常必要。Windows XP 操作系统内置防火墙功能，可以通过定义防火墙来拒绝网络中的非法访问，从而主动防御病毒的入侵。本案通过安装 360 杀毒软件对计算机进行扫描，并对发现的病毒进行处理；同时启动 Windows XP 防火墙，加强对计算机的保护。

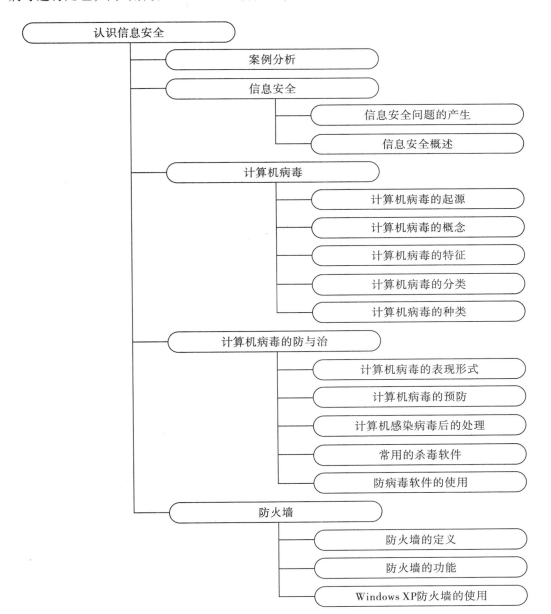

基本要求

1. 知识与技能
（1）知道计算机病毒的概念。
（2）认识计算机病毒的主要特征、分类方法、传播途径。
（3）学会计算机病毒的防范。
（4）学会 360 杀毒软件的使用方法。
（5）学会 Windows XP 防火墙的启用方法。
2. 过程与方法
（1）通过学生自主学习和合作探究，培养学生运用信息技术解决实际问题的能力。
（2）通过动手操作，加深对所学知识的印象，巩固学习成果。
3. 情感态度与价值观
（1）培养学生严谨细致的学习、工作作风。
（2）加强学生自主学习、探索学习的意识；培养学生信息化处理工作的意识和能力。

任务分析

杀毒软件可以有效防范病毒的感染，能够实时地监控打开的磁盘文件、从网络上下载的文件以及收发的邮件，一旦检测到计算机病毒，就能立即给出警报。防火墙可以防止有害数据进入计算机并访问内部数据，在内部网络和外部网络之间构造了一个保护层。

杀毒软件使用及防火墙启用操作的内容主要包括：①360 杀毒软件的扫描方法和对发现病毒的处理方法。②Windows XP 防火墙的启动方法。

任务实施

一、杀毒软件使用及防火墙启用案例分析

杀毒软件使用及防火墙启用包含两部分内容。第一部分是杀毒软件的安装使用，通过安装 360 杀毒软件，分别用"全盘扫描""快速扫描""自定义扫描"三种病毒扫描模式对计算机进行扫描，熟悉三种扫描的不同；在扫描到病毒后，应选择正确的方式进行处理。第二部分是防火墙的启用，通过 Windows XP 系统的防火墙对计算机进行保护。

二、信息安全

1. 信息安全问题的产生
人们在享受着信息社会带来便利的同时，有一个很重要的问题也值得我们注意，就是安全问题。应该说，信息安全问题在信息技术应用的第一天就已经存在了，通过

下面几个著名的案例，我们将从一个侧面说明信息安全问题是如何产生的。

（1）格莱斯·霍普和"两千年"问题。由于在计算机中使用6位数来表示具体的日期，从而造成了"两千年"问题的出现。"两千年"问题是指在6位日期中，年、月、日各占两位，因此当2000年到来之后，计算机中的2000年被认为是1900年，从而带来一系列的严重问题，尤其对于金融、保险、航空、航海等行业来说，所受影响更大。对于"两千年"问题给我们带来的损失，很难进行准确的统计，各部门给的数字也差别很大，据美国计算机学会（ACM）的不完全统计，大约是6000亿~46000亿美元。

为什么会出现"两千年"问题呢？是谁埋下了这个信息时代的"定时炸弹"呢？她就是被誉为"软件之母"的美国计算机科学家格莱斯·霍普女士。

格莱斯·霍普在20世纪60年代初期设计语言时，计算机的内存价格非常昂贵，每一字节的价格大约是1美元，在内存资源有限又昂贵的情况下，她采用了6位日期表示法，后来这种表示法成为日期的标准写法，并一直沿用下来。

（2）"1.15"大瘫痪。1990年1月15日，美国电话电报公司（AT&T）的长途电话交换系统突然陷入了全面瘫痪。6万多名用户的电话无法使用，在时间长达9个小时的紧急抢修中，7000万个电话中断无声。

对电话行业来说，服务中断是一种由来已久、素为人知的风险，雷雨、大风、地震以及各种人为因素都会破坏我们的电话系统，但这次瘫痪却令经验丰富的AT&T措手不及，找不出什么明显的物理原因。9个小时之内，AT&T的工程师终于还是弄清了瘫痪的原因，"罪犯"原来是AT&T自己开发的软件中的一个Bug。

（3）莫里斯和蠕虫病毒。1988年11月2日夜，美国的Internet网受到了来自内部的攻击，转眼之间，有6000台机器陷入瘫痪，后来据美国计算机病毒协会声称，这次蠕虫病毒的发作给美国造成了9600万美元的损失。经过计算机专家及联邦调查局的周密调查，发现编制蠕虫计算机病毒的人是美国康内尔大学的一年级博士研究生罗伯特·莫里斯。后来，他们在莫里斯的计算机中找到了蠕虫病毒的早期源代码。

由于莫里斯很小就在电脑领域表现出惊人的天赋，在他读高中的时候，就曾受邀为美国的计算机安全专家做过报告。因为莫里斯对软件系统中的Bug非常感兴趣，常利用系统中的Bug攻击别人的计算机系统。计算机安全专家则认为，要做好计算机的安全工作，就要了解攻击计算机系统的人的思维方式和工作方法。

课堂互动　你知道什么是Bug吗？

2. 信息安全概述

信息安全是一门涉及计算机科学、网络技术、通信技术、密码技术、信息安全技术、应用数学、数论、信息论等多种学科的综合性科学。信息安全是指信息系统的硬件、软件及其中的数据受到保护，不受偶然的或者恶意的原因而遭到破坏、更改、泄露，确保系统能够连续可靠正常运行，信息服务不中断。信息安全主要包括以下几个层面。

（1）物理安全：诸如掉电、电压的变化、水灾、火灾等情况，都会对信息安全产生影响，这涉及的是信息安全的物理层面。

（2）逻辑安全：计算机的逻辑安全需要用口令字、文件许可、查账等方法来实现。通过计算机的逻辑安全层面，可以防止计算机黑客的入侵。

（3）操作系统安全：操作系统是计算机中最重要的软件，它综合管理计算机中的软硬件资源，合理组织计算机的工作流程。如果计算机系统提供给多人使用，操作系统就必须能区分开用户，以防止他们之间互相干扰。

（4）网络安全：建立网络的目的在于资源共享和信息交流，但这其中也存在着更多的安全问题。计算机黑客、计算机病毒、特洛伊木马程序、各种后门等都是计算机网络所面临的安全威胁。在网络环境中，首先要保证运行系统的安全，即保证信息处理和传输系统的安全；然后还要保证网络上信息的安全和信息传播的安全。

三、计算机病毒

1. 计算机病毒的起源

计算机病毒起源于早期对计算机进行攻击的程序，其思想来源于一种叫作特洛伊木马的程序。其名字是借用古代特洛伊战争中一方把士兵藏在木马中，从而进入敌方城堡，出其不意攻占城堡的故事，以表示某些有意骗人犯错误的程序。

从表面上看，特洛伊木马显得可靠并富有魅力，但在计算机用户使用一段时间后，该程序便会攻击计算机系统，使计算机发生各种软件故障。后来，有人对特洛伊木马程序进行了改进，使之能够复制自身并能通过磁盘及计算机网络等媒体传播到其他计算机中，就像生物病毒一样进行传染，这种程序就是计算机病毒。

计算机病毒是随着计算机软件的发展而逐渐产生的，编制这种程序的人一般有三类。

第一类人是为保护他们的软件不受非法复制，在发行的软件中加入病毒，以期打击非法拷贝者。

第二类人属于恶作剧者，他们具有丰富的计算机知识和编程经验，试图通过这种程序来显示自己的才能。

第三类人则是心怀不满的报复者，他们因工作或生活不顺心而产生报复心理，编制计算机病毒以报复社会。

2. 计算机病毒的概念

计算机病毒在《中华人民共和国计算机信息系统安全保护条例》中明确定义为——指编制或者在计算机程序中插入的，破坏计算机功能或者破坏数据、影响计算机使用，并能自我复制的一组计算机指令或者程序代码。

3. 计算机病毒的特征

计算机病毒是一个程序，虽然计算机病毒和生物病毒是在不同系统中出现的两个相似概念，但它与生物病毒有着本质上的不同。计算机病毒一般具有以下几个特征：①寄生性。②传染性。③隐蔽性。④潜伏性。⑤危害性。

4. 计算机病毒的分类

根据多年对计算机病毒的研究，按照科学的、系统的、严密的方法，计算机病毒可分类如下。

（1）按病毒存在的媒体，病毒可以划分为网络病毒、文件病毒、引导型病毒。

①网络病毒：通过计算机网络传播感染网络中的可执行文件。②文件病毒：感染计算机中的文件（如 COM、EXE、DOC 等）。③引导型病毒：感染启动扇区（Boot）和硬盘的系统引导扇区（MBR）。

（2）按病毒传染的方法，可分为驻留型病毒和非驻留型病毒。

（3）按病毒破坏的能力，可分为：①无害型。②无危险型。③危险型。④非常危险型。

5．计算机病毒的种类

（1）系统病毒。

（2）蠕虫病毒。

（3）木马病毒、黑客病毒。

（4）脚本病毒。

（5）宏病毒。

（6）后门病毒。

（7）病毒种植程序病毒。

（8）破坏性程序病毒。

（9）玩笑病毒。

四、计算机病毒的防与治

随着计算机及网络的发展，人们在享受计算机和网络带来的便利的同时，伴随而来的计算机病毒传播问题也越来越引起人们的关注。

1．计算机病毒的表现形式

计算机受到病毒感染后，会表现出不同的症状，下面列举一些经常碰到的现象，作为检查病毒的参考：①系统运行速度减慢甚至死机。②文件内容和长度有所改变。③硬盘存储空间不断减少。④文件损坏或丢失文件。

以上为比较常见的病毒表现形式，还有其他一些特殊的现象，例如计算机屏幕上出现异常显示，计算机系统的蜂鸣器出现异常声响，磁盘卷标发生变化，系统不识别硬盘，有不明程序对存储系统异常访问，键盘输入异常，文件的日期、时间、属性等发生变化，文件无法正确读取、复制或打开，命令执行出现错误，系统虚假报警，系统时间倒转、逆向计时，Windows 操作系统无故频繁出现错误，系统异常重新启动，一些外部设备工作异常，如打印机常打出一些乱码，系统或是打开文件时异常要求用户输入密码，Word 或 Excel 提示执行"宏"等，这些情况都需要由用户自己判断。

2．计算机病毒的预防

计算机病毒种类多，新型病毒很难发现，所以对病毒应以预防为主，才是最积极、最安全的防范措施。预防计算机病毒感染的主要措施有以下几种。

（1）拷贝任何数据、软件、文件到计算机时务必小心：①使用任何移动存储设备时，应先用防病毒软件扫描。②小心使用电子邮件。③从互联网上下载任何数据时请小心注意。

（2）浏览信息时应注意：①有选择地访问网站。②使用 QQ 时，不要轻易查看接受陌生人发来的文件，防止病毒感染计算机。

（3）使用计算机防病毒和防火墙软件：①在计算机中安装一套功能齐全的杀毒软件，可做好防治工作。②安装防火墙软件。

（4）做好及时更新：①要经常升级安全补丁。②定期更新防病毒软件病毒库，可以及时查杀新型病毒。

（5）重要数据做好备份：①定期备份数据，万一发生数据毁坏，可以使用备份来恢复系统和文件。②准备好应急启动盘，以便系统出现问题时及时恢复。

3. 计算机感染病毒后的处理

很多用户认为，病毒有杀毒软件去处理，而无须过多担心。其实不然，杀毒软件虽然可以杀毒，但只是对于已知病毒的防范，对于未知病毒，还有很多无法识别之处。对于计算机中毒后应该如何处理呢？

（1）不要重新启动计算机。

（2）发现异常应首先断开网络。

（3）备份重要文件。

（4）全面杀毒。

（5）更改重要资料设定。

（6）检查网上邻居。

> **课堂互动** 你的 QQ 好友向你发送一个网址链接，你该如何做呢？

4. 常用的杀毒软件

杀毒软件也称反病毒软件或防毒软件，是用于消除电脑病毒、特洛伊木马和恶意软件等计算机威胁的一类软件。

（1）国内常见的杀毒软件：主要包括以下几种。

1）360 杀毒软件：是中国用户量最大的杀毒软件之一，它是完全免费的杀毒软件，拥有国内市场中占有最为庞大的安全软件份额。它使用很方便，对待正在发生或者即将发生的程序，有提前抵御的本领，而且拦截网页木马也非常奏效，适合于中低端机器。

2）瑞星杀毒软件：面对病毒有坚韧的防御能力，包括卡卡，对木马的抵御能力很强，更注重保护软件本身的安全。

3）金山毒霸：是我国著名的反病毒软件，它融合了启发式搜索、代码分析、虚拟机查毒等经业界证明成熟可靠的反病毒技术，使其在查杀病毒种类、查杀病毒速度、未知病毒防治等多方面达到世界先进水平。

（2）国外常见的杀毒软件：主要包括以下几种。

1）卡巴斯基反病毒软件：是世界上拥有最尖端科技的杀毒软件之一，拥有的病毒数据库是世界最大的病毒数据库之一，拥有超过 200000 个病毒样本。其分为两个版本：卡巴斯基安全软件和卡巴基斯反病毒软件。

2）ESET NOD32：曾经是 VB100 的代名词。ESET NOD32 占用系统资源很少，侦测速度很快。

3）小红伞：是一款德国的著名杀毒软件，软件自带防火墙。

5. 防病毒软件的使用

当计算机感染病毒后，快速、安全、有效地杀灭病毒的方法就是使用防病毒软件进行病毒的查杀。防病毒软件前面介绍了很多，下面以 360 杀毒软件为例介绍防病毒软件的使用。

（1）360 杀毒软件的安装。360 杀毒软件可以通过 360 杀毒官方网站下载最新版本的 360 杀毒安装程序。下载完成后，运行安装程序。

1）运行 360 杀毒安装程序，弹出安装界面，如图 1－2－12 所示。选择接受许可协议，选择"我已阅读并同意"复选框。

图 1－2－12　360 杀毒安装界面

2）选择安装位置，建议按照默认设置即可。当然也可以点击"浏览"按钮选择安装目录，单击"立即安装"按钮，等待文件复制完成。

3）安装结束后，弹出"新版特性"界面。单击"立即体检"按钮，进入 360 杀毒软件窗口。

（2）360 杀毒软件的使用。

1）通过 360 杀毒软件窗口进行病毒扫描：打开 360 杀毒软件，就可以进行病毒查杀了。

★"全盘扫描"：对计算机各个分区上的每一个文件都扫描，包括隐藏文件、系统主要文件。这种杀毒通常比较慢，但查杀得很彻底。

★"快速扫描"：是对系统最关键的位置和运行系统所必须要的组件进行扫描，相对速度很快。

★"自定义扫描"：对硬盘中具体文件或文件夹的位置进行扫描，可通过复选框的选择来进行病毒扫描。

2）通过快捷菜单进行病毒扫描：选择需要进行杀毒的文件，右键打开快捷菜单，选择"使用 360 杀毒 扫描"菜单命令。扫描过程结束后会弹出提示。

3）病毒的查杀方法：360 杀毒扫描到病毒后，会提示用户选择处理。当选择"立即处理"后，360 杀毒会先尝试清除文件所感染的病毒，如果无法清除，则会提示您删除感染病毒的文件。清除完毕后会提示操作扫描日志，供用户查阅。

五、防火墙

在网络中，所谓"防火墙"，是指一种将内部网和公众访问网（如 Internet）分开的方法，它实际上是一种隔离技术。

1. 防火墙的定义

防火墙指的是一个由软件和硬件设备组合而成、在内部网和外部网之间、专用网与公共网之间的界面上构造的保护屏障，是一种获取安全性方法的形象说法，它就是一个位于计算机和它所连接的网络之间的软件或硬件，流入、流出计算机的所有网络通信和数据包均要经过此防火墙。

2. 防火墙的功能

（1）内部网络和外部网络之间的所有网络数据流都必须经过防火墙。

（2）只有符合安全策略的数据流才能通过防火墙。

（3）防火墙自身应具有非常强的抗攻击免疫力。

3. Windows XP 防火墙的使用

杀毒软件虽然能够查杀病毒，但是并非每一款都带有防火墙功能，于是用户安装了杀毒软件还要找一款专业的防火墙，其实这有点舍近求远了，因为 Windows 操作系统就有自带的防火墙。

（1）Windows XP 防火墙的启动：Windows XP 防火墙可以视为一种过滤器，它可以过滤掉一些不必要或者不安全的信息，在日常的电脑使用中尤为重要。Windows XP 防火墙的启动步骤如下。

1）单击"开始"按钮，打开开始菜单，打开"控制面板"窗口。

2）单击"安全中心"，打开"Windows 安全中心"窗口。

3）单击选择底部的"Windows 防火墙"链接，打开"Windows 防火墙"对话框，选中"常规"选项卡中的"启用（推荐）"单选按钮，最后单击"确定"按钮，完成 Windows XP 的防火墙启动。

★启用（推荐）：启用 Windows 防火墙后将只允许请求的和例外的传入通信。例外通信在"例外"选项卡中进行配置。

★不允许例外：该选项将只允许请求的传入通信，例外传入通信则不被允许，"例外"选项卡中的设置将被忽略，所有的网络连接都将得到保护。

★关闭（不推荐）：选择该选项将禁用 Windows 防火墙。不推荐使用此选项，尤其是对于可以直接从 Internet 进行访问的网络连接。

（2）Windows XP 防火墙的设置：Windows 防火墙"例外"程序的意思就是 Windows 防火墙不对所添加的例外指定程序进行阻止，也就是遇到这个程序时不会出现一个 Windows 防火墙的阻止和允许窗口，这个程序是被允许直接操作的。添加 Windows 防火墙例外的操作步骤如下。

1）打开"Windows 防火墙"对话框，选择"例外"选项卡，进入"例外"程序设置。

2）点击"添加程序"按钮，打开"添加程序"对话框。

3）在"添加程序"对话框列表中选择程序，或点击"浏览"按钮，进行选择。

选择完毕，单击"确定"按钮，返回"Windows 防火墙"对话框，再次点击"确定"即可。

任务评价

学习任务完成评价表

班级：_____ 姓名：_____ 项目号：_____ 任务号：_____ 任教老师：_____

项目	考核项目（测试结果附后）	记录与分值			
		自测内容	操作难度分值	自测过程记录	操作自评分值
作品评价	360 杀毒软件的安装	将 360 杀毒软件安装在默认位置	20		
	360 杀毒软件的使用	1. 利用"快速扫描"进行病毒扫描，并观察结果 2. 利用"全盘扫描"进行病毒扫描，并观察结果 3. 利用"自定义扫描"对 C：\ WINDWOS 文件夹进行病毒扫描，并观察结果	40		
	360 杀毒软件的病毒处理	1. 对扫描的病毒进行处理 2. 对于不能删除的病毒采取隔离处理	20		
	Windows 防火墙的使用	1. Windows 防火墙的启用 2. 将安装的 360 杀毒软件设置为例外程序	20		
教师点评记录			作品最终评定分值		

任务拓展

一、课堂练习

（1）请利用计算机自带杀毒软件进行一次"全盘查杀"操作。

（2）设置 Windows XP 防火墙。

二、课后作业

（一）选择题

1. 计算机病毒是指

    A. 编译出现错误的计算机程序

    B. 设计不完善的计算机程序

    C. 遭到人为破坏的计算机程序

    D. 以危害计算机硬件系统为目的的计算机程序

2. 计算机病毒破坏的主要对象是

    A. 文字   B. 磁盘驱动器

    C. CPU   D. 程序和数据

3. 计算机病毒可以使整个计算机瘫痪，危害极大。计算机病毒是

    A. 一条命令   B. 一段特殊的程序

    C. 一种生物病毒   D. 一种芯片

4. 下列叙述中，正确的是

    A. 反病毒软件通常滞后于计算机新病毒的出现

    B. 反病毒软件总是超前于病毒的出现，它可以查杀任何种类的病毒

    C. 感染过计算机病毒的计算机具有该病毒的免疫性

    D. 计算机病毒会危害计算机用户的健康

5. 下列说法错误的是

    A. 用杀毒软件将 U 盘杀毒后，该 U 盘就永远不会感染病毒了

    B. 当计算机病毒在某种条件下被激活了之后，才开始起干扰和破坏作用

    C. 计算机病毒是人为编制的破坏计算机运行的程序

    D. 尽量做到专机专用或安装正版软件，是预防计算机病毒的有效措施

（二）判断题

1. 计算机病毒只要人们不去执行它，它就无法发挥作用。   （   ）

2. 计算机只要安装了防毒、杀毒软件，上网浏览就不会感染病毒。   （   ）

3. 计算机病毒也是一种程序，它能在某些条件下激活并起干扰破坏作用。（   ）

（欧阳斌　刘　军）

模块 2 医疗信息化办公

项目 1 中文 Word 2003 应用

任务 1 学会医学生就业推荐表的设计与制作

任务描述

"毕业生就业推荐表"是学生毕业时就职应聘所制作的集文字、图、表于一体的文档。医学生通常在设计与制作教程中，都想在整体布局、文字格式、页面设置等方面具有独特的风格。通过用 Word 2003 就可以满足制作要求，其要点如下。

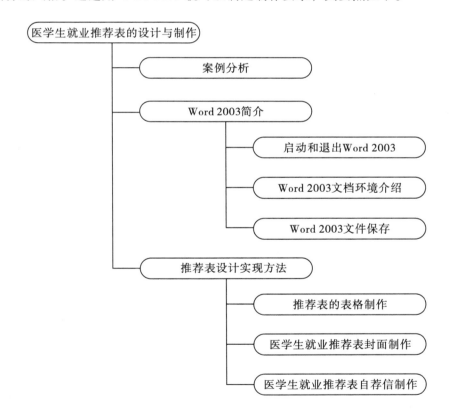

基本要求

1. 知识与技能

（1）知道 Word 2003 的基本功能、启动与关闭。

（2）学会汉字的输入方法和窗口的基本操作。

（3）学会文本的编辑方法、设置与修饰。

（4）学会文本框、图片的插入与修饰方法。

（5）学会段落的设置方法。

（6）学会表格的操作和基本编辑。

（7）学习艺术字的插入与设置。

2. 过程与方法

（1）通过学生自主学习和合作探究，培养学生运用信息技术解决实际问题的能力。

（2）通过动手操作，加深对所学知识的印象，巩固学习成果。

3. 情感态度与价值观

（1）通过师生的相互交流和团队的协作学习，培养学生养成严谨的学习态度和团结协作的精神，体验探究问题和学习的乐趣。

（2）培养良好的学习态度和学习风气，感受 Word 2003 在医药卫生领域的实际应用。

任务分析

毕业生就业推荐表是学校向用人单位推荐毕业生的书面材料，表中所填写的内容反映了学生的个人信息、学习成绩、奖惩情况、社会实践经历等方面的情况，是用人单位选择人才的重要依据，直接关系到毕业生的切身利益。让学生学会利用 Word 2003 来制作一个精美的毕业生就业推荐表，不但有利于学生掌握 Word 2003 的实用操作技能，也有利于在制作的过程中培养学生的团结协作和互相交流的团队精神，更有利于医学生养成严谨工作的优良作风。

利用 Word 2003 来制作毕业生就业推荐表的操作主要包括：①建立 Word 2003 文档。②快速输入文字，并对文字进行编辑，准确设定文字、段落和页面的格式。③在文档中添加表格，对表格进行设计和编辑。④在文档中插入图片，并对图片进行编辑。

任务实施

一、医学生就业推荐表设计案例分析

推荐表共有三页，页面效果如图 2 - 1 - 1 所示。

（1）第一页是封面，主要内容包括以数字形式展现的推荐、经过 Word 2003 处理的学校图片和医学生的简单介绍。

（2）第二页以表格形式详细填写医学生的基本情况，包括姓名、性别等。这里主要涉及表格的制作方法和表格的设计等知识点。

（3）第三页主要是以自荐信的方式展现一个医学生的学习实习等综合情况，这里主要涉及 Word 2003 的排版知识。

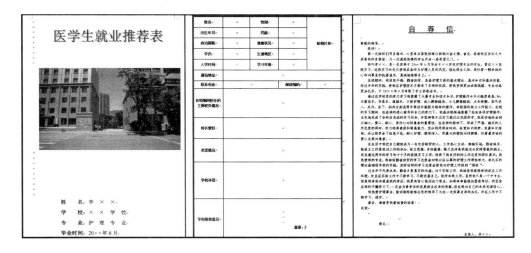

图 2－1－1　医学生就业推荐表

二、Word 2003 简介

1. 启动和退出 Word 2003

启动 Word 2003 的步骤如下：①单击 Windows XP 操作系统的任务栏中的"开始"菜单按钮，以显示开始菜单。②单击"所有程序"→"Microsoft Office"→"Microsoft Word 2003"命令。启动 Word 2003，并自动创建一个新的空白文档。若要退出，单击"文件"菜单，选择"退出"命令。

> **课堂互动**　还有别的创建 Word 2003 文档的方法吗？

2. Word 2003 文档环境介绍

启动 Word 2003 中文版可以打开如图 2－1－2 所示的文档窗口。文档窗口由标题栏、常用工具栏、文本区、状态栏等组成。

（1）标题栏：显示正在编辑的文档的文件名以及所使用的软件名，其中还包括"最小化""最大化"（或还原）和"关闭"等按钮。

（2）菜单栏：Word 2003 命令菜单的集合，包括了 Word 2003 的所有操作。

1）菜单的功能：菜单栏有九个菜单名称，每个菜单名称的下拉菜单包含了若干组命令，它们分别代表了 Word 不同的功能。菜单名按文字处理操作类型分类，如"编辑"菜单包括了关于编辑方法中的复制、删除、查找、粘贴、清除等命令。

2）选择菜单命令：Word 菜单的选择方法和 Windows 菜单的选择方法一样。若为灰色，代表当前不可用；若菜单命令右边有"…"，则选择该命令后会打开一个对话框；若菜单命令右边有▶符号，则会打开一个子菜单。

（3）工具栏上的图标按钮形象地反映了 Word 常用命令的功能。Word 提供了多个工具栏，默认显示的是常用工具栏和格式工具栏。用户可通过选择"视图"→"工具栏"里面的命令打开和关闭指定的工具栏。

（4）标尺：Word 2003 中的标尺位于文档的左方和上方，用来察看工作区中正文、表格及图片等对象的高度和宽度，说明文档边界（指全部文档）、缩进（指某些段落）及制表位置和反映正文宽度的工具称为标尺。用鼠标拖动顶部或左边标尺上的滑块，可以改变文档上下左右边界的尺寸。

（5）任务窗格是 Word 2003 中新添加的内容，主要用于显示和命令相关的信息和选项，和其他一些软件中的浮动面板的作用有些类似。

（6）工作区：标尺下方的空白区域称为工作区，也叫文本编辑区，是提供用户文字录入、编辑与排版等各种文字处理工作的区域。

（7）状态栏：Word 2003 中的状态栏位于文档的最底端。状态栏的第一个区域显示文档的分页、分节及当前光标所在位置。第二个区域显示当前光标所在的行、列及距文档页面上边界的位置。第三个区域中列出了录制、修订、扩展及改写等方式提示。用鼠标双击其中的一项，可以快速进入相应的状态。

（8）滚动条：在 Word 2003 中的滚动条和 Windows 中的滚动条的作用是一样的。其位于文档的右方及下方，分别称为垂直滚动条和水平滚动条，用来滚动工作区的文档，显示文档中在当前屏幕上看不到的内容。

图 2 - 1 - 2　Word 2003 界面介绍

3. Word 2003 文件保存

（1）保存新建文档：点击"文件"→"保存"命令，或直接单击"常用工具栏"上的"保存"按钮，或直接采用快捷键"Ctrl + S"。

（2）保存已有文档：用户保存时覆盖修改前的内容，与保存新建文档的方法相同。用户保存时不想覆盖修改前的内容，可利用"另存为"命令保存，通过选择"文件→另存为"命令完成。

（3）保存为网页：选择"文件→保存为网页"命令。

三、推荐表设计实现方法

1. 推荐表的表格制作

（1）新建文档：启动 Word 2003 文档，并按快捷键"Ctrl + S"，把文件保存为"医学生就业推荐表.doc"。

（2）输入表格中的文字并转换为表格。

1）输入表格中的文字内容，如图 2-1-3 所示。

2）按快捷键"Ctrl + A"选择 Word 文档全部内容，单击"表格"菜单，选择"转换"子菜单下的"文本转换成表格"命令，将弹出"将文字转换成表格"对话框。

3）在"将文字转换成表格"对话框内，Word 会按照所选的内容的分隔符自动计算列术和行数，这里是 7 行 5 列。点击"确定"按钮，将创建一个 7 行 5 列的表格，原来选择的文字也会自动添加到表格里面。

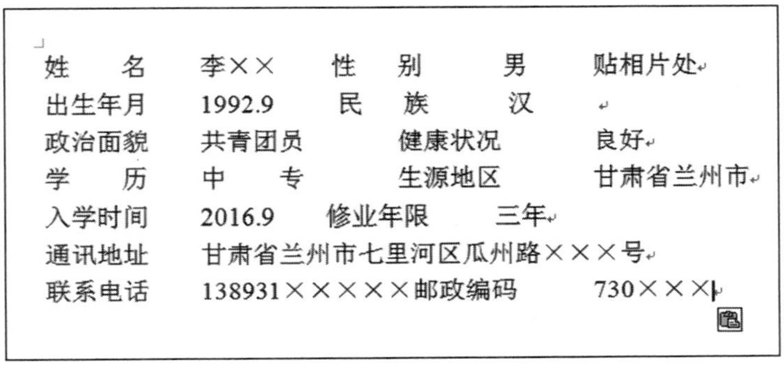

```
姓    名    李××    性  别    男        贴相片处
出生年月    1992.9    民  族    汉
政治面貌    共青团员        健康状况    良好
学    历    中    专        生源地区    甘肃省兰州市
入学时间    2016.9    修业年限    三年
通讯地址    甘肃省兰州市七里河区瓜州路×××号
联系电话    138931××××邮政编码    730×××
```

图 2-1-3 输入文档内容

（3）在生成的表格底部插入 5 行。

1）鼠标定位到最后一行的换行符，利用"Enter"键，就可以在最后一行的下部插入一行；或者利用"表格"菜单下的"插入"子菜单中"行（在下方）"命令，也可以插入一行。

2）重复上面的步骤，继续插入 4 行，直至整个表格有 12 行。

（4）调整表格各行、列的大小。

1）设置第 1 列和第 3 列的列宽为 2.1 厘米；第 2 列和第 4 列的列宽为 3.8 厘米。

2）选中第 1 列后，点击"表格"菜单中的"表格属性"命令，在弹出的"表格属性"对话框中选择"列"选项卡，选择指定列宽复选框，并在数字框中输入 2.1，选择单位为"厘米"。同样方法设置第 2、3、4 列。

> **课堂互动** 采用"自动套用表格格式"制表，每一列的宽度一定相同，要做调整只能采用合并或拆分单元格的方法。

3）设置每行的行高为 0.9 厘米：点击表格左上角的小把手 ⊞ 选择整个表格，点击

"表格"菜单中的"表格属性"命令，在弹出的"表格属性"对话框中选择"行"选项卡，选择指定行高复选框，并在数字框中输入0.9厘米，选择行高值为"固定值"。

4）同样方法，设置第8、9行的行高为3.5厘米，设置第10、11、12行的行高为3.0厘米。

（5）在表格内填入相应的文字，并合并相应的表格单元格。

1）合并"贴相片处"相关单元格：选择第5列的1至5行单元格进行合并。首先定位第5列第1行的"贴相片处"单元格，按住鼠标左键不放拖动至第5行，选中了5个单元格；点击"表格"菜单中的"合并单元格"命令或者点击"表格工具栏"中的"合并单元格"按钮，即可合并单元格。

2）相同方法，合并"通讯地址"后面的相关单元格。

3）用同样方法，选中第6行的2、3、4、5单元格，进行合并，合并后第6行只有2个单元格。

4）在第8行第1列单元格处填入"在校期间担任的主要职务情况"内容，并合并后面4个单元格。

5）在第9行第1列单元格处填入"特长爱好"内容，并合并后面4个单元格。

6）在第10行第1列单元格处填入"奖惩情况"内容，并合并后面4个单元格。

7）在第11行第1列单元格处填入"学校评语"内容，并合并后面4个单元格。

8）在第12行第1列单元格处填入"学校推荐意见"内容，并合并后面4个单元格。

9）在第12行第2列单元格处填入"盖章："内容。

（6）边框调整。

1）调整表格的边框，设置外边框样式为单实线，颜色为深蓝，宽度为1.5磅，内边框为单实线，颜色为蓝色，宽度为1.0磅。①选中整个表格，点击"表格"菜单中的"表格属性"，在弹出的对话框中选择"边框和底纹"按钮。②在弹出的"边框和底纹"对话框中，点击"边框"选项卡中的"自定义"选项，选择线条样式为"单实线"，颜色为"深蓝色"，宽度为1.5磅。③单击右侧预览图的四个边框部分，应用设置的边框样式，可以发现边框的线条发生了变化。选择样式为"单实线"，颜色为蓝色，宽度为1.0磅。单击右侧预览图中的十字内框部分，应用设置的边框样式。

2）调整文字排版，调整所有单元格为水平居中和垂直居中。设置第8、9、10、11、12行第2列段落格式为左右缩进2字符、段前段后0.5行、单倍行距。①选中整个表格，右键单击，在弹出的快捷菜单中选择"单元格对齐方式"子菜单，在弹出的子菜单中选择 三 按钮，单元格的内容将水平和垂直居中。②选中第8、9、10、11、12行第2列，选中"格式"菜单中的"段落"命令，在弹出的"段落"对话框中，设置段落缩进为左侧2字符、右侧2字符；设置段落间距为段前0.5行、段后0.5行；设置行距为单倍行距。

2. 医学生就业推荐表封面的制作

完成推荐表表格的制作后，开始制作第一页的封面，封面主要包括三部分：标题、图片和学生信息。

（1）新建空白文档。点击"文件"菜单，选择"新建"命令，在右侧任务窗格中选择"空白文档"命令；或者单击"常用工具栏"上的"新建空白文档"按钮。

（2）插入艺术字标题。①把光标定位在第一行第一列位置。②点击"插入"菜单中的"图片"子菜单中的"艺术字"命令。③在弹出的"艺术字库"对话框中选择第2行第2个，点击确定按钮，封面页将自动弹出一个"编辑艺术字文字"对话框。④在"编辑艺术字文字"对话框中输入文字"医学生就业推荐表"。设置字体为宋体，字号为40，点击"确定"按钮。

（3）设置艺术字格式。①插入艺术字后，右键单击艺术字，在弹出的快捷菜单中选择"设置艺术字格式"命令，弹出的"设置艺术字格式"对话框。②在"设置艺术字格式"对话框中选择"颜色与线条"选项卡，设置艺术字填充色为"深蓝色"，线条颜色为"黑色"；在"版式"选项卡中设置"四周型"版式，单击"确定"按钮。

（4）插入图片，并设置图片格式。①把光标定位在第1行最左侧位置。②点击"插入"菜单中的"图片"子菜单，在弹出的子菜单中选择"来自文件"命令，在弹出的"插入图片"对话框中选择要插入的图片，最后点击"插入"按钮，将图片插入到封面页中。③右键单击"图片"，在弹出的快捷菜单中选择"设置图片格式"命令，在弹出的"设置图片格式"对话框中选择"版式"选项卡，选择"四周型"样式，单击"确定"按钮。④选择图片，按住鼠标左键，并拖动图片至页面合适位置，松开鼠标左键。

（5）插入学生信息。

1）把光标定位在第1行最左侧位置。

2）点击"表格"→"插入"→"表格"。

3）在弹出的"插入表格"对话框中设置2列、4行，点击"确定"按钮，即可插入一个2列4行的表格。

4）在插入的表格中输入学生的相关信息。

5）选择第1列，并设置为水平方向右对齐，垂直方向居中对齐。

6）选择第2列，并设置为水平方向向左对齐，垂直方向居中对齐。

7）设置第1列字体为"宋体"，字号为20号，加粗；第2列字体为"楷体"，字号为18号。

8）选中整个表格，点击"表格"→"表格属性"→"边框和底纹"，在弹出的"边框和底纹"对话框中选择"无"边框命令，点击"确定"按钮，如图2-1-4所示。

9）选中整个表格，鼠标左键点击表格左上角的小把手 ⊞ 不要松开，拖动整个表格至封面页合适位置放置。

10）点击"文件"→"保存"，将文档保存为"封面页"文档。

3. 医学生就业推荐表自荐信制作

自荐信由标题、内容和署名等部分组成。

图 2-1-4 设置表格边框

（1）新建空白文档，并保存为"自荐信"文档。

（2）输入文本，并保存。

（3）设置标题格式。设置标题"自荐信"字体为宋体，字号为 26 号，双下划线，加粗。

1）先选择第 1 行"自荐信"三个字。

2）点击"格式"→"字体"，打开"字体"对话框。

3）在"字体"对话框中选择"字体"选项卡，在字体列表框中选择"宋体"，在字号列表框中选择"26 号"，在下划线列表框中选择"双下划线"，在字形列表框中选择"加粗"。

（4）设置其他文字及段落格式。

1）设置其他文字字体为"仿宋"，字号为"四号"。选择文档其他文字，按照上面的设置方法设定字体和字号，也可以通过"格式工具栏"上的按钮进行字体设置。

2）设置段落格式。

①设置标题的段落为水平居中。选择标题文字，点击"格式工具栏"上的 ▤ 居中对齐按钮，即可将段落设置为居中显示。

②设置正文（2~9 段）内容为"首行缩进"2 字符。步骤如下：选择段落内容，点击"格式"→"段落"，弹出"段落"对话框；在"段落"选项卡中选择"特殊格式"列表框中的"首行缩进"，并设置"度量值"为 2 字符。按照上一步骤同样方法，设置本文档所有段落格式为"段前"和"段后"各为 0.5 行，"行距"为单倍行距。

③设置正文第 11 段为左缩进 4 字符，第 12 段右对齐、右缩进 4 字符：选择第 11 段落，按照上面的步骤打开"段落"对话框，在"段落"选项卡中缩进选项中的左缩进列表框中输入 4 字符，点击"确定"按钮；选择第 12 段落，按照上面的步骤打开"段落"对话框，在"段落"选项卡中常规选项中的对齐方式中选择右对齐，在缩进

选项中的右缩进列表框中输入4字符，点击"确定"按钮。

④以上设置完毕后，点击"文件"→"保存"，或者点击 ■ 保存按钮进行保存。

任务评价

学习任务完成评价表

班级：_____　姓名：_____　项目号：_____　任务号：_____　任教老师：_____

项目	考核项目（测试结果附后）	记录与分值			
		自测内容	操作难度分值	自测过程记录	操作自评分值
作品评价	Word 2003 的基本操作	1. Word 2003 的启动与退出 2. 创建新的空白文档 3. 利用模板创建（稿纸、传真、日历等） 4. 保存文档	20		
	Word 2003 文档的录入与编辑	1. Word 2003 文档的录入 2. Word 2003 文档的字符编辑 3. Word 2003 文档的段落编辑	30		
	Word 2003 文档的表格编辑	1. Word 2003 文档的表格插入 2. Word 2003 文档的表格设置 3. Word 2003 文档的表格和文本之间的转换	30		
	Word 2003 文档的图文混排	1. 图片的插入与设置 2. 艺术字的插入与设置	20		
教师点评记录				作品最终评定分值	

任务拓展

一、课堂操作练习

【素材】

宽代发展面临路径选择

近来，宽代投资热日渐升温，有一种说法认为，目前中国宽代热潮已经到来，如果发展符合规律，"中国有可能做到宽代革命第一"。但是很多专家认为，宽代接入存在瓶颈，内容提供少得可怜，仍然制约着宽代的推进和发展，其真正的赢利方才以乃不同运营商之间的利益分配比例，都有待于进一步的探讨和实践。

对素材按要求排版。

（1）将文中所有错词"宽代"替换为"宽带"，空格替换为无。

（2）将标题段文字设置为三号、楷体_GB2312、红色、加粗。

（3）将正文段落左右各缩进1厘米，首行缩进0.8厘米，行距为1.5倍行距。

二、课后作业

（一）单项选择题

1. 下面说法中不正确的是
   A. 工具栏主要包括常用工具栏和格式工具栏
   B. 标尺分为水平标尺和垂直标尺
   C. 状态栏可以显示文本的输入方式
   D. 滚动条是白色的条子

2. "标题栏"以哪种颜色为底色
   A. 黑色　　　　B. 白色　　　　C. 蓝色　　　　D. 灰色

3. 选择下面的哪一项可以打开 Word 2003
   A. Microsoft Outlook　　　　　　B. Microsoft PowerPoint
   C. Microsoft Word　　　　　　　D. Microsoft FrontPage

4. Word 2003 是哪个公司的产品
   A. IBM　　　　　　　　　　　　B. Microsoft
   C. Adobe　　　　　　　　　　　D. SONY

5. Word 2003 标题栏的右边有几个控制按钮
   A. 1　　　　　B. 2　　　　　C. 3　　　　　D. 4

（二）判断题

1. 在"文件"菜单中选择"保存"命令，在"文件名"中输入要保存文档的文件名，单击下拉列表按钮，选择文档保存位置，单击"保存"。　　　（　　）

2. 每次保存时都要选择保存的文件名。　　　（　　）

3. 在进行文件"另存为"操作时，如已经选择了保存位置、保存类型和文件名，

再按下"确定"按钮即可。　　　　　　　　　　　　　　　　（　　）

（刘　军　谢振荣）

任务2　学会医学宣传小报的制作与排版

任务描述

Word 2003 除了具备强大的文字处理和表格处理功能外，还具备图像和图形的编辑功能。本次任务就是利用 Word 2003 制作一幅精美的宣传小报，主题为"禽流感的控制与预防"，通过用 Word 2003 的图文混排技术，就可以满足制作要求，其要点如下。

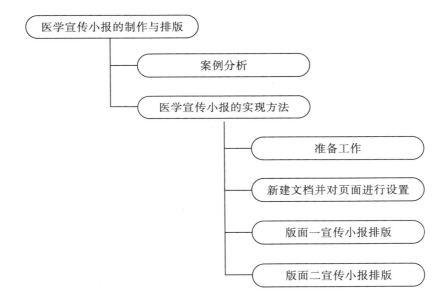

基本要求

1．知识与技能

（1）认识 Word 2003 的页面设置。

（2）知道 Word 2003 艺术字的排版。

（3）学会 Word 2003 文本框的设置。

（4）学会 Word 2003 剪贴画的插入与设置。

（5）学会 Word 2003 自选图形的绘制与设置。

（6）学会 Word 2003 图像的设置。

2．过程与方法

（1）通过作品演示、操作演练等环节，达到培养学生兴趣的目的。

（2）通过动手操作，加深对所学知识的印象，巩固学习成果。

（3）通过团队协作，增强学生互帮互助的精神。

3. 情感态度与价值观

（1）培养学生养成严谨的学习态度和团结协作的精神，体验探究问题和学习的乐趣。

（2）培养良好的学习态度和学习风气，感受 Word 2003 在医药卫生领域的实际应用。

（3）培养学生对作品的艺术品鉴能力，提高学生的艺术修养。

任务分析

随着计算机的不断普及，各种电子读物、电子期刊正逐渐地走进我们的生活。虽然 Word 2003 在编辑图片、图形方面不如专门的图像处理软件处理得那么精美，但是它因为操作简便、实用性强，被广泛应用于现代办公事务中。让学生学会利用 Word 2003 来制作一个精美的医学宣传小报，不但要学生学会 Word 2003 的文字处理功能，更要学会多种实用功能，从而达到对 Word 2003 更深层次的探究。

利用 Word 2003 来制作医学宣传小报的操作主要包括：①建立 Word 2003 文档。②设置 Word 2003 文档的页面。③在文档中添加剪贴画和艺术字，并对其进行设计和编辑。④在文档中插入图片和图形，并对其进行设计和编辑。

任务实施

一、医学宣传小报的案例分析

医学宣传小报的效果如图 2－1－5 所示。

图 2－1－5　医学宣传小报效果

医学宣传小报共有两版。

（1）第一版是禽流感防控知识，主要内容包括文字、艺术字、文本框和图片的插入与编辑。

（2）第二版是禽流感预防与控制，主要内容包括文字、艺术字、文本框、图片和图形的插入与编辑。

二、医学宣传小报的实现方法

1. 宣传小报的准备工作（页面规划、素材准备）

（1）宣传小报版面设计：宣传小报版面与一般文档在版面安排上有所不同，所以在制作之前应做好纸张规格和页面规划，以便于版面上各种对象的安排和编辑。在宣传小报中，选用 A4 大小的纸张，横排编排。版面规划图大致如图 2 - 1 - 6 所示。

（2）文字和图片等素材文件的准备：和本次案例相关的素材让学生在课间通过网络进行查找和下载。

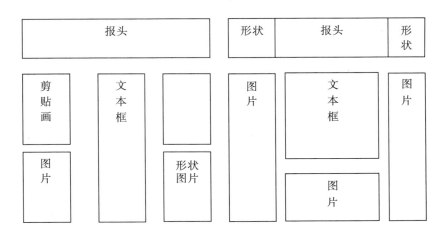

图 2 - 1 - 6　医学生宣传小报排版规划图

2. 新建文档并对页面进行设置

（1）新建文档：启动 Word 2003，创建一个新的空白文档，并将文档保存为"医学生宣传小报 . doc"。或者打开保存文档的文件夹，右键单击空白区域，选择快捷菜单的"新建"子菜单的"Microsoft Word 文档"菜单，输入文件名"医学生宣传小报 . doc"，并打开文档即可。

（2）页面设置：主要包括以下步骤。

1）设置页面大小、纸张方向、页边距：点击"文件"→"页面设置"，打开"页面设置"对话框。①点击"纸张"选项卡，在"纸张大小"选框中选择"A4 纸张"。②单击"页边距"选项卡，在"方向"选项中选择"横向"。③单击"文件"→"页面设置"，打开"页面设置"对话框，在"页边距"属性中设置上、下边距各 2 厘米，左、右边距各 1.5 厘米，其余保持默认状态。

2）设置页面背景颜色：单击"格式"→"背景"→"填充效果"→"纹理"属性页，选择"羊皮纸"纹理效果，点击"确定"。

3）插入新页面：因宣传小报有两个版面，故需要再增加一个版面。

将鼠标定位到文档第一页的开始处，单击"插入"→"分隔符"，打开"分隔符"对话框，点击"分页符"单选按钮，将增加一页。此时版面为两个版面。

3. 版面一宣传小报排版

（1）标题艺术字排版：主要包括以下步骤。

1）插入艺术字：①将鼠标定位到文档第一页的开始处，点击"插入"→"图片"→"艺术字"，弹出"艺术字字库"对话框，选择第 2 行第 3 个样式，点击"确定"。②在弹出的"编辑艺术字文字"文本框中输入"禽流感防控知识"，并设置字体为宋体，字号为 50。

2）设置艺术字环绕方式和调整艺术字位置：右键单击艺术字，在弹出的快捷菜单中选择"设置艺术字格式"命令，在弹出的"设置艺术字格式"对话框中选择"版式"选项卡中的"浮于文字上方"。鼠标左键点击艺术字不要松开，拖动艺术字至合适位置，释放左键。

（2）文本框排版：主要包括以下步骤。

1）插入两个文本框，并调整位置。

①将鼠标定位到文档第一页的开始处，点击"插入"→"文本框"→"横排"，当鼠标形状变成十字形状，在文档的空白地区按住鼠标左键不放，拖动鼠标，将创建一个文本框（文本框的大小和拖动鼠标的位置有关）。

> **课堂互动** 还有别的创建 Word2003 文本框的方法吗？

用同样的办法再创建一个文本框（或者选中第一个文本框后，利用复制、粘贴的方法也可以创建一个相同的文本框）。

②设置文本框的环绕方式和调整文本框的大小：选中第一个文本框，右键单击，在弹出的快捷菜单中选择"设置文本框格式"命令，在弹出的"设置文本框格式"对话框中，选择"版式"选项卡中的"浮于文字上方"，选择"大小"选项卡，设置高度为 16 厘米，宽度为 10.55 厘米，点击"确定"。

选中第二个文本框，用相同的方法设置第二个文本框环绕方式为"浮于文字上方"；高度为 10 厘米，宽度为 11.88 厘米。

2）调整文本框的边框：选择第一个文本框，按住"Shift"键选择第二个文本框。

设置线条颜色：右键单击，在弹出的快捷菜单中选择"设置文本框格式"命令，在弹出的"设置文本框格式"对话框中选择"颜色与线条"选项卡，在颜色选框中选择红色，在线型选框中选择 1 磅，在虚实选框中选择短划线；设置文本框填充色为无填充色，如图 2-1-7 所示。

3）录入文字，并调整排版。

录入文字：鼠标定位到左边第一个文本框，利用准备的文字材料，录入文字到第一个文本框中，并设置文字颜色为深红色，字体为宋体，字号为小二，

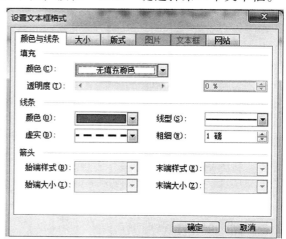

图 2-1-7　设置文本框线型和填充色

文本框为无线条。将第一个文本框中没有显示的文字录入到第二个文本框中，字体和文本框线条设置和第一个文本框相同。

（3）剪贴画排版：主要包括以下步骤。

1）插入剪贴画：将鼠标定位到文档第一页的开始处，选择"插入"→"图片"→"剪贴画"，在文档的右侧打开"剪贴画"任务窗格。在搜索文字的文本框内填入"医生"，点击"搜索"按钮，将查询出一个剪贴画。

单击剪贴画，或者点击下拉箭头弹出菜单的"插入"命令，都可以把剪贴画插入到文档中。

2）调整剪贴画位置：①选中"医生"剪贴画，右键单击，在弹出的快捷菜单中选择"设置图片格式"命令，弹出"设置图片格式"对话框中选择"版式"选项中的"浮于文字上方"选项。②在"大小"选项中设置高度和宽度各缩放90%。③用鼠标左键拖动剪贴画至合适位置。

（4）图片排版：主要包括以下步骤。

1）插入图片：将鼠标定位到文档第一页的开始处，点击"插入"→"图片"→"来自文件"，在弹出的"插入图片"对话框中，选择准备好的三张图片，单击"插入"按钮插入到文档中。

需要注意的是，在插入三个图片后，文档的格式有可能比较乱，在后面调整了图片格式后文档将变得有条理。

2）设置环绕方式：选择插入的一张图片，右键单击，在弹出的快捷菜单中选择"设置图片格式"命令，在弹出的"设置图片格式"对话框中选择"版式"中"浮于文字上方"选项。

重复上面步骤，将另外两个图片进行设置。设置后，文档恢复成两页状态。

3）调整图片位置及编辑图片：①选中"版面一－H7N9"图片，设置高度和宽度缩放为94%。右键单击该图片，选择"显示图片工具栏"命令，打开图片工具栏，点击 设置图片透明色按钮，点击该图片白色背景，将该图片背景设置为透明色。用鼠标拖动该图片至合适位置。②选中"版面一－医生"图片，设置高度和宽度缩放为20%，用上面同样的方法设置该图片背景为透明色。③选中"版面一－通知"图片，设置高度和宽度缩放为56%。

（5）形状排版：主要包括以下步骤。

1）插入形状：①将鼠标定位到文档第一页的开始处，点击"视图"→"工具栏"→"绘图"，显示"绘图"工具栏。在"绘图"工具栏中选择"自选图形"→"标注"→"矩形标注"。②此时鼠标变为十字形状，在版面一右下方按住鼠标左键拖动鼠标，将创建一个标注形状。

2）设置形状样式：选中刚创建的形状，右键单击，弹出快捷菜单中选择"设置自选图形格式"命令，在弹出的"设置自选图形格式"对话框中选择填充颜色下拉菜单中的"填充效果"命令，弹出"填充效果"对话框中选择"渐变"→"双色"→"颜色1"→"浅橙色"→"颜色2"→"白色"→"中心辐射"→"第2种"。

3）调整形状：选中刚创建的形状，设置大小为高度5.72，宽度4.84；调整形状的标注方向为右边。

4）录入文字，并设置文字格式：右键单击该形状，弹出快捷菜单中选择"编辑文字"命令，根据准备的文字内容，录入到该形状中，设置文字为黑体、三号、深红色。

4. 版面二宣传小报的排版

（1）插入艺术字：①选中版面一的艺术字，并复制。②将鼠标定位到第二页的开始处，粘贴复制的艺术字。③双击艺术字，在文本框中把以数字内容改为"禽流感预防与控制"。

（2）形状排版：主要包括以下步骤。

1）插入形状：①将鼠标定位到文档第二页的开始处。②点击绘图栏上的"自选图形"→"基本形状"→"太阳形"，插入"太阳形"。

2）调整形状大小及样式：①设置形状大小为高度 3.37，宽度 3.54。②选中版面一右下角形状，点击常用工具栏上的 格式刷按钮，鼠标移动到版面二的"太阳形"形状上面，按下鼠标左键，此时可以看到"太阳形"形状的样式复制了版面一形状的样式。

（3）文本框排版：主要包括以下步骤。

1）插入文本框：点击"绘图工具栏"→"[A≡]"，插入一个文本框。

2）调整文本框的大小与格式：右键单击文本框，在弹出的快捷菜单中选择"设置文本框格式"命令。①设置文本框环绕方式为"浮于文字上方"。②设置文本框大小为高度 11.56，宽度17.78。③设置文本框填充色为黄色，线条颜色为橙色，虚实为圆点，线型为3 磅，如图 2 - 1 - 8 所示。

3）录入文字到文本框：把准备好的文字录入到文本框中，并设置文字字体为黑体，字号为小三，字符颜色为深蓝色，加粗。

（4）图像排版：主要包括以下步骤。

图 2 - 1 - 8　设置文本框

1）插入图像：①将鼠标定位到文档第二页的开始处。②点击"插入"→"图片"→"来自文件"，打开"插入图片"对话框。③在"插入图片"对话框中选择准备好的 6 张图片，点击"插入"按钮，将 6 张图片插入到版面二中。

2）设置图像格式：①分别选中 6 张图片，右键单击在弹出的快捷菜单中选择"设置图片格式"命令。②在"设置图片格式"对话框中，设置 6 张图片的环绕方式为"浮于文字上方"。设置图片背景色为透明色。③设置"版面二 - H7N9"图片高度和宽度缩放80%，设置"版面二 - 护士"图片高度和宽度缩放35%。设置图片背景色为透明色。④按照上面的方法，调整其他 4 张图片。⑤按照版面二规划图，将 6 张图片放到合适位置。

任务评价

学习任务完成评价表

班级：_____　姓名：_____　项目号：_____　任务号：_____　任教老师：_____

项目	考核项目 （测试结果附后）	记录与分值			
		自测内容	操作难度分值	自测过程记录	操作自评分值
作品评价	Word 2003 页面设置基本操作	1. 打开页面设置对话框 2. 设置纸张类型与方向 3. 设置页边距	10		
	Word 2003 文档艺术字的设置	1. 艺术字的插入 2. 艺术字的样式设置 3. 艺术字的格式设置	20		
	Word 2003 文档文本框的设置	1. 文本框的插入 2. 文本框的格式设置 3. 文本框中文字的录入和格式设置	20		
	Word 2003 文档图片的设置	1. 图片的插入 2. 图片的编辑 3. 图片的格式设置	25		
	Word 2003 文档形状的设置	1. 形状的插入 2. 形状的格式设置	25		
教师点评记录				作品最终评定分值	

任务拓展

一、课堂操作练习

题目：利用 Word 2003 制作 1 个版面的班级小报，主题为"医学生园地"。

要求：

（1）素材和文字内容自行查找，但必须紧贴主题。

（2）必须使用艺术字、形状、图片和文本框，数量不限。

（3）制作完成后按照小组进行互评，每个小组选出 1 个作品，最后由老师进行综合评分和排名，对前 3 名的作品给予奖励。

二、课后作业

（一）单项选择题

1. 下列说法中不正确的是

　　A. 在"页面设置"对话框中选中"版式"标签才可以进行"垂直对齐方式"的设置

　　B. 在"页面设置"对话框的右边是一个预览框

　　C. "页面设置"选项位于"文件"菜单下

　　D. 页面设置的对象是整个文档

2. "页面设置"选项位于菜单栏的哪个菜单下

　　A. 文件　　　　　B. 编辑　　　　　C. 视图　　　　　D. 格式

3. 在"设置图片格式"对话框中，显示了几种环绕方式

　　A. 4　　　　　　B. 5　　　　　　C. 6　　　　　　D. 7

4. 剪贴画命令位于

　　A. 文件　　　　　B. 编辑　　　　　C. 插入　　　　　D. 格式

5. 选择"绘图"选项后出现的绘图工具栏位于

　　A. 文档上方　　　B. 文档下方　　　C. 文档左边　　　D. 文档右边

（二）判断题

1. "页面设置"时选定的设置范围可以是整篇文档，也可以是光标插入点之后。

（　　）

2. 文本框的位置无法调整，要想重新定位只能删掉该文本框以后重新插入。

（　　）

3. 插入剪贴画首先要做的是将光标定位在文档需要插入剪贴画的位置。　（　　）

（刘　军　谢振荣）

任务3 学会医学论文的排版

任务描述

医学论文是一名医学工作者经常会遇到的一种文体，虽然作为一名中职学生，并没有要求毕业时写医学论文，但在参加工作后特别是从事医院、医学研究等工作时，医学论文是无可避免要碰到的，因此这个任务的实用性和严谨性是非常强的，要认真地完成。其要点如下。

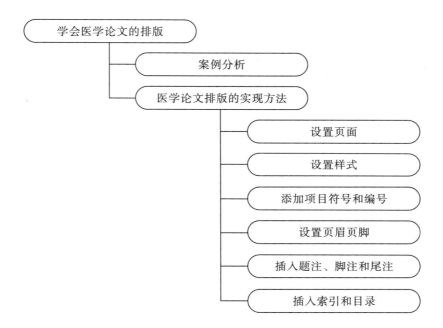

基本要求

1. 知识与技能

（1）学会医学论文的页面设置。

（2）知道医学论文的样式设置。

（3）学会添加项目符号和编号。

（4）学会设置页眉页脚。

（5）认识插入题注、脚注、尾注、索引和目录。

2. 过程与方法

（1）通过实例提高学生进行探究的兴趣，再通过教师的讲解和操作演示，使学生由浅入深地学习新的知识。

（2）通过动手操作，加深学生对所学知识的印象，巩固学习成果。

（3）通过作品评比，调动学生的积极性，增强求知欲望。

3. 情感态度与价值观

（1）通过学习医学论文的排版，使学生提前接触医学论文的写作，增加他们进入医学领域的砝码。

（2）医学论文的科学性和严谨性让学生更加尊重医学教育，更加体验到医学的高尚品质。

任务分析

医学是一门严肃、科学的学科，而医学论文的写作则要求实事求是、实用、科学与可读性，不能随意夸大，也不能缩小，应有一说一、有二说二，在格式上应条理性强，遵循层次清晰、内容符合逻辑。利用 Word 2003 对医学论文进行排版操作主要包括：①页面设置。②样式设置。③正文的设置。④添加目录。

任务实施

一、医学论文排版的案例分析

1. 任务的提出

小李是一名即将从医药院校毕业的大学生，大学要完成的最后一项作业就是写好医学生毕业论文。开始他并没有太在意，以为自己用所学的 Word 知识进行编辑处理，肯定能对毕业论文进行很好的排版。但当他看到毕业论文的格式要求后，心里就没有底了，不知该从何入手了。

毕业论文内容不仅篇幅长，而且格式要求比较多，处理起来比一般文档复杂得多，如为章节和正文等快速设置相应的格式、自动生成目录、为奇偶页创建不同的页眉和页脚等。这些都是从没有遇到过的问题，因此他不得不去请教老师。经过老师的讲解，他顺利地完成了医学毕业论文的排版工作。

2. 解决方案

小李按照老师的指点，通过样式来快速设置相应的格式，利用大纲级别为标题自动生成目录，利用域命令灵活插入页眉和页脚等方法，为医学毕业论文进行编辑排版。

3. 相关知识点

（1）页面设置：对页面的文字、图形或表格进行格式设置，包括字体、字号、颜色、纸张大小和方向以及页边距等。

（2）样式：Word 2003 中最强有力的工具之一。学会创建、应用和修改样式，对于更好地使用 Word 2003 是非常必要的。

（3）节：为了便于对同一文档中不同部分的文本进行不同格式化的操作，可以将文档分割成多个节，节是文档格式化的最大单位。

（4）页眉和页脚：分别位于文档每页的顶部和底部，可以使用页码、日期等文字或图标。

（5）Word 域：域是 Word 中最具特色的工具之一。它是一种代码，用于指示 Word 如何将某些信息插入到文档中，在文档中使用它可以实现数据的自动更新和文档自动化。

（6）文档属性：有关描述或标识文件的详细信息。文档属性包括标识文档主题或内容的详细信息，如标题、作者姓名、主题和关键字。

（7）目录：书籍中不可缺少的一部分内容，在目录中会列出书中的各级标题以及每个标题所在的页码，读者通过目录可以容易地查找到所需阅读的内容。

二、医学论文排版的实现方法

在实际排版过程中，一套较为实用的排版流程，能大大地提高工作效率。Word 长篇文档排版的一般步骤如下。

1. 设置页面

页面的基本设置：文档的页面设置是排版的第一步，利用它可以规范文档使用哪种幅面的纸张。页面设置包括文字方向、页边距、纸张方向、纸张大小和版面等。设置文档的页面设置，需要点击"文件"→"页面设置"，打开页面设置对话框。

（1）页边距设置：实质是版心设置，即指出文本正文距纸张四边的距离。设置页边距最简单的方法是使用标尺，将鼠标指向水平标尺的页边距边界，鼠标指针变成双向箭头，推动鼠标即可改变左、右页边距；在垂直标尺的页边距边界做同样的操作可调整上、下页边距。

如果要设置精确的页边距，则要通过"页边距"对话框来完成。在"页边距"组合框中设置文档的页边距、然后在"纸张方向"组合框中选择方向。

（2）纸型的设置：除了设置页边距以外，还可以在"页面设置"对话框中非常方便地对纸张方向和大小进行设置。此外，还可以自定义纸张大小。在纸张大小下拉列表中选择合适的纸张规格。由用户自定义的纸张规格，可以在"宽度"和"高度"框中输入设置的数据。"应用于"选项表明当前设置的纸型的应用范围：整篇文档、所选文字或插入点之后等。

（3）版式的设置：版式是指整个文档的页面布局。根据对页眉、页脚的不同需求等选择不同的版式。对"页眉和页脚"项，可选"奇偶页不同"，即可对整个文档的奇数页和偶数页设置不同的页眉或页脚；选"首页不同"，可使首页的页眉或页脚与其他页的页眉或页脚不同。"垂直对齐方式"项，用于设定内容在页面垂直方向上的对齐方式。

（4）文档网络的设置：长篇文档一般有很多文字，阅读起来比较吃力，为使文字更清晰，一般采用增大字号的方法，但效果并不理想，其实在页面设置中调整字与字、行与行之间的间距，即使不增大字号，也能使内容看起来更清晰。通过文档网格的设置，可以设置每页的行数、每行的字符数、栏数等参数。设置时注意观察预览效果。

在 Word 2003 中打开"护理学毕业论文 .doc"，对论文的页面进行设置，具体操作步骤如下：①在"页面设置"对话框中，在页边距组合框中设置上下边距为 2.5 厘米，左右边距为 2 厘米；在纸张组合框中选择纸张大小为 A4。②在"页面设置"对话框中，在文档网格组合框中，选择"指定行和字符网格"单选框，在"字符数"组中填入每行为 39 字符，在"行数"组中，填入每页为 40 行。③完成后单击"确定"按钮，完成对论文页面的设置。最后选择"文件"→"保存"命令，把设置好的内容另存为

"毕业论文 – 页面设置.doc"备用。

2. 设置文档中将要使用的样式

样式是 Word 2003 中最强有力的工具之一，是一组已经命名的字符和段落的格式。通过创建、应用和修改样式，可以使整个文档的格式和风格呈现高度统一，使版面更加整齐、美观、层次分明，同时简化排版工作。Word 2003 为用户提供了多种标准样式，用户可以很方便地使用已有的样式对文档进行格式化，快速建立层次分明的文档。

（1）查看/显示样式：样式是被命令并保存的特定格式集合，它规定了文档中正文和段落等的格式。段落样式应用于整个文档，包括字体、行间距、对齐方式、缩进格式、制表符、边框和编号等。字符样式可以应用于任何文字，包括字体、字体大小和修饰等。

在使用样式进行排版之前，用户可以在文档窗口中查看和显示样式。使用样式命令查看样式的方法为：①点击"格式"→"样式和格式"，或者点击格式工具栏上的 ![44] 样式和格式按钮，在右侧就会打开"样式和格式"任务窗格，如图 2 – 1 – 9 所示。②单击"所选文字的格式"的下拉列表中的"修改"，即可打开修改样式的对话框。③在修改样式对话框中，可以修改样式的名称，样式基准等，单击左下角的格式，可以定义该样式的字体段落等格式，常用的设置可以根据具体要求进行适当修改。其中，可以为某样式设置快捷键，以后只需要选中文字并按快捷键即可快速套用样式。④需要指出的是，"正文样式"是 Word 2003 中最基础的样式，不要轻易修改它，一旦它被修改，将会影响所有基于"正文样式"的其他样式的格式。⑤尽量利用 Word 2003 内置样式，尤其是标题样式，可使相关功能（如目录）更简单。

图 2 – 1 – 9 样式和格式任务窗格

（2）使用样式库中的样式：Word 2003 系统为用户提供了一个标准的样式库，用户可以很方便地套用内置样式库的样式设置文档的格式。具体操作如下。

1）打开本实例的文章"毕业论文 – 页面设置.doc"，选中要使用样式的"一级标题文本"，打开"样式和格式"任务窗格。

2）在任务窗格中的"请选择要应用的格式"文本框中，选择合适的样式，如"标题1"选项，使用同样的办法，选中要使用样式的"二级标题文本"，在"请选择要应用的格式"文本框中，选择合适的样式，如"标题2"选项。

3）返回 Word 2003 文档中，查看一、二级标题的设置效果。

4）使用同样的方法，完成其他文字的样式设置，并将设置好的论文保存为"毕业论文 – 格式设置.doc"备用。

（3）创建并应用新样式：Word 2003 为用户提供的标准样式能够满足一般文档格式化的需要。但用户在实际工作中常常会遇到一些特殊的文档格式，这时就需要新建段落样式或字符样式了。

创建一个样式的具体步骤如下。

1）单击"格式"→"样式和格式"，启动"样式和格式"任务窗格。

2）将鼠标移动到要设置样式的文本"临床资料"的任意位置，在点击"新样式"按钮，在弹出的"新建样式"对话框中将名称改为"论文一级标题"、样式类型保持不变、"样式基于"选项改为"标题1"，后续段落样式改为"正文首行缩进"，字体保持不变，字号设置为四号。

3）点击对话框"格式"按钮，在弹出的快捷菜单中打开"段落"对话框，进行如下设置："首行缩进2字符"，段前段后间距各为0.5行，行距为1.5倍行距。

4）样式的设置结果将显示在预览框下方。单击"确定"按钮，新创建的样式将会自动添加到"样式"任务窗格下拉列表框中。

所有常用的样式定义好后，为避免以后重复工作，可以将样式保存起来，一般的方法是保存到模板，方法为选择"文件"→"另存为"，在弹出的对话框的文件类型中选择"文档模板（＊.dot）"，重命名为一个自己熟悉的名字保存到适当位置。以后要使用这个模板，只需要双击模板文件，即可基于该模板快速建立一个新文档，并且可以使用之前定义的相关样式。

（4）修改样式：在Word 2003中有很多种修改样式的方法：可以将其他模板（或文档）中的全部样式或部分样式复制到当前文档或模板中，以修改当前文档或模板中的样式；也可以对当前文档或模板重新套用某个模板中的样式，完全更改这个文档或模板中的样式；此外，还可以直接修改已经存在的样式。修改"样式"任务窗口中已经存在的样式的具体步骤如下。

1）在"样式和格式"任务窗口中将鼠标指针放置在需要修改的样式名称上，然后单击其右侧的倒三角按钮，在弹出的下拉菜单中选择"修改"命令。

2）在弹出的"修改样式"对话框中可更改文本的样式，也可单击"格式"按钮来更改文本的样式。

3）单击"确定"按钮，完成修改样式的格式操作。

（5）删除样式：当文档中不再需要某个自定义样式时，可以使用"样式"下拉列表框中的"删除"命令来删除它，而原来文档中使用该样式的段落将用"正文"样式替换。

3. 添加项目符号和编号

在Word 2003中经常要用到"项目符号和编号"的功能。加入项目符号和编号能使文档条理分明、层次清晰、一目了然，便于阅读和理解。设置项目符号和编号功能后，如果增加、移动或删除段落，Word 2003将会自动更新或调整编号，保持文档的系统性和完整性。在Word 2003中，可以使用"项目符号"和"编号"按钮添加项目符号或编号，下面分别介绍设置项目符号和编号的方法。

（1）添加项目符号：符号就是在一些段落的前面加上完全相同的符号，如黑点、方块等。在文档中添加项目符号的操作步骤如下。

1）将鼠标指针移至要设置文本的起始位置。

2）单击"格式"→"项目符号和编号"，在弹出的"项目符号和编号"对话框中选择项目符号的样式。

3）点击"自定义"按钮，在弹出的"项目符号列表"对话框中可重新定义符号为选择图片作为项目符号的图标。

（2）添加编号：编号是按照大小顺序来为文档中的行或段落添加编号的方法，是文档的系列性序号。为文档的一级标题添加编号的操作步骤如下。

1）打开实例"毕业论文 – 格式设置.doc"，选择文档的一级标题文本。

2）单击"格式"→"项目符号和编号"，在弹出的"项目符号和编号"对话框中选择编号选项卡，选择编号的样式。

3）在"自定义编号列表"对话框中可重新定义编号的样式和格式。

4）使用同样的方法，完成文档中二级标题的设置。

5）将设置好的论文保存为"毕业论文 – 编号设置.doc"备用。

4. 设置页眉页脚

为了使文档的整体显示效果更具专业水准，文档创建完成后，通常需要为文档添加页眉、页脚和页码等修饰元素。页眉和页脚分别位于文档的顶部或底部，可以使用页码、日期、书名、章节名等文字，还可以在其中插入图片。在文档中可以自始至终使用同一个页眉和页脚，也可以在文档的不同部分使用不同的页眉和页脚，如奇偶页的页眉和页脚不同。

（1）设置分隔符。当文本或图形等内容填满一页时，Word 2003 文档会按设置的页面大小自动分页，并开始新的一页，这种自动分页方式称为文档的软分页。Word 2003 中文版提供有分隔符和分节符两种，分页符用于分隔页面，分节符则用于章节之间的分隔。

1）插入分页符：在文档排版中，用户常常需要人为控制分页，这种分页方式称为硬分页。分页符是一种符号，显示在上一页结束以及下一页开始的位置。在 Word 2003 文档中插入分页符的具体步骤如下：①打开本实例文档"毕业论文 – 编号设置.doc"，移动光标到要插入分页符的位置，如标题"脑出血患者的护理"之前。②单击"插入"→"分隔符"，在弹出的"分隔符"对话框中选择"分页符"单选项，如图 2 – 1 – 10 所示。

图 2 – 1 – 10　分隔符选项组

"分隔符"组合框中各选项的功能如下。①分页符：插入该分页符，标记一页终止并在下一页开始。②分栏符：插入该分栏符后，分栏符后面的文字将从下一栏开始。③换行符：插入该符号后，换行符后面的文字将从下一段开始。

2）插入分节符：为了便于对同一文档中不同部分的文本进行不同的格式化操作，可以将文档分割成多个节，节是文档格式化的最大单位。只有在不同的节中才可以设置与前面文本不同的页眉、页脚、页边距、页面方向、文字方向或者分栏等格式。分节可使文档的编辑排版更灵活，版面更美观。在 Word 2003 文档中插入分节符的具体步骤如下：①移动光标到要插入分节符的位置，如移动光标到刚才所插入的"分页符"

的后面。②单击"插入"→"分隔符"，在弹出的"分隔符"对话框中选择"分节符类型"中的"下一页"单选项。③完成后以文件名"毕业论文－分页设置.doc"保存备用。

"分节符类型"选项中各选项的功能如下。①下一页：插入分节符后，Word 2003将使分节符后的那一节从下一页的顶部开始。②连续：插入该分节符后，文档将在同一页上开始新节。③偶数页：插入该分节符后，将使分节符后的一节从下一个偶数页开始，对于普通书，就是从左手页开始。④奇数页：插入该分节符后，将使分节符后的一节从下一个奇数页开始，对于普通书，就是从右手页开始。

3）删除分隔符：如果要删除分页符或分节符，只需将光标置于分页符或分节符的虚线上，按下键盘"Backspace"键或者"Delete"键，即可删除分隔符标记。如果删除分隔符，它前面的文字会合并到后面的节中，并且会采用后面节的页面格式设置。

（2）添加页眉和页脚。

1）插入页眉和页脚：要创建页眉和页脚，只需在某一个页眉或页脚中输入要放置在页眉或页脚的内容即可。Word 2003会把它们自动添加到每一页上。

在文档中插入页眉和页脚的具体步骤如下：①选择"视图"→"页眉和页脚"，在弹出的"页眉和页脚"工具栏中，选择需要插入的类型。②如果要插入本地磁盘中的图片作为页眉，可以单击"插入"→"图片"→"来自文件"，在弹出的对话框中选择需要插入的图片，点击"插入"按钮。③插入页眉后，将光标定位到页脚处，并点击工具栏上的选项按钮，选择需要的类型。④插入页眉页脚后单击工具栏上的"关闭"按钮，文档则返回原来的视图模式。

在插入页眉的时候，有的页面不需要页眉，即使删除掉了还是会在页面处增加一条横线，实际是为页眉文字加了一条下边框，虽然删除了文字，段落符号还在，所以横线还在，去除的方法就是：①依次点击菜单栏的"视图"→"页眉页脚"，使页眉页脚处于可编辑状态。然后直接按"Ctrl + Shift + N"清除格式。这种方法虽然能快速去除横线，但是页眉的格式也没有了，对于对页眉有格式要求者来说，此法不适用；②依次点击"格式"→"边框和底纹"打开"边框和底纹"对话框，如图2－1－11所示，在"边框"选项卡中点击"应用于"的下拉菜单，选择段落，在边框选项卡的设置中选择无，点击"确定"。这样页眉的横线就去掉了，而且页眉的其他格式也得以保留。

2）设置页眉和页脚：从文档中间某一页开始添加页眉。

①从第2页开始添加页

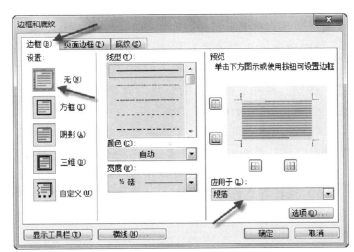

图2－1－11　设置页眉边框

眉。依次点击菜单栏的"视图－页眉页脚",使页眉页脚处于可编辑状态。点击页眉页脚工具栏上的"页面设置"按钮,打开"页面设置"对话框,在"页面设置"对话框中勾选"版式"选项卡下的"首页不同",点击"确定"。这样设置以后删除首页的页眉即可实现从第 2 页开始添加页眉。

②从第任意页开始添加页眉。此处以第 3 页开始添加页眉为例。将光标移至第二页末尾,依次点击"插入"→"分隔符"→"下一页",这样就插入了一个分节符。大家可以在左下方的状态栏发现插入分节符以后,第 1 页和第 2 页变成了"1 节",而第 3 页变成了"2 节"。Word 中很多编辑对象都是以"节"为单位的,比如现在正在讲解的"页眉"。将光标移至第三页,依次点击菜单栏的"视图"→"页眉页脚",使页眉页脚处于可编辑状态。如图 2－1－12 所示,点击"页眉页脚"工具栏上的"链接到前一个"取消页眉页脚与上一节的链接。此时再编辑第 3 页的页眉时,前面一节的页眉将不被编辑。

图 2－1－12　页眉和页脚链接到前一个

3)设置页码:在文档中插入页码,可以更方便地查找文档。在文档中插入页码的具体步骤如下:①选择"视图"→"页眉页脚",使页眉页脚处于可编辑状态。将光标定位在页脚处,点击 插入页码按钮。②对插入的页码进行修改,单击 页码格式设置按钮,在弹出的页码格式设置对话框中选择需要的类型。③修改完页码格式后,单击"确定"按钮,即可在文档中插入页码。单击"关闭"按钮,文档返回原来的视图模式。

(3)打开实例"毕业论文－分页设置.doc",为论文添加页眉和页码。具体操作步骤如下。

1)将光标定位到论文的第 2 页,选择"视图"→"页眉页脚",使页眉页脚处于可编辑状态,将光标定位在页眉处。

2)单击"页面设置"按钮,在"版式"中设置页眉和页脚为"奇偶页不同"。

3)在第 2 页的页眉处输入"脑出血患者的护理",并在工具栏中点击"页面设置"按钮,在弹出的"页面设置"对话框中选择"版式"中的"奇偶页不同"选项。在"应用于"选项中选择"本节"。

4)选择第 2 页页眉文字,右键单击选择"段落"命令,在"段落设置"中选择左对齐方式,并将"链接到前一个"按钮取消;选择第 3 页页眉文字,右键单击选择"段落"命令,在"段落设置"中选择右对齐方式,并将"链接到前一个"按钮取消。

5)选择第 2 页页脚,插入"普通数字 1"的页码,再通过点击"页码格式"命令,将页码的起始页码设置为"1",同样为页脚设置为左对齐,并将"链接到前一个"按钮取消。

6)选择第 3 页页脚,通过点击"页码格式"命令,将页码的起始页码设置为"1",同样为页脚设置为右对齐,并将"链接到前一个"按钮取消。

7）完成后点击"关闭"按钮，查看效果。

8）将文件保存为"毕业论文-页眉页脚设置.doc"备用。

5. 插入题注、脚注和尾注

一般论文在编辑的过程中，为了便于人们阅读和理解论文的内容，经常要在文档中插入题注、脚注和尾注，用于对论文进行解释说明，使用这些命令虽然比较麻烦，但不失为一个好方法。

（1）自动为图片添加编号。

1）插入题注：图片标签采用的是插入题注的方式生成，采用这种方法初期看似麻烦，但是对于论文后期的修改是大有好处的，尤其是对于需有生成图表目录要求的，这一步必不可少。具体的操作为：①选中插入的图片，依次选择"插入"→"引用"→"题注"，打开题注设置对话框，如图2-1-13所示。②在题注设置对话框的标签下拉菜单中选择我们所需的标签，确定即可。③单击"确定"按钮即可完成对存在的

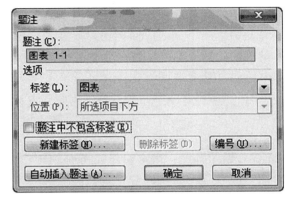

图2-1-13　题注对话框

项目添加题注的操作。④自动添加题注：每次插入图表时都要插入一次题注很麻烦，因此我们不妨选择自动插入题注，在自动插入题注对话框中选择好你所需的类型，以后再插入图表时就能够自动插入题注，而不需要我们手动一遍遍地去插入了。

2）修改题注：①修改题注标签。在Word 2003中，用户可以修改文档中的单一题注的标签，也可以同时修改同类型的所有标签。②要修改单一题注的标签，只需选中要修改的标签并按下"Delete"键删除该标签，然后重新添加新题注即可。③如果要修改所有相同类型的一系列题注标签，可以在"题注编号"对话框中修改标签，确定后，所有相同类型的标签将会被修改。

3）修改题注编号格式：在Word 2003中，题注可以有不同的编号形式，并且在添加题注时可以有不同的编号格式，并且在添加题注时就可以进行编号格式设置。对于已有的某种类型的题注页可以修改其编号的格式，选择编号命令，则可以在"题注编号"对话框中对编号格式进行设置。

（2）使用脚注和尾注。脚注和尾注在文档中主要用于对文本进行补充说明，如进行单词解释、备注说明或提供文档中引用内容的来源等。在文档中，脚注位于页面底端，用来说明每页中需要注释的内容；尾注列于文档结尾处，用来解释文档中需要注释内容或标注文档中所引用的其他文章的名称。

在文档中，脚注和尾注的生成、修改或编辑的方法完全相同，不同之处在于它们在文档中出现的位置以及是否需要使用分隔符（尾注不需要）。

1）插入及修改脚注：在一个文档中，可以同时使用脚注和尾注两种形式来注释文本，也可以在文档中的任何部分添加脚注或尾注标记并给出相应的注释。默认设置下，Word 2003在同一文档中脚注和尾注采用不同的编号方案。

在文档中插入脚注的方法是：将光标移动到要添加脚注的文本位置，点击"插入"→"脚注和尾注"，打开"脚注和尾注"对话框，在对话框内选择脚注，设置好需要的格式后点击"插入"，如图 2 – 1 – 14 所示，这时候光标会自动跳至本页的末尾，此时即可输入附注。

插入第一个脚注后，再插入脚注时用户只需按照相同的方法操作即可，此时脚注的标签是自动按次序生成的。如果用户要在两个已存在的脚注间插入新的脚注，系统则会对其后的脚注标号自动地进行调整。

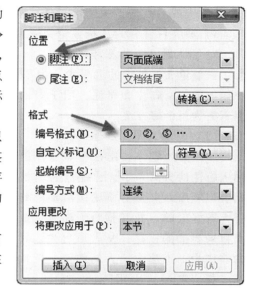

图 2 – 1 – 14 脚注和尾注对话框

2）查看脚注内容：查看脚注内容的方法有多种，可以通过点击"视图"→"脚注"，在弹出的查看脚注对话框中选择查看脚注区。

3）删除脚注：用户编辑完所有的脚注后，可能会根据需要删除一些多余的脚注。要删除单个脚注只需选定文档中脚注的标号，然后按"Delete"键即可。当删除某个脚注后，系统会自动地对余下的脚注重新编号。

如要删除的是所有编号的脚注，只能采用替换的方法，将查找内容定义为"脚注标记"，替换内容清空，这样进行全部替换后，所有的脚注会被删除。

4）脚注与尾注的相互转换：有时需要将脚注与尾注互换，操作方法为右键单击脚注（尾注），选择"转换为尾注（脚注）"命令，即可实现脚注与尾注相互转换的操作。

6. 域的使用

域是 Word 2003 中最具特色的工具之一，它是一种代码，用于指示 Word 2003 如何将某些信息插入到文档中，在文档中使用它可以实现数据的自动更新和文档自动化。在 Word 2003 中，可以用域来插入很多有用的内容，包括页码、时间、标题、作者姓名、主题和关键词。

（1）预定义域的插入：在 Word 2003 中，提供了编号、等式和公式、日期和时间、链接和引用、索引和表格、文档信息、文档自动化、用户信息及邮件合并 9 大类共 74 种域。

Word 2003 在保存文档时，会保存一份文档信息，文档信息实质上是通过域来实现的。常用文档信息的域有 Author、Comments、DocProperty、File Name、File Size、Info、Keywords、Last SavedBy、Num Chars、Num Pages、Num Words、Subject、Template 和 Title 等，用户信息的域有 User Address、User Initials 和 User Name 等。

插入域的具体步骤如下：①将光标放置到准备插入域的位置，单击"插入"→"域"菜单命令，即可打开"域"对话框。②首先在"类别"下拉列表中选择希望插入域的类别，如"日期和时间"，选中需要的域所在的类别以后，"域名"列表框会显示该类中的所有域的名称，选中欲插入的域名（例如"Date"）。③对域属性和域选项进行设置，最后单击"确定"按钮完成对文档域的添加。

（2）文档属性的添加：Word 2003 文档属性包括作者、标题、主题、关键词、类别、状态和备注等项目，关键词属性属于 Word 2003 文档属性之一。用户通过设置 Word 2003 文档属性，将有助于管理 Word 2003 文档。在 Word 2003 中设置文档属性信息除了可以通过域的方法来添加外，也可以通过其他方法来创建。

在 Word 2003 中设置文档属性的常见方法为：单击"文件"→"属性"按钮。在打开的文档属性对话框中切换到"摘要"选项卡，分别输入作者、单位、类别、关键词的相关信息，并单击"确定"按钮即可。

7. 制作目录

目录是书籍中不可缺少的一部分内容。在目录中会列出书中的各级标题以及每个标题所在的页码，读者通过目录可以很容易地查找到所需阅读的内容。

（1）创建目录：建立目录时，Word 2003 会搜索带有指定样式的标题，参考页码顺序并按照标题级别排序，然后在文档中显示目录。自动生成目录操作方法为：点击菜单栏的"插入"→"引用"→"索引和目录"，打开"索引和目录"对话框，在对话框内选择目录选项卡，如图 2 - 1 - 15 所示。你用了几个标题级别就选几个显示级别，本实例中是 3，单击"确定"按钮即可生成目录。

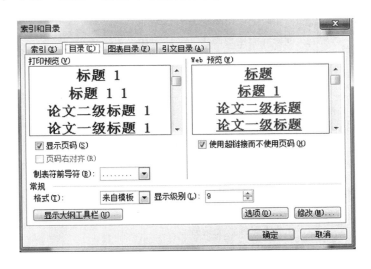

图 2 - 1 - 15 插入目录对话框

（2）修改目录：如果用户对已插入的目录不满意，还可以修改目录或自定义个性化的目录。具体操作步骤如下：①单击"插入"→"引用"→"索引和目录"，弹出"索引和目录"对话框。②在对话框中可选择"格式"下拉列表中的来自模板选项，然后单击"修改"按钮。③在弹出的"样式"列表框中选择要修改的样式进行修改。④最后点"确定"，系统会弹出一个判断是否替换目录的信息提示框，用户需要选择"是"，以完成对文档目录的修改。

（3）更新目录：编制目录后，如果在文档中进行编辑或修改文档导致文档内容、页码或格式发生了变化，则需要对编制的目录进行更新。更新目录的方法是：在目录中右键单击，选择快捷菜单中的"更新域"命令，在弹出的"更新域"对话框中选择是更新页码或者更新整个目录，确定后，文档目录即可完成更新。

任务评价

学习任务完成评价表

班级：_____ 姓名：_____ 项目号：_____ 任务号：_____ 任教老师：_____

项目	考核项目 （测试结果附后）	记录与分值			
		自测内容	操作难度分值	自测过程记录	操作自评分值
作品评价	Word 2003 文档页面设置	1. 页边距设置 2. 纸型设置 3. 版式设置 4. 文档网络设置	5		
	Word 2003 文档样式设置	1. 查看/显示样式 2. 使用样式库中的样式 3. 创建并应用新样式 4. 修改样式 5. 删除样式	20		
	Word 2003 文档添加项目符号和编号	1. 添加项目符号 2. 添加编号	20		
	Word 2003 文档设置页眉页脚	1. 设置分隔符 2. 添加页眉和页脚	20		
	Word 2003 文档插入题注、脚注和尾注	1. 自动为图片添加编号 2. 使用脚注和尾注	20		
	Word 2003 文档域的使用	1. 预定义域的插入 2. 文档属性的添加	5		
	Word 2003 文档制作目录	1. 创建目录 2. 修改目录 3. 更新目录	10		
教师点评记录				作品最终评定分值	

任务拓展

一、课堂操作练习

【素材】

罕见的暴风雨

我国有一句俗语，"立春打雷"，也就是说，只有到了立春以后我们才能听到雷声。那如果我告诉你冬天也会打雷，你相信吗？

1990年12月21日12时40分，沈阳地区飘起了小雪，到了傍晚，雪越下越大，铺天盖地。17时57分，一道道耀眼的闪电过后，响起了隆隆的雷声。这雷声断断续续，一直到18时5分才终止。

要求：将以上素材按要求排版。

（1）将正文设置为小四号，楷体_GB2312；段落左右各缩进0.8厘米、首行缩进0.85厘米、行距设置为1.5倍行距。

（2）插入页眉页脚：页眉包含作者名、班级名称，页脚包括"第几页，共几页"信息，页眉页脚设置为小五号字、宋体、居中。

二、课后作业

（一）单项选择题

1. 下列有关页眉和页脚的说法中不正确的有
   - A. 只要将"奇偶页不同"这个复选框选中，就可在文档的奇、偶页中插入不同的页眉和页脚内容
   - B. 在输入页眉和页脚内容时，还可以在每一页中插入页码
   - C. 可以将每一页的页眉和页脚的内容设置成相同的内容
   - D. 插入页码时必须每一页都要输入页码

2. 在Word 2003中对长文档编排页码时，下述说法中不正确的是
   - A. 添加或删除内容时，能随时自动更新页码
   - B. 一旦设置了页码就不能删除
   - C. 只有在"页面"视图和打印预览中才能出现页码显示
   - D. 文档第一页的页码可以任意设定

3. 在Word中，有关"样式"命令，以下说法中正确的是
   - A. "样式"命令只适用于纯英文文档
   - B. "样式"命令在"工具"菜单中
   - C. "样式"命令在"格式"菜单中
   - D. "样式"只适用于文字，不适用于段落

4. 在Word中无法实现的操作是
   - A. 在页眉中插入剪贴画
   - B. 建立奇偶页内容不同的页眉
   - C. 在页眉中插入分隔符
   - D. 在页眉中插入日期

5. 在 Word 中，有四大核心技术，下面哪项不是四大核心技术之一
   A. 样式　　　　　B. 域　　　　　C. 模板　　　　　D. 自动图文集

（二）判断题

1. 使用"目录和索引"功能，可以自动将文档中使用的内部样式抽取到目录中。
   　　　　　　　　　　　　　　　　　　　　　　　　　　　　　　（　　）

2. Word 文档中，一节中的页眉页脚总是相同的。　　　　　　　　（　　）

3. 文档的页边距可以通过标尺来改变。　　　　　　　　　　　　　（　　）

（刘　军）

任务 4　学会健康教育活动奖状的制作

任务描述

　　每年学校都要组织一次健康教育活动，其中最吸引学生的就是知识竞赛。购买奖品和打印奖状是竞赛活动前期准备的两项主要工作。奖状需要分门别类进行打印，少则几十，多则上百张，对时间宝贵的教师来说，恐怕要成为最奢侈的投入了。有没有一种省时高效的方式来帮助教师完成这项工作呢？Word 2003 的邮件合并功能就为我们完成好这项工作提供了得天独厚的便利条件。其要点如下。

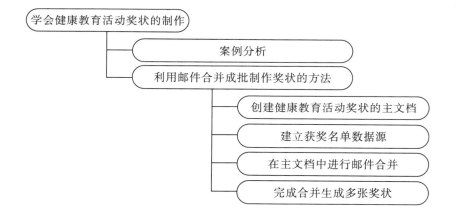

基本要求

1. 知识与技能

（1）知道模板的定义。

（2）学会制作奖状模板。

（3）学会建立获奖名单数据源。

（4）学会邮件合并。

2．过程与方法

（1）通过实例提高学生进行探究的兴趣，再通过教师的讲解和操作演示，使学生由浅入深地学习新的知识。

（2）通过动手操作，加深对所学知识的印象，巩固学习成果。

3．情感态度与价值观

（1）通过学习奖状的成批打印，使学生学会 Word 2003 的高级应用技巧。

（2）奖状的成批打印实用性比较强，有利于提高学生的学习兴趣和主动性。

任务分析

在实际工作中，有时需要向多人发送内容相同的信息，如邀请函、通知书或荣誉证书等。传统打印一张修改一次内容的做法显然已不能适应现今讲求效率的时代。但如果使用 Word 2003 中的邮件合并功能，则可以非常轻松、高效地完成工作。利用 Word 2003 来制作奖状的操作主要包括：①创建模板。②建立数据源。③邮件合并。

任务实施

一、制作奖状的案例分析

1．任务的提出

小袁作为学校团委干事，每学期都要为健康教育活动打印比赛用奖状。由于奖状的内容和格式基本相同，获奖者的姓名和比赛项目信息却不相同，如果每次都是逐一修改，则是一件令人厌烦的、重复简单的劳动，无法提高工作效率。针对此问题，小袁决定去请教老师，寻求高效的解决方法。

2．解决方案

在老师的指导下，小袁学会了使用 Word 的邮件合并功能，非常方便、高效地实现了每次的奖状编辑、打印。本次任务将以 2015 年健康教育活动奖状颁发给不同人为例，介绍邮件合并的基本操作。

3．相关知识点

（1）设置主文档。主文档包含的文本和图形用于合并文档的所有副本，例如奖状中的颁奖单位、日期等。

（2）将文档连接到数据源。数据源是一个文件，它包含要合并到文档的信息。例如奖状中的获奖人姓名及获奖类别。

（3）调整收件人列表或项列表。Word 2003 为数据文件中的每一项（或记录）都生成主文档的一个副本。如果数据文件为邮寄列表，这些项可能就是收件人，如果只希望为数据文件中某些项生成副本，可以选择要包含的项（记录）。

（4）向文档添加占位符（邮件合并域）。执行邮件合并时，来自数据源文件的信息会填充到邮件合并域中。

（5）预览并完成合并。打印整组文件之前可以预览每个文档副本。

二、利用邮件合并成批制作奖状的方法

1. 创建证书模板

要批量生成奖状，首先需要创建出奖状的模板文件，即设计出奖状的效果，并制作模板。具体操作如下。

（1）启动 Word 2003，新建一个新的空白文档，单击"文件"→"页面设置"命令，在"页面设置"对话框中选择"纸张方向"为"横向"，选择"纸张大小"为"B5（JIS）"。

（2）插入奖状的图片，并对所插入的图片进行设置，选择版式为"浮于文字上方"命令。

（3）将图片调整为满页面，并在空白区绘制一个文本框，如图 2 – 1 – 16 所示。

（4）在文本框中输入奖状主内容，并设置字符格式为第一、二段为宋体、小一号、加粗；单位名和日期为宋体、小二号、加粗，右缩进两个字符的格式。

（5）设置文本框形状样式，将文本框设置为"无填充"和"无线条"格式。

（6）完成后将文档保存备用。

部分学校会集中采购一批精美的奖状或荣誉证书作为打印底纸，那么用户的工作首先要测量出奖状或荣誉证书的尺寸，主内容要出现在底纸位置，并把测量出的尺寸自定义到空白文档的"纸张大小"中，把内容出现的起始位置自定义在"页边距"中。最后只需在设置好的空白文档中输入、格式化主内容，即可完成主文档的制作。

图 2 – 1 – 16　制作奖状画布

2. 建立获奖名单数据源

为快速将获奖信息添加到文档中，并批量生成奖状，用户还要先准备好获奖名单数据源。数据源是一个信息目录，如所有获奖同学姓名和获奖项目。使用邮件合并功能用到的数据源是有一定格式的，对于非数据库的数据源，要求第一行是域名行，也可以看作是表格的标题行，其他行必须包含要合并的记录。邮件合并的数据源可以是 Excel 工作表、Access 数据库以及 Word 中的表格等。本实例的数据源采用Word 2003 表格，具体操作为：新建空白文档，将文件以"2015 年健康教育活动获奖名单 . doc"为文件名进行保存。创建表格输入 2015 年健康教育活动获奖名单的数据。由于创建的数据源将应用于后期的数据导入及合并，因此无须在表格中添加其他多余的信息和修饰，同时要注意该表格表头不能为空，否则进行导入数据时可能会出现错误。

3. 在主文档中进行邮件合并

当制作好主文档和数据源文档后，下面的工作就可以进行邮件合并了。邮件合并主要是在主文档中添加数据源中的邮件合并域，本实例中将"2015 年健康教育活动获奖名单 . doc"文档添加到主文档中。具体操作步骤如下。

（1）打开主文档，单击"视图"菜单，将"工具栏"中的"邮件合并"设为选中状态。

（2）在"邮件合并"工具栏中点击"打开数据源"按钮。找到事先做好的"2015年健康教育活动获奖名单 . doc"并打开。在默认状态下点击"确定"按钮。

（3）在"合并邮件工具栏"中点击"插入域"按钮，将"2015 年健康教育活动获奖名单 . doc"中的"姓名""获奖项目"和"获奖等级"等数据分别插入证书相应位置。

（4）保存刚才操作的结果。

4. 完成合并生成多张奖状

在文档中插入了合并域后，为了确保制作的各奖状正确无误，在最终合并前应该先预览一下结果。具体操作步骤如下。

> **课堂互动**　在 Word 中，邮件合并的两个元素是主文档和数据源。

（1）打开合并后的文档，在邮件合并工具栏上点击"查看合并数据"按钮，此时在主文档三个合并域的位置，将分别由数据源文档中的真实数据替换，单击"下一个记录"按钮，可以预览下一条记录。

（2）确认无误后，单击邮件合并工具栏上的"合并到新文档"按钮，选择对话框中的"全部"选项，单击"确定"按钮，完成合并到新文档操作。

邮件合并成功后，Word 2003 将重新创建名为"字母1"的新文档，用户在该文档中可以方便地查看已经进行合并后的所有文档内容，确认无误后以"2015 年健康教育活动获奖校对清单 . doc"为文件名进行保存。至此，奖状的制作过程结束。

在实际的工作和学习过程中，有许多大批量制作过程都可以借助 Word 2003 为用户提供的邮件合并功能来完成，如批量打印名片、单个学生成绩表、工资条等，并可以得到事半功倍的效果。

任务评价

学习任务完成评价表

班级：_____ 姓名：_____ 项目号：_____ 任务号：_____ 任教老师：_____

项目	考核项目（测试结果附后）	记录与分值			
		自测内容	操作难度分值	自测过程记录	操作自评分值
作品评价	创建主文档	1. 页面设置 2. 插入图片 3. 字符设置 4. 插入文本框	20		
	建立数据源	1. 插入表格 2. 设置表格	25		
	邮件合并	1. 显示邮件合并工具栏 2. 进行邮件合并	25		
	生成合并结果	1. 效果预览 2. 合并新文档	30		
教师点评记录				作品最终评定分值	

任务拓展

课堂操作练习。

【素材】

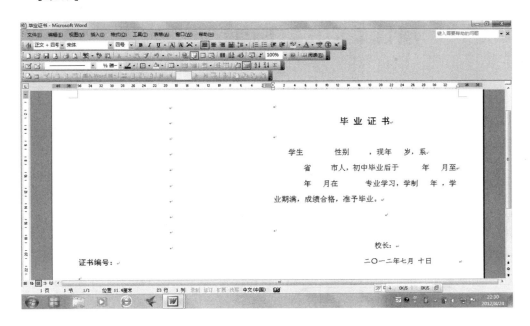

毕业证主文档

毕业证数据源

要求：通过设置毕业证主文档的邮件合并，打印数据源表中的学生毕业证。

（刘　军）

项目 2 中文 Excel 2003 应用

任务 1 学会医学生期末考试成绩表制作

任务描述

医学生期末考试成绩表是学生期末时了解自己本次考试科目成绩、总分及班级排名情况的依据。现在轮到学生自己统计分析成绩，了解自己的总分及名次并将成绩表以图表的方式直观显示，印象很深刻，通过用 Excel 2003 就可以满足制作要求，其要点如下。

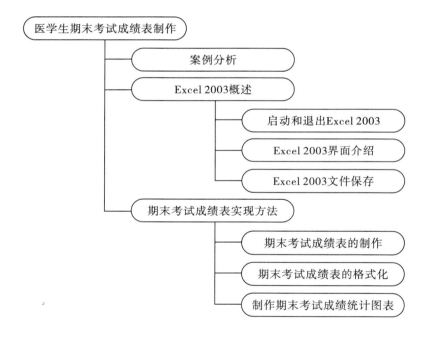

基本要求

1. 知识与技能
（1）知道 Excel 2003 的基本功能、启动与关闭方法。
（2）认识 Excel 2003 电子表格窗口的组成。
（3）学会工作表的创建、数据输入、编辑、保存等基本操作及格式化操作。
（4）学会成绩表的统计方法，如总分、平均分等的计算。
（5）学会工作表中图表的建立及相应操作，页面设置的方法。

2. 过程与方法

（1）通过学生自主学习和合作探究，培养学生运用信息技术解决实际问题的能力。

（2）通过动手操作，培养学生敢于尝试、自主探究的学习能力。

3. 情感态度与价值观

（1）通过师生的相互交流和团队的协作学习，培养学生养成严谨的学习态度和团结协作的精神，体验探究问题和学习的乐趣。

（2）培养学生良好的学习态度和学习风气，通过使用函数进行数据统计使学生感受到 Excel 2003 在日常生活的实际应用。

任务分析

学期结束考试完毕后，教师需要统计分析学生的成绩，了解学生知识的掌握情况。而学生对考试成绩也很关心，希望了解自己的总分、平均分及在班里的排名情况。让学生学会利用 Excel 2003 来制作医学生期末考试成绩表，不但有利于学生掌握 Excel 2003 的实用操作技能，也有利于在制作的过程中通过动手操作，培养学生敢于尝试、自主探究的学习能力。

利用 Excel 2003 来制作医学生期末考试成绩表的操作主要包括：①建立 Excel 2003 工作簿。②快速输入内容，并对文字进行编辑，准确设定文字、数字的格式。③对工作表进行格式化设置操作。④进行成绩表的统计分析操作。⑤将成绩表中的内容转换为图表进行直观显示。

任务实施

一、医学生期末考试成绩表设计案例分析

此成绩表共有三项，效果如图 2 - 2 - 1 所示。

（1）第一项是药物化学成绩的输入，主要内容包括以学生学号、姓名、性别、班级、药物化学课程的电子表格。

（2）第二项是对学生药物化学成绩表的格式化操作，这里主要涉及电子表格的格式化操作的方法等知识点。

（3）第三项主要是对学生期末考试总成绩表生成统计图表，更加直观展现学生们各门功课的掌握情况。这里主要涉及 Excel 2003 的函数和图表知识。

二、药物化学成绩表的输入

1. Excel 2003 简介

Excel 2003 是 Microsoft Office 2003 组件之一，不仅能够方便地进行表格处理和完成复杂的数据运算，还可以形象地将大量枯燥无味的数据变为多种漂亮的彩色图表显示出来，使 Excel 成为最流行的电子表格处理软件。

> **课堂互动**　还有别的创建 Excel 2003 文档的方法吗？

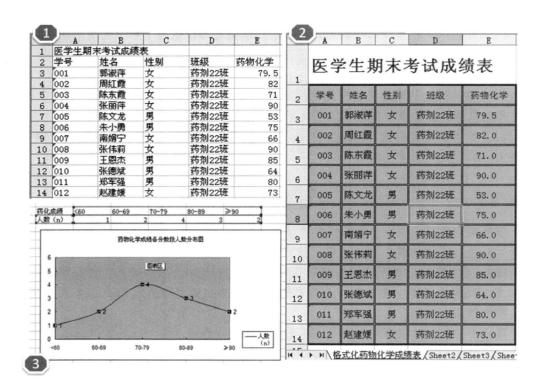

图 2 - 2 - 1 医学生期末考试成绩表效果图

（1）启动和退出 Excel 2003：步骤如下。

1）单击 Windows XP 操作系统任务栏中的"开始"菜单按钮，以显示开始菜单。

2）单击"所有程序"→"Microsoft Office"→"Microsoft Excel 2003"命令，启动 Excel 2003。自动创建一个空白的电子表格。若要退出，单击"文件"菜单，选择"退出"命令。

（2）Excel 2003 窗口界面：启动 Excel 2003 中文版可以打开如图 2 - 2 - 2 所示的应用程序窗口。其窗口中的标题栏、菜单栏、工具栏、状态栏、任务窗格与 Word 窗口相似，操作方法也类似。

1）标题栏：一般在程序窗口最顶端，显示正在编辑的工作簿名称以及所使用的软件名，其中还包括"最小化""最大化"（或还原）和"关闭"等按钮。

2）菜单栏：一般在标题栏的下方，包括"文件""编辑""视图""插入""格式""工具""数据""窗口"和"帮助"菜单，包含了 Excel 的全部功能。用户可自行设置菜单栏在窗口中的位置。

3）工具栏：一般在菜单栏的下方，由一系列的按钮组成，可以比菜单栏以更快捷的方式实现某些操作。用户可自行控制工具栏的显示、隐藏及在窗口中的位置。数据编辑区（编辑栏）一般在工具栏的下方，左边有名称框，用于对单元格区域命名；右边是编辑栏，用于编辑单元格中的数据或公式。

4）工作表标签：一个工作表标签代表一张工作表。一个 Excel 工作簿默认有三张工作表 sheet1、sheet2、sheet3。用户可以根据需要添加多个工作表，但是一个工作簿里最多包含 255 个工作表。

5）状态栏：位于程序窗口的底部，可提供命令和操作进程的信息。

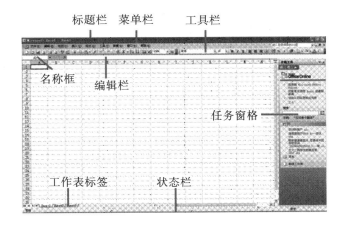

图 2 - 2 - 2 Excel 2003 界面

2. Excel 2003 成绩表的输入

（1）新建工作簿：启动 Excel 2003 文档，并按快捷键 "Ctrl + S"，把文件保存为 "医学生期末考试成绩表 . xls"。

（2）输入工作表中的信息：如图 2 - 2 - 3 所示。

	A	B	C	D	E
1	医学生期末考试成绩表				
2	学号	姓名	性别	班级	药物化学
3	001	郭淑萍	女	药剂22班	79.5
4	002	周红霞	女	药剂22班	82
5	003	陈东霞	女	药剂22班	71
6	004	张丽萍	女	药剂22班	90
7	005	陈文龙	男	药剂22班	53
8	006	朱小勇	男	药剂22班	75
9	007	南娟宁	女	药剂22班	66
10	008	张伟莉	女	药剂22班	90
11	009	王恩杰	男	药剂22班	85
12	010	张德斌	男	药剂22班	64
13	011	郑军强	男	药剂22班	80
14	012	赵建媛	女	药剂22班	73

图 2 - 2 - 3 输入工作表信息

1）输入标题：选取 A1 单元格，输入 "医学生期末考试成绩表"，按回车键确认。

2）输入文本型数据：输入时首先要激活该单元格或区域，使其成为活动单元格，然后再输入数据，同时输入的数据会显示在编辑栏里。文本输入后在单元格中左对齐。

第二行数据按图示输入。学生学号以三位数字表示，在 A3 单元格中输入 "001"，按下回车键后显示为 1。选定 A3 单元格右击，打开 "单元格格式" 对话框，在对话框中选择 "数字" 选项卡，设置为文本显示。

其余学生学号的输入可采用 "自动填充" 方法。将鼠标移至 A3 单元格右下角，鼠标指针变为"＋"状，即为填充柄，往下拖动，学号会依次递增出现。班级录入也可用填充柄拖动的方法实现。

3）输入数值：学生的药物化学课程成绩输入数值，数值输入后在单元格中右对齐。

（3）成绩表的保存步骤如下。

1）保存文件：工作簿操作完成后，将所做的工作进行保存。点击"文件"→"保存"命令，或直接单击"常用工具栏"上的"保存"按钮，或直接采用快捷键"Ctrl + S"。

2）保存已有文件：如果需要对文件更改保存位置、重命名保存，可使用"另存为"命令。通过选择"文件"→"另存为"命令完成。

3）加密保存：保存工作簿时加入密码保护，浏览或使用时必须输入相应的密码才可查看或修改，这样可以有效地保护数据信息。打开"另存为"对话框，在对话框中打开工具栏中的"工具"下拉列表。选择"常规选项"项，打开"保存选项"对话框。设置"打开权限密码"及"修改权限密码"确定输入。单击"保存"按钮即可加密保存。如果要取消设置密码，则需重新进入"保存选项"文本框中删除密码即可。

三、成绩表的格式化

期末考试成绩表录入完成后，为了使工作表表格更加美观、清晰、重点突出、更容易理解，需要对数据和表格进行格式化设置。

1. 格式化数据

（1）字符格式化：与 Word 对字符的格式化一样，Excel 提供了设置字体、字号、字形、字体颜色等功能，操作方法也类似。选定工作表标题文字，单击菜单栏"格式"→"单元格"命令，打开"单元格格式"对话框。设置字体为"楷体_GB2312"，加粗，大小为 20 磅。"确定"后完成设置。第二行文字字体为"黑体"，大小 11 磅。其余内容字体为宋体，大小 11 磅。

（2）数字格式设置：学生的药物化学课程成绩包含一位小数，利用"单元格格式"对话框可进行设置。选定需设置的单元格区域 A3：E14，在选定目标上右击，打开"单元格格式"对话框，在对话框中选择"数字"选项卡。在"分类"列表框中选择"数值"类别，再从右边出现的选项中选择"小数位数"1 位。单击"确定"按钮，完成设置。

（3）数据对齐设置：数据的对齐格式分为水平对齐和垂直对齐两种。拖动鼠标选定 A2：E14 数据区域制表区，单击"格式"，再单击"单元格"，在打开的"单元格格式"对话框中选择"对齐"选项卡，水平和垂直对齐均选"居中"，然后单击"确定"。

2. 格式化表格

（1）表格边框调整：选定需设置的数据区域 A2：E14，打开目标的"单元格格式"对话框。在对话框中选择"边框"选项卡。在"边框"选项卡中，选择外边框线粗实线条样式，单击"预置"中的"外边框"按钮；选择内部双线条样式，单击"预置"中的"内部"按钮。单击"确认"按钮完成设置。

（2）底纹设置：为加强表格视觉效果，可为单元格区域添加底纹。

选定需设置的数据区域 A2：E14，打开目标的"单元格格式"对话框。在对话框中选择"图案"选项卡，如图 2-2-4 所示。在"图案"选项卡中，选择单元格底纹"浅灰"色。如有需要可选择底纹图案。单击"确认"按钮完成设置。

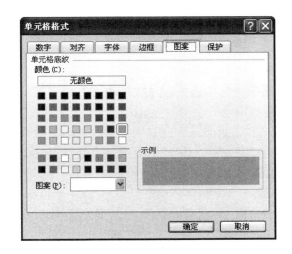

图 2-2-4 "单元格格式"对话框及"图案"选项卡

四、成绩表的基本操作

1. 单元格的基本操作

（1）插入单元格、行或列：在插入单元格或单元格区域时，可以通过"插入"对话框插入不同目标。Excel 中默认插入行、列位于当前行、列的上方或左侧。

（2）删除单元格、行或列：在删除单元格或单元格区域时，可以通过"删除"对话框来删除目标。

选定要删除第 8 行中任意单元格，单击菜单栏"编辑"→"删除"命令，或右键单击目标，在弹出的快捷菜单中选择"删除"命令，可打开"删除"对话框。

（3）合并单元格：将两个或多个相邻的单元格合并成一个单元格，该单元格和原来多个单元格的大小一致。在合并时如选择的单元格区域内还有数据，则合并后只保留选定区域最左上角的单元格数据。

将成绩表标题单元格合并操作，选定 A1：E1 区域，打开"单元格格式"对话框。在对话框中单击"对齐"选项卡，在"文本控制"中选择"合并单元格"复选框，然后单击"确定"按钮。

2. 行高与列宽

（1）调整行高：为了适应单元格中的数据字符大小，可通过调整行高的方法来达到。拖动行号之间的分隔线改变行的高度或单击菜单栏"格式"→"行"命令，出现其子菜单。设置工作表第一行的行高为 50。选定第 2 行到第 14 行区域，将其行高统一设置为"25"。

（2）调整列宽：操作方法与调整行高度的操作方法基本类似。

拖动列标之间的分隔线改变列的宽度或单击菜单栏"格式"→"列"命令改变列的宽度。若有多列列宽相同时，先选定多列，再鼠标指向选定列，右击要调整列的列标，在弹出快捷菜单中选择"列宽"命令，在"列宽"的文本框中输入所要的列的宽度，并单击"确定"按钮。选定第 A 列至第 C 列，将其列宽统一设置为"6"。选定第 D 列至第 E 列，将其列宽统一设置为"10"。

五、各门成绩表的导入并生成总成绩表

药物化学成绩表制作完成后，依法炮制制作本学期其他所学课程药理、药品营销、天然药物学、药剂、天然药物化学课程各科成绩表。各门课程成绩表都按照本班学生的学号由低到高的顺序进行输入。

1. 新建工作表

打开"医学生期末考试成绩表.xls"，在工作表标签上单击鼠标右键，选择插入命令，新建一张表，命名为"期末总成绩表"。

2. 工作表内容的拷贝

打开"药物化学成绩表"，将工作表的标题栏及列名称信息选定，按下键盘上的"Ctrl + C"快捷键，将信息复制到"期末总成绩表"中，按下"Ctrl + V"粘贴。再把具体的学生信息如学号、姓名等按照列名称进行复制粘贴操作，这样第一门课程的成绩就复制进来。接下来再增加列名称，"药理""药品营销""天然药物学""药剂""天然药物化学"课程，及"总分""平均分""排名"列。

3. 生成总成绩表

依次打开各门功课成绩表，将每位学生的成绩采用复制、粘贴的方法，汇总各科成绩表至一个工作表内。操作完成后，保存所做的操作。

六、成绩表的统计

Excel 电子表格提供了多种运算公式与函数，能够快速、准确地进行复杂的计算和统计分析。下面计算学生期末考试成绩表中每位学生的总分、平均分及排名情况，对成绩进行统计分析。

1. 计算每位学生的总分

求和函数 SUM（number1，number2，…）的功能：返回某一单元格区域中所有数字之和。

在总分栏目中的 K3 单元格内输入"= SUM（E3：J3）"，表示计算 E3 到 J3 的总和。然后，利用自动填充方式，即可计算出每名学生的总分。提示：这里也可以采用公式的方法完成。公式以"="开头，将各门功课所在成绩单元格相加即可。

> **课堂互动** 如何利用公式的方法计算每位学生的总分？

2. 计算每位学生的平均分

平均值函数 AVERAGE（number1，number2，…）的功能：返回参数的算术平均值。

在平均分的 L3 单元格内输入"= AVERAGE（E3：J3）"，表示计算单元格 E3 到 J3 的平均值。利用自动填充方式，即可计算出每名学生的平均分。

3. 统计药物化学成绩中各分数段的人数

条件统计函数 COUNTIF（range，criteria）功能：计算给定区域内满足特定条件的单元格的数目。其中“range”为需要计算其中满足条件的单元格数目的单元格区域；“criteria”为确定哪些单元格将被计算在内的条件，其形式可以为数字、表达式或文本。

统计药化成绩各分数段的人数，在区域（D18：I19）输入如图 2-2-5 内容。

在 E19 单元格内输入“=COUNTIF（E3：E14," <60")”，表示统计单元格 E3 到 E14 的中小于 60 分的人数。

提示：统计 60～69 分数段人数应输入：“=COUNTIF（E3：E14," <70" ）-COUNTIF（E3：E14," <60")”。

	A	B	C	D	E	F	G	H	I	J	K	L	M
1	医学生期末考试成绩表												
2	学号	姓名	性别	班级	药物化学	药理	药品营销	天然药物学	药剂	天然药物化学	总分	平均分	排名
3	001	郭淑萍	女	药剂22班	79.5	81.0	72.0	69.0	79.0	69.0	449.5	74.9	11
14	012	赵建媛	女	药剂22班	73.0	75.0	75.0	89.0	83.0	68.0	463.0	77.2	7
15													
16													
17													
18				药化成绩	<60	60-69	70-79	80-89	≥90				
19				人数（n）	1	=COUNTIF(E3:E14,"<70")-COUNTIF(E3:E14,"<60")							

图 2-2-5 统计 60～69 分的学生人数

4. 按照名次排名

两种实现方法，具体如下。

（1）第一种方法：按总分排序。选取总分所在列的任一单元格，单击菜单“数据”→“排序”，主要关键字选择“总分”，再选“降序”，按下“确定”键，分数即由高至低排列。这时再用“自动填充”方法将名次的号（数字）填上。缺点是并列的名次没有显示出来。

（2）第二种方法：利用函数 RANK（）对学生的总成绩进行排名。功能：这个函数的作用是把某数在一组数中的排位计算出来，解决了排序统计方法无并列名次的缺点。

在排名的 M3 单元格内输入“=RANK（K3，K3：K14，0）”，计算第一个学生排名，利用自动填充方式，即可计算出每名学生的名次排定。

> **课堂互动** 想一想，为什么 RANK 函数第二个参数的行列名称前要加入 $ 符号？

七、制作成绩统计图表

Excel 具有完整的图表功能，它不仅可以生成诸如条形图、折线图、饼图等标准图表，还可以生成较为复杂的三维立体图表。对学生成绩数据进行图表处理，可以更直观地进行教学分析，使得教学评价更为有效。

创建药物化学成绩各分数段分布图，步骤如下。

计算机应用技术

选定数据区域，单击"插入"菜单→"图表"或单击常用工具栏中的"图表向导"。

选择"自定义类型"→"平滑直线图"，然后依据向导，单击"下一步"，直至完成图表。

如果需要修改图表，鼠标指向图表区域中某一处，单击右键，弹出快捷菜单，选择相应修改项即可。

提示：鼠标指向图表中不同区域，弹出的菜单内容不同。

八、成绩表的页面设置与打印

Excel 工作表在打印之前需要先进行页面设置与预览，如发现问题可及时修改。

1. 页面设置

页面设置就是设置打印页面、页边距、打印区域、页眉页脚等。这些都可以在"页面设置"对话框中完成。

单击菜单栏"文件"→"页面设置"命令，打开"页面设置"对话框。

（1）设置打印页面：在"页面设置"对话框，设置页面方向"横向"，纸张 A4。

（2）设置页边距：在"页面设置"对话框"页边距"选项卡中，设置上、下各页边距为1，左、右各页边距为2。

2. 打印工作表

工作表在打印之前，需利用"打印预览"快速查看页面设置效果，看是否满足要求。在打印预览中看到与实际打印结果是一致的，也就是"所见即所得"。

选择"文件"菜单→"打印"命令，打开"打印"对话框。在对话框中进行选定打印机、打印范围、打印内容和打印份数设置后，单击"确定"按钮，即可开始打印。

任务评价

学习任务完成评价表

班级：_____ 姓名：_____ 项目号：_____ 任务号：_____ 任教老师：_____

项目	考核项目（测试结果附后）	记录与分值			
		自测内容	操作难度分值	自测过程记录	操作自评分值
作品评价	Excel 2003 的基本操作	1. Excel 2003 的启动与退出 2. 创建新的空白工作簿 3. 保存文档	10		

续表

项目	考核项目（测试结果附后）	记录与分值			
		自测内容	操作难度分值	自测过程记录	操作自评分值
作品评价	Excel 2003 工作表的录入与编辑	1. Excel 2003 工作表的信息录入 2. Excel 2003 工作表的文本录入 3. Excel 2003 文档的数字录入	15		
	Excel 2003 工作表的格式化	1. Excel 2003 中字符的格式化操作 2. Excel 2003 中表格的格式化操作	20		
	Excel 2003 工作表的统计分析	1. 利用 SUM 函数计算总分 2. 利用 AVERAGE 函数计算平均分 3. 利用 COUNTIF 函数统计各分数段人数 4. 利用 RANK 函数计算排名	25		
	Excel 2003 工作表的图表操作	1. 图表的创建操作 2. 图表的编辑操作	20		
	Excel 2003 工作表的页面设置与打印	1. 页面设置操作 2. 打印工作表的操作	10		
教师点评记录				作品最终评定分值	

任务拓展

一、课堂操作练习

创建"校园歌曲歌唱大奖赛.xls"工作簿，将下面的数据输入 Sheet1 工作表中。

校园歌曲歌唱大奖赛得分统计表

歌手编号	1号评委	2号评委	3号评委	4号评委	5号评委	平均得分	名次
1	9.00	8.80	8.90	8.40	8.20		
2	5.80	6.80	5.90	6.00	6.90		
3	8.00	7.50	7.30	7.40	7.90		
4	8.60	8.20	8.90	9.00	7.90		
5	8.20	8.10	8.80	8.90	8.40		
6	8.00	7.60	7.80	7.50	7.90		
7	9.00	9.20	8.50	8.70	8.90		
8	9.60	9.50	9.40	8.90	8.80		
9	9.20	9.00	8.70	8.30	9.00		
10	8.80	8.60	8.90	8.80	9.00		

（1）将工作表"Sheet1"改名为"统计表"。

（2）将标题单元格合并，改为红色楷体 16 号字，标题行行高设为 30。

（3）将歌手编号用 001、002、……010 来表示，并居中。（提示：把格式设为文本）

（4）给整个表格加上蓝色细实线作为表格线，标题除外。

（5）求出每位选手的平均得分（保留两位小数）。

（6）按选手的平均得分排名，并将名次填入相应单元格中。

二、课后作业

（一）选择题

1. 在 Excel 中，A1 单元格设定其数字格式为整数，当输入"22.73"时，显示为

    A. 22.73   B. 22   C. 23   D. ERROR

2. 如要关闭工作簿，但不想退出 Excel，可以单击

    A. 关闭 Excel 窗口的按钮 ×

    B. "文件"下拉菜单中的"退出"命令

    C. "文件"下拉菜单中的"关闭"命令

    D. "窗口"下拉菜单中的"隐藏"命令

3. 在 Excel 中按文件名查找时，可用哪项代替任意单个字符

    A. *   B. ?   C. &   D. $

4. 在 Excel 2003 中，"工作表"是用行和列组成的表格，分别用哪项区别

    A. 数字和数字   B. 数字和字母   C. 字母和字母   D. 字母和数字

5. Excel 2003 中，下面哪个菜单不属于菜单栏

    A. 工具   B. 查看   C. 视图   D. 编辑

（二）判断题

1. Excel 工作簿是 Excel 用来计算和存储数据的文件。每个工作簿只能由一张工作表组成。   （   ）

2. Excel 主界面窗口中编辑栏上的"fx"按钮用来向单元格插入函数。   （   ）

3. 假定一个单元格的地址为 D25，则此地址的类型是绝对地址。   （   ）

（董红芸　彭瑞嘉）

任务 2　学会保健按摩师考试报名表统计分析

任务描述

Excel 2003 能够对输入的工作表进行编辑操作，还具有强大的数据统计分析能力。本次任务制作保健按摩师考试报名表，利用 Excel 自身提供的函数计算学生性别，统计报名费金额，排序及分类汇总操作，最后用数据透视表直观地显示各级别中已缴费和未缴费人数变化。其要点如下。

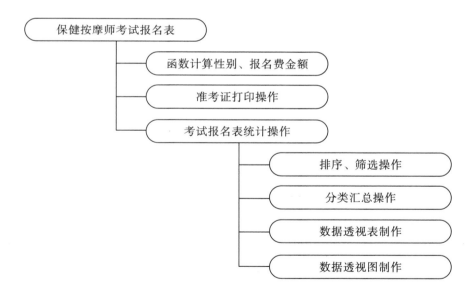

基本要求

1. 知识与技能

（1）知道 Excel 2003 的基本功能、启动与关闭方法。

（2）学会工作表的创建、数据的输入操作及格式化操作。

（3）学会利用公式与函数的方法计算总金额。

（4）学会工作表中数据的排序、筛选及分类汇总操作。

（5）学会数据透视表的创建方法。

（6）学会创建数据透视图。

2．过程与方法

（1）让学生通过制作"保健按摩师考试报名表"，分析制作过程，总结利用 Excel 解决实际问题的一般步骤和方法，培养学生解决实际问题的能力。

（2）通过动手操作，团队协作，培养学生敢于尝试、互帮互助的精神。

3．情感态度与价值观

（1）培养现代信息管理意识，知道使用电子表格进行信息管理可以做到有条理、规范化和高效率，激发学习 Excel 知识的兴趣。

（2）通过师生的相互交流和团队的协作学习，培养学生养成严谨的学习态度和团结协作的精神，体验探究问题和学习的乐趣。

任务分析

保健按摩师是我校技能鉴定的一个工种。学生报考时主要有三种级别形式：初级、中级、高级。本次任务主要以学生身边的实际问题引入，让学生学会解决数据信息录入、准考证打印、数据信息统计、数据透视表等操作，掌握 Excel 的实际操作技能，培养学生动手操作、自主探究、解决实际问题的能力。利用 Excel 2003 来制作保健按摩师考试报名表的操作主要包括：①建立 Excel 2003 工作簿。②工作表中数据信息的录入操作。③工作表的格式化设置操作。④报名表的排序、筛选等数据管理操作。⑤以数据透视表或图的方式直观地显示工作表信息。

任务实施

保健按摩师考试报名表信息共有四项，效果如图 2 - 2 - 6 所示。

（1）第一项是保健按摩师考试报名表学生信息的输入，主要内容包括以学生学号、姓名、班级、出生日期等列名称组成的学生信息电子表格。

（2）第二项是由学生报名信息及考试相关信息生成的准考证打印表。

（3）第三项主要是对学生的报名费信息利用分类汇总的方法进行统计。

（4）第四项是利用数据透视图的形式直观地显示已缴费和未缴费学生的人数。

一、利用函数计算性别、报名费金额

1．完成保健按摩师考试报名表（输入时性别列先空着，教大家如何用身份证号计算性别）

（1）新建工作簿：启动 Excel 2003 电子表格程序，并按快捷键"Ctrl + S"，把文件保存为"保健按摩师考试报名表．xls"。

（2）输入工作表中的信息：步骤如下。

课堂互动　想一想为什么序号填充时要输入两个数字？

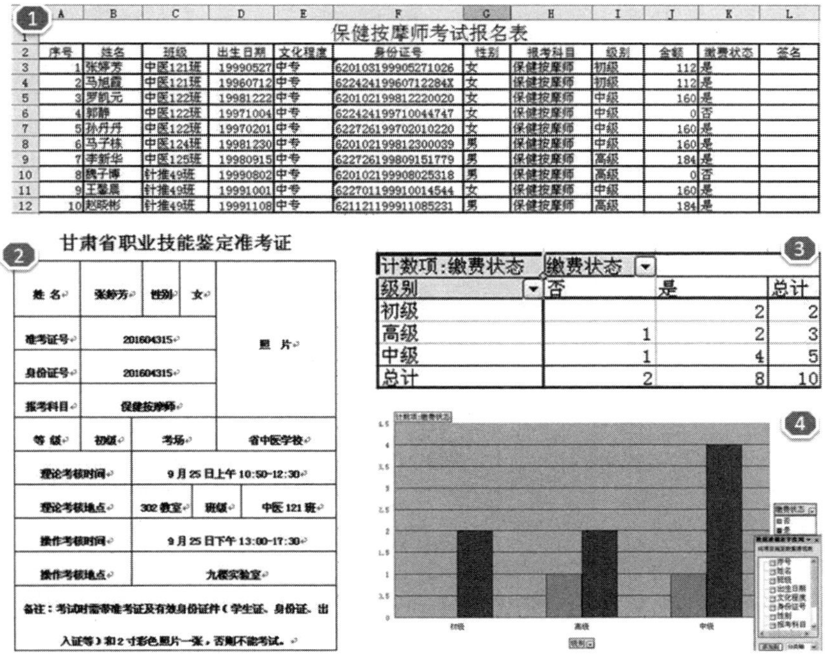

图 2 - 2 - 6 保健按摩师考试报名表统计效果

1）输入标题：选取 A1 单元格，输入"保健按摩师考试报名表"，按回车键确认。

2）输入文本型数据：文本输入默认在单元格中左对齐。通过键盘按图示输入文本数据。

3）输入数值：数值输入后默认在单元格中右对齐。提示：序号输入时先输入数字1 和 2，再利用填充柄拖动的方法完成操作。

4）输入身份证号：现在的二代身份证号有 18 位，这是一个很大的数值，因此在输入时须转为文本进行完全显示。先选中要输入身份证号的单元格区域（F3：F12），点右键，选择设置单元格格式，打开"单元格格式"对话框，在对话框中选择"数字"选项卡，设置为文本显示。点确定后，输入身份证号。如图 2 - 2 - 7 所示。

（3）工作表中数据的格式化：工作表录入完成后，对工作表进行简单的格式化操作，可使工作表更加美观、清晰。

1）标题栏设置：合并 A1：L1 单元格，文字居中，字体大小为 18；行高为 22.5。

2）表格内容设置：第二行列名称字体为黑体，大小为 11；表格信息字体为宋体，大小为 11；把列宽拉到合适位置。

3）表格边框线设置：给整个表格 A2：L12 加上外边框线及内边框线。

2. 利用函数对工作表数据进行计算

（1）利用身份证号提取性别：18 位身份证号的组成：省代号＋市代号＋区县代号＋出生日期＋顺序数＋校验位。其中第 17 位是性别的识别码，如果是奇数，就是男生；如果是偶数，就是女生。因此选用函数 IF 从身份证号中提取性别。

选择 G3 单元格，插入 IF 函数。"＝IF（MID（F3，17，1）/2＝INT（MID（F3，

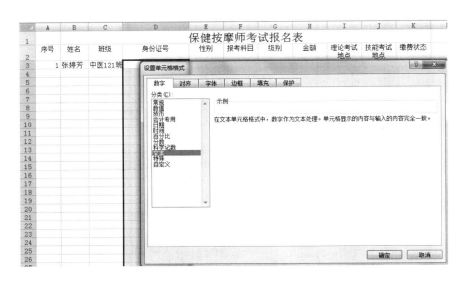

图 2 - 2 - 7   设置身份证号文本显示

17，1）/2），"女"，男）"，其中嵌套了两个函数，分别是 MID 函数和 INT 函数。函数 MID（D3，17，1）/2（意思是 D3 单元格里的文本信息从左往右数第 17 位开始，只取第 17 位这 1 位数的数值除以 2）等于 INT（MID（D3，17，1）/2（意思是整数），也就是偶数，表达式满足，返回一个真值，点确定，计算结果为女。利用填充柄将公式复制到本列中的其他单元格中，计算出所有学生的性别。

（2）利用函数计算报名费金额：报名表中学生的报考级别分为初级、中级、高级三个级别，每个级别的报考费用不同。部分同学在报考时已经缴纳了相应级别的报名费，但仍然有少部分同学的费用还未缴纳，在报名表中以数字 0 进行表示。那么总共的报名费共收取了多少钱，可以用 Excel 中的求和函数 SUM 快速的计算出来。

1）可以用公式的方法完成计算。公式以"="开头，后面紧跟着输入需要相加的数值或数值所在的单元格地址。在 J13 单元格中，输入"= J3 + J4 + J5 + J6 + J7 + J8 + J9 + J10 + J11 + J12"。本例中需要相加的单元格数量较多，不建议采用公式的方法完成。

2）采用函数的方法完成计算。在金额所在列中选取最下方的 J13 单元格内输入"= SUM（J3：J12）"，表示计算从 J3 单元格开始到 J12 单元格结束的区域的总和。计算出总共收取的报名费金额。

二、准考证打印要进行的操作

填制完保健按摩师考试报名表后，如何依靠其中的信息打印每个学生的准考证，这里我们借助 Word 中的"邮件合并"功能来完成。

1. 准备工作

建立 Excel 数据文件。将原报名表复制一张新表，工作表重命名为"准考证打印表"。注意：使用 Excel 工作簿时，必须保证数据文件是数据库格式，即第一行必须是字段名，数据行中间不能有空行等。因此需要删除"准考证打印表"中的标题栏，另外将第一行中无关的字段名删除，如"出生日期""文化程度""金额""缴费状态"等列。添加准考证打印时需要的信息如"准考证号""理论考试时间""理论考试地点""技能考试时间""技能考试地点"等列。数据准备工作的正确与否，关系到以后打印出来的证件正确与否，所以必须要仔细校对检查。

2. Word 设计准考证模板，并保存为准考证模板文件

打开 Word 应用程序，利用之前学过的表格操作方法制作如图 2 - 2 - 8 所示的表格，里面填写准考证的相关信息。文件保存为"保健按摩师准考证样板"。

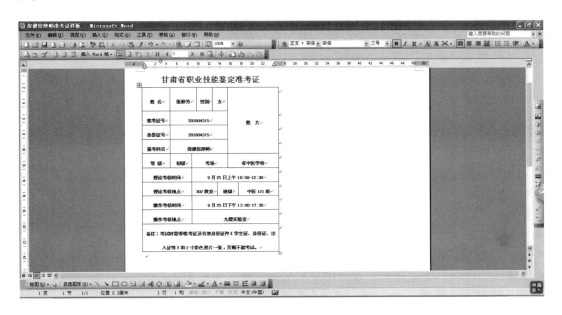

图 2 - 2 - 8　Word 中制作的技能鉴定准考证

3. 利用 Word 邮件合并功能进行数据合并

（1）启动 Word 程序，打开"保健按摩师准考证"Word 模板，从菜单栏中选择"工具→信函与邮件→邮件合并"命令，将出现"邮件合并"任务窗格。

（2）在"邮件合并"对话框中的第一步：选择"信函"并单击"下一步：正在启动文档"——单击邮件合并中的"浏览"按钮，选择数据源文件，选择创建好的"准考证打印表.xls"单击"打开"：撰写信函——选择"其他项目"，在出现的"插入合并域"对话框中选择数据库域，再将各个域与准考证中的各项信息依次对应。

（3）操作完成后，单击"下一步：预览信函"，"完成合并"。

（4）预览每一个学生的准考证信息，无误后，单击"文件菜单"→"打印"，实现学生技能鉴定准考证信息的打印操作。

（5）其他诸如毕业证、学生证、荣誉证、带成绩的通知书等都可以采用邮件合并功能来完成。

三、报名费统计表的操作

填制完成保健按摩师考试报名表后，可以对这张表中的数据信息进行统计，如数据排序、筛选操作等。

1. 数据排序操作

将原报名表复制一张新表，工作表重命名为"报名费统计表"。由于在报名时录入的数据通常是没有规律的，需要对数据按照特定的条件进行排序。数据排序是按升序或降序对一列或多列的数据以关键字进行排列。

知识链接 "排序"时注意：选择需排序的列中任意单元格即可。

（1）按单列排序：按照级别排序统计各个级别共有多少学生报名。

使用工具栏上的两个排序工具按钮，一个是"↓"降序排序，从高到低排列。另一个是"↓"升序排序，按从低到高进行排列。选择需排序的"级别"列中任意数据单元格，单击"常用"工具栏中"↓"升序排序工具按钮，表格中所有数据按照"级别"列重新排列。重新排列后，可以用序列填充方法依次各级别的报名人数。

（2）按多列排序：使用工具按钮排序只能对某一列的数据进行排序，对于多列排序就要使用菜单命令进行排序。操作步骤如下：①选择数据区域中的任一单元格，单击菜单栏"数据"→"排序"命令，打开"排序"对话框。②在对话框中按照排序的前后顺序选择主要关键字下拉列表中的"级别"、次要关键字"班级"下拉列表中的字段名，同时选择关键字右侧的"升序"单选项。并选择列表中"有标题行"。③单击"确认"按钮，完成设置，则按指定的关键字排序数据表。

2. 数据筛选操作

从报名表众多数据中按照某些条件，挑选出符合需要的数据，这时就可利用数据筛选功能。Excel 提供了"自动筛选"和"高级筛选"两种筛选方式。

使用筛选功能，可以将符合条件的数据显示出来，并且隐藏不符合条件的数据行。

（1）自动筛选：对于按选定内容进行筛选，适用于简单条件的筛选。操作步骤如下。

1）选定表格中任意单元格。单击菜单栏"数据"→"筛选"→"自动筛选"命令。在表格中的每个字段名的旁边加入一个下拉箭头按钮。

2）单击需筛选的"Excel"字段名旁下拉箭头按钮，打开下拉列表。可以设置显示全部记录，也可以设置自定义筛选出来符合条件的部分记录。

3）单击"确定"按钮，将筛选出的结果在当前表格中显示。

如需取消自动筛选，可单击菜单栏"数据"→"筛选"命令，取消"自动筛选"命令选择即可。

（2）高级筛选：像"自动筛选"命令一样筛选区域，但不显示列的下拉列表，而是在筛选区域之外的条件区域中键入筛选，条件区域允许根据复杂的条件进行筛选。

设置满足"缴费状态"为"是"，"级别"为中级的所有学生。条件区域设置两行：第一行为字段名，若条件输入在同一行，表示同时满足两个条件。若条件输入在两行，则只要满足其中一个就显示出来记录信息。

操作步骤：在工作表中任意的空白单元格区域输入筛选条件。单击菜单栏"数据"→"筛选"→"高级筛选"命令，打开"高级筛选"对话框，如图2-2-9所示。在条件区域位置处选择已输入的设置条件的单元格区域。

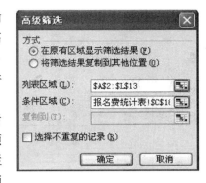

设置参与筛选的条件区域"与"及"或"筛选后的效果对比：单击"确定"按钮，将按照设置的选项显示筛选结果。如需取消高级筛选，可单击菜单栏"数据"→"筛选"→"全部显示"命令，即可取消高级筛选。

图2-2-9 "高级筛选"对话框

四、利用分类汇总统计报名费

分类汇总就是将表格中某一字段分类，并分别为该字段各类数据按项进行统计汇总。下面我们来学习如何利用分类汇总的方法统计报名表中的费用问题。将报名费统计表中缴费状态为"是"的数据信息筛选出来，另存为一张新表"分类汇总表"，进行分类汇总统计。

1. 建立分类汇总表

在建立分类汇总之前，首先要对表格中的需汇总的字段列进行排序，然后才能进行汇总。

（1）选择需汇总的"级别"字段对其数据排序，然后选择数据区域的任一单元格。

（2）单击菜单栏"数据"→"分类汇总"命令，打开"分类汇总"对话框。如图2-2-10所示。

图2-2-10 "分类汇总"对话框

（3）在"分类汇总"对话框中打开"分类字段"下拉列表，从列表中各字段名中选择已经排过序的"级别"字段名；在"汇总方式"下拉列表中选择"求和"；在"选定汇总项"列表中选择需进行汇总的"金额"字段名复选框。

（4）单击"确定"按钮，完成分类汇总。

2. 分级显示分类汇总表

建立分类汇总的表格，其汇总数据以分级方式来显示，单击分级显示按钮就可按分级方式查看分类汇总数据。在分类汇总表的左侧，可以看到分级按钮。其中各按钮的功能如表 2-2-2 所示。

表 2-2-2　"分类汇总"分级按钮

按钮类型	功　能
1	只显示全部数据的汇总结果的总计结果
2	只显示总的汇总结果和分类汇总结果
3	全部显示
+	展开每级汇总下的数据
-	隐藏每级汇总下的数据

3. 删除分类汇总

选择分类汇总表中的任一单元格，打开菜单栏"数据"→"分类汇总"命令，打开"分类汇总"对话框。在对话框中单击"全部删除"按钮即可删除分类汇总，其表格数据依然保留。

五、利用数据透视表分析已缴费总人数

数据透视是按照需要，以不同的方式在列表中提取数据，并进行统计处理，重新组成新的表格。用数据透视表来完成数据分析，可自动产生相应的报表，省却了设计表格的麻烦。

1. 建立数据透视表

创建数据透视表，可利用数据透视表制作向导来完成透视表。

（1）单击菜单栏"数据"→"数据透视表和数据透视图"命令，打开"数据透视表和数据透视图向导—3 步骤之 1"对话框。如图 2-2-11 所示。

选择"Microsoft Office Excel 数据列表或数据库"及下面的"数据透视表"单选项。单击"下一步"按钮。

（2）打开"数据透视表和数据透视图向导—3 步骤之 2"

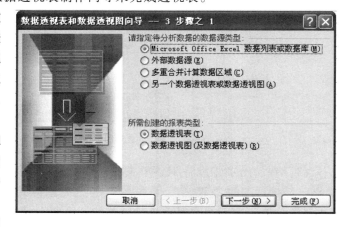

图 2-2-11　"数据透视表和数据透视图向导"对话框

对话框，确定数据区域。

在"选定区域"输入全部数据所在的单元格区域，或者点击输入框右侧的"▦"拾取按钮，在工作表中用鼠标选定数据区域A2：K12。单击"下一步"按钮。

（3）打开"数据透视表和数据透视图向导—3步骤之2"对话框，确定显示位置。

在对话框中选定"现有工作表"单选项，输入或选择放置透视表区域的左上角单元格地址。若需将创建的数据透视表放到一个新的工作表中，可选定"新建工作表"单选项。再点击"完成"按钮。这样，就建立一个空的数据透视表，并同时显示"数据透视表"工具栏和"数据透视表字段列表"对话框。

2. 数据透视表的编辑

完成创建数据透视表后，可通过数据透视表工具栏方便地对透视表进行修改。

根据要求，我们应该得到各级别的已缴费人数。因此，我们应该把"级别"作为行字段，而把缴费状态作为数据项。

从"数据透视表字段列表"中，把"级别"拖到数据透视表左侧"将行字段拖至此处"位置，待鼠标变成"I"字形时释放鼠标左键。

从"数据透视表字段列表"中将缴费状态字段拖至数据透视表中"请将数据项拖至此处"位置，就可以得到各级别、已缴费和未缴费人数，完成数据透视表。

3. 删除数据透视表

如果要删除数据透视表，单击要删除的数据透视表的任意单元格，在"数据透视表"工具栏上单击"数据透视表"按钮，在弹出的下拉菜单中，选择"选定－整张表格"命令，或者用鼠标直接选中整张表格，然后单击"编辑"菜单中的"删除"命令，即可删除透视表。

六、利用数据透视表生成数据透视统计图

数据透视图是以图表的形式呈现，它是动态的，主要用于图形分析。将保健按摩师考试报名信息表以数据透视统计图的形式表示出来，可以更加直观地反映出各级别的考生已缴费和未缴费的人数比例，一目了然。下面制作对应的数据透视图。

1. 插入数据透视图

鼠标定位在数据表中，单击"数据"→"数据透视表及数据透视图"，在打开的"数据透视表和数据透视图向导—3步骤之1"中选择创建数据透视图；单击下一步，在"数据透视表和数据透视图向导—3步骤之2"中选定要建立的数据源；点击下一步，在"数据透视表和数据透视图向导—3步骤之3"中选择新建工作表，单击完成，出现一张数据透视图。

2. 设置字段名

在出现的"数据透视图"chart1中设置字段名。分别拖动字段名称到数据透视图中适当的位置。"级别"拖至分类字段，"缴费状态"拖至系列字段，将"缴费状态"数据项拖至图表区域，如图2－2－12所示。

3. 选择图表类型

选择图表类型为"簇状柱形图"，生成的数据透视图效果。

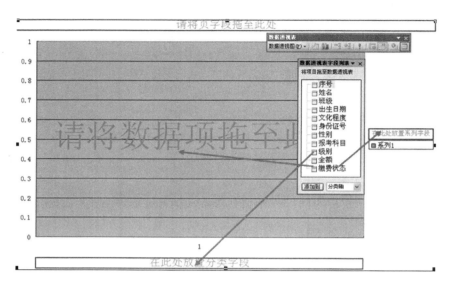

图 2 - 2 - 12　数据透视图添加统计值

任务评价

学习任务完成评价表

班级：＿＿＿＿＿＿　姓名：＿＿＿＿＿＿　项目号：＿＿＿＿＿＿　任务号：＿＿＿＿＿＿　任教老师：＿＿＿＿＿＿

项目	考核项目 （测试结果附后）	记录与分值			
		自测内容	操作难 度分值	自测过程记录	操作自 评分值
作品评价	Excel 2003 的 基本操作	1. Excel 2003 的 启 动 与 退出 2. 创建新的工作簿 3. 保存文档	10		
	Excel 2003 工作 表的录入与格 式化	1. Excel 中文本信息的录入 2. Excel 中数值信息的录入 3. Excel 中内容的格式化 操作	20		

续表

项目	考核项目 （测试结果附后）	记录与分值			
		自测内容	操作难度分值	自测过程记录	操作自评分值
作品评价	Excel 2003 中函数的使用	1. Excel 2003 中求和函数的使用 2. Excel 2003 中 IF 函数的使用 3. MID 函数和 INT 函数的使用	25		
	学生准考证的打印	1. Word 中表格的插入及编辑操作 2. Excel 数据源文件的创建 3. 利用 Word 邮件合并功能完成准考证的生成操作	15		
	Excel 2003 工作表的统计操作	1. 排序筛选操作 2. 分类汇总操作 3. 数据透视表的制作 4. 数据透视图的制作	30		
教师点评记录				作品最终评定分值	

任务拓展

一、课堂操作练习

（1）创建"成绩表"，将标题"期末成绩表"字符格式设置为楷体、26 号、加粗；将表头 A2：K2 区域设置为黑体、14 号、加粗，A3：C14 设置为宋体、12 号。

成绩表

	A	B	C	D	E	F	G	H	I	J	K
1					期末成绩表						
2	序号	班级	姓名	语文	数学	中基	中药	解剖学	总分	平均分	排名
3	1	药剂班	张钰坤	75.0	61.0	61.0	65.0	61.0	323.0	64.6	11
4	2	中医班	宋维平	64.0	65.0	61.0	60.0	62.0	312.0	62.4	12
5	3	护理班	刘小林	81.0	66.0	61.0	78.0	67.0	353.0	70.6	5
6	4	中药班	田国鹏	76.0	68.0	60.0	80.0	64.0	348.0	69.6	6
7	5	中医班	魏 晓	74.0	71.0	60.0	60.0	63.0	328.0	65.6	10
8	6	中医班	姚向蕊	74.0	72.0	60.0	75.0	63.0	344.0	68.8	8
9	7	中药班	杨菊红	75.0	73.0	63.0	62.0	63.0	336.0	67.2	9
10	8	中药班	成明明	74.0	74.0	60.0	78.0	62.0	348.0	69.6	7
11	9	护理班	张 丽	82.0	76.0	60.0	74.0	65.0	357.0	71.4	4
12	10	药剂班	侯雅婷	85.0	78.0	62.0	80.0	64.0	369.0	73.8	2
13	11	中医班	高智博	83.0	79.0	64.0	76.0	63.0	365.0	73.0	3
14	12	护理班	康开瑛	79.0	81.0	69.0	81.0	72.0	382.0	76.4	1

（2）在"成绩表"工作表中将 D3：J14 设置为数值类型，保留一位小数。

（3）在"成绩表"工作表中将 A1：K14 数据区域对齐方式设置为水平居中，垂直居中对齐。

（4）在工作表中为数据区域 A2：K14 设置外边框为粗实线条，内部线为双线条。

（5）计算各学生总分、平均分与排名。

（6）利用"高级筛选"筛选出满足"语文"字段中大于 70 分与"数学"字段中大于 75 分的学生。

（7）在工作表中以 A2：K14 为数据区域创建数据透视表，并放置于当前工作表中。在透视表中以"班级"为行字段，求各门课程的平均值。

二、课后作业

（一）选择题

1. 在 Excel 2003 中，工作簿是指

　　A. 在 Excel 环境中用来存储和处理工作数据的文件

　　B. 图表

　　C. 不能有若干类型的表格共存的单一电子表格

　　D. 数据库

2. Excel 2003 电子表格应用软件中，具有数据的哪项功能

　　A. 增加　　　　B. 删除　　　　C. 处理　　　　D. 以上都对

3. 在 Excel 2003 中，"对齐"标签属于哪个对话框中

　　A. 单元格属性　　　　　　　　B. 单元格格式

　　C. 单元格删除　　　　　　　　D. 以上都不是

4. Excel 2003 中活动单元格是指

　　A. 可以随意移动的单元格

　　B. 随其他单元格的变化而变化的单元格

　　C. 已经改动了的单元格

D. 正在操作的单元格

5. 在 Excel 2003 工作表的单元格内输入数据时，可以使用"自动填充"的方法，填充柄是选定区域哪个位置的小黑方块

A. 左上角   B. 左下角

C. 右上角   D. 右下角

（二）判断题

1. Excel 2003 中一个工作簿文件的工作表的数量是没有限制的。   （   ）

2. 在 Excel 2003 中"删除"和"删除工作表"是等价的。   （   ）

3. 在 Excel 001 中，在某个单元格中输入公式 "＝SUM（＄A＄1：＄A＄10）"或 "＝SUM（A1：A10）"，最后计算出的值是一样的。   （   ）

（董红芸 彭瑞嘉）

任务3 学会医院工资表的管理

任务描述

工资计算是各个行业中获取薪酬时必不可少的一项工作。医学院校学生学会使用 Excel 快速制作员工工资表，进行工资统计计算，既方便今后能够看懂工资条上的项目，又学会了 Excel 在实践工作中的具体应用技能操作。学会医院工资表的管理，其要点如下。

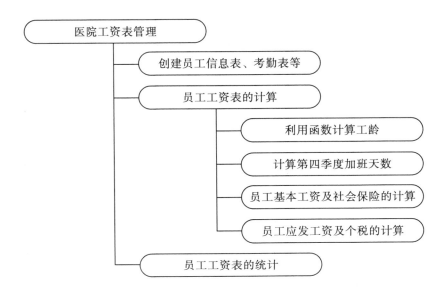

基本要求

1. 知识与技能

（1）知道 Excel 工作表的创建和编辑方法，格式化操作。

（2）学会 Excel 工作表中函数的使用方法。

（3）学会对工资表中社会保险项和个税的计算方法。

（4）学会对工资表中的数据进行统计的方法。

（5）学会利用"图表向导"建立图表。

2. 过程与方法

（1）注重培养学生的数据处理能力，教会学生收集数据、处理数据、分析数据的一般方法，将能力培养渗透到 Excel 操作技能的教学中。

（2）通过动手操作，在学习中体验乐趣，加强学生之间的友谊情感交流，提升学习信息技术课的兴趣。

（3）通过作品评比，调动学生的积极性，增强求知欲望。

3. 情感态度与价值观

（1）学会工资表的管理操作。学生从中获得了成就感，增强了自信心，增强自觉运用信息技术解决实际问题的意识。

（2）亲身体验 Excel 强大的运算功能，提高学生的学习兴趣，通过系统学习培养学生严谨的求学态度和不断探究新知识的欲望。

任务分析

工资是单位在一定时间内直接支付给本单位员工的劳动报酬，若用手工进行工资核算，需占用财务人员大量的精力和时间，并且容易出错，采用计算机进行工资核算可以有效提高工资核算的准确性和及时性。本实例中创建员工基本信息表、出勤表、工资表等，计算其中的相关数据，对工资数据进行查询与汇总分析，并生成工资条的形式。学生通过工资表的管理操作掌握 Excel 的实际操作技能，体会到其强大的数据统计、分析功能，为今后自觉应用信息技术解决实际问题打下良好的基础。利用 Excel 2003 来对医院工资表管理操作主要包括：①工作表的创建与保存。②工作表中数据的输入与编辑。③Excel 工作表中函数的使用。④Excel 工作表中数据的统计及图表操作。

任务实施

一、用日期与时间函数计算工龄

1. 完成医院员工信息表设计

（1）新建工作簿。启动 Excel 2003 电子表格程序，并按快捷键"Ctrl + S"，把文件保存为"医院工资表.xls"。将其中的"sheet1"更名为"医院员工信息表"。

（2）输入工作表中的信息。①输入标题：选取 A1 单元格，输入"医院员工信息表”。②输入文本型数据：文本输入默认在单元格中左对齐。通过键盘按图示输入文本数据。③输入数值：数值输入后默认在单元格中右对齐（图 2－2－13）。

A10 | 008

	A	B	C	D	E	F
1	医院员工信息表					
2	工牌号	姓名	所在部门	职称	入职时间	工龄
3	001	张丹丹	儿科	主任医师	2005-1-1	11
4	002	黄亮	妇科	副主任医师	2004-3-9	12
5	003	王雯	消化科	副主任医师	2008-4-2	8
6	004	郭可可	儿科	主治医师	2008-5-6	8
7	005	朱桃桃	消化科	主治医师	2004-8-9	12
8	006	魏雯瑾	妇科	主治医师	2006-3-9	10
9	007	潘献瑞	儿科	住院医师	2007-4-5	9
10	008	林旭	妇科	住院医师	2006-9-10	10
11	009	王益文	妇科	住院医师	2008-11-3	7
12	010	杜卓丽	消化科	住院医师	2009-12-9	6

图 2－2－13 输入工作表信息

（3）工作表中数据的格式化。工作表录入完成后，对工作表进行简单的格式化操作，可使工作表更加美观、清晰。

1）标题栏设置：合并 A1：K1 单元格，设置标题文本格式，字体大小 18，加粗、文字居中，行高为 20。

2）表格内容设置：字体为宋体，大小为 11；把列宽拉到合适位置。A3：A25 区域设置为“文本”格式，G3：J25 区域设置为“会计专用”格式。将“员工编号”、“姓名”、“性别”、“部门”、“职务”列数据的内容水平居中对齐。

课堂互动 单元格内数据的显示为“####”，是怎么回事？

当列宽较窄时，数据不能完整显示，会出现#效果，改变方法为增大列宽，数据就能完整显示。如“入职时间”列。

3）表格边框线设置：给整个表格 A2：K25 加上外边框线和内部边框线。

2. 利用函数计算职工工龄

函数 FLOOR（x）功能是“向下舍入”，即取不大于 x 的最大整数（与“四舍五入”不同）。操作方法：选中 E3 单元格，输入“＝FLOOR（DAYS360（E3，TODAY（））/365，1）”，计算出第一位职工的工龄，利用自动填充对 E 列其他单元格进行公式复制计算出所有职工的工龄。其中，DAYS360（E3，TODAY（））表示从入职日至今天的“总天数”，“总天数”/365 为“年数”，FLOOR 函数的目的是对“年数”进行四舍五入。

备注 工龄计算中以当年的年份为准，实际应用中应考虑这点。

注意：实践中，由于电子版的工资表也要存档，所以切记不要使用类似“＝today（）”等自动取日期的公式，当月虽说简便，但是日后你或者不知情的同事打开查阅，又好心的帮你点了一下存盘，那么里面的内容数据会更新，这可不是我们想要的。

二、计算第四季度加班天数

医院工作人员因为工作需要加班，按照医院的职责制度，应该有一定的报酬。因此使用 Excel 制作出一张加班统计表，将第四季度每个月的加班天数进行统计，核实后计算为该职工的加班补助。

（1）创建加班统计表。

（2）加班统计表数据录入及编辑。①设置工作表：将"sheet2"工作表重命名为"四季度加班统计表"。②设置标题：A1 输入"加班统计表"，合并 A1：F1 单元格区域，设置标题文本格式，宋体，18 磅，加粗等。③导入数据：工作表的列名称定义为"工牌号""姓名""十月加班（天）""十一月加班（天）""十二月加班（天）""四季度加班（天）"。其中格式的设置为字体黑体，字号大小 11 磅。从之前创建的"医院员工信息表"中导入员工的基础信息如工牌号、姓名等；从之前的考勤表中统计员工在各月的加班天数，分别将员工在十月、十一月、十二月的加班天数导入到"四季度加班统计表"中。④设置工作表格式：整张工作表中数据居中对齐，加入表格外边框线及内边框线。

（3）加班统计表计算。计算出所有员工的四季度加班的总天数。①手工计算：直接在单元格中输入。先选择输入函数单元格 F3，输入一个"="表示公式的开头，再输入需相加的数值，这里用单元格的地址代替单元格中的内容，按下 Enter 键，将会显示运算后所得结果。②使用函数进行计算：先选择需要输入函数的单元格 F3，单击编辑栏中的"插入函数"按钮，打开"插入函数"对话框。在该对话框左侧的"函数分类"列表框中选择所需的函数分类，再在右侧的"函数名"列表框中选择要使用的函数。

单击确定按钮后，打开"函数参数"对话框。接下来向函数中添加参数，在参数框中输入数值、单元格引用或区域，或者用鼠标在工作表中选择区域。当输入函数所需参数后，公式的结果将出现在对话框最下方"计算结果"区域。确定后，单元格中显示结果，编辑栏中显示得出结果所用的公式。

三、计算基本工资及社会保险工作表的各项内容

单位员工的工资即薪资是员工付出相应劳动后所获得的薪酬。创建工作表"员工工资表"。工作表中加入职工的基本信息，工牌号、姓名、所在部门、入职时间、工龄、基本工资、岗位工资、工龄工资、加班费、应发工资等列项。

1. 职工应发工资

（1）基本工资：员工的基本工资是根据劳动合同约定或国家及企业规章制度规定的工资标准计算的工资。在一般情况下，基本工资是职工劳动报酬的主要部分。这里我们设置了基本工资表，如表 2-2-4 所示。

（2）岗位工资：员工的岗位工资与其职称对应，在一些单位，尤其是财政拨款的事业单位，职称与工资待遇直接挂钩。不同职称的工资待遇，其"岗位工资"会有所差别。职称的级别越高，工资待遇也不同。这里我们设置了岗位工资表，如表 2-2-5 所示。

表 2 - 2 - 4　基本工资一览表

职务	主任医师	副主任医师	主治医师	住院医师
基本工资（元）	2100	1900	1800	1700

表 2 - 2 - 5　岗位工资一览表

职务	主任医师	副主任医师	主治医师	住院医师
岗位工资（元）	2000	1500	1300	1200

（3）工龄工资：企业按照员工的工作年数即员工的工作经验和劳动贡献的积累给予的经济补偿。这里我们设置工龄每增加一年，每月工龄工资相应增加 100 元整。即工龄工资为相应的工作年限 * 100。

（4）加班费：加班工资是指劳动者按照用人单位生产和工作的需要在规定工作时间之外继续生产劳动或者工作所获得的劳动报酬。这里设置加班工资为 300 元/天 * 加班天数。

2. 社会保险方面

社会保险方面主要是用于统计员工养老保险、医疗保险、住房公积金等应扣工资的表格。根据社会保险和医疗保险的缴纳比例，员工个人应支付工资总额的 8% 作为养老保险费，2% 的医疗保险费、8% 的住房公积金等。应发工资所在单元格为 J3，养老保险费即为 K3 = J3 * 0.08；医疗保险费即为 L3 = J3 * 0.02；住房公积金即为 M3 = J3 * 0.08；利用填充柄计算出所有员工的养老保险费及医疗保险费。

四、计算职工工资总表工作表中的应发工资

员工工资总表中的应发工资是员工的基本工资、岗位工资、工龄工资及加班费四项的和。如计算职工 10 月份工资。

基本工资：参照表 1 的设置填入所有员工的基本工资。

岗位工资：参照表 2 的设置填入所有员工的岗位工资。

工龄工资：设置为相应的工作年限 * 100，利用公式计算所有员工的工龄工资。

加班费：引用考勤表中的数据，设置加班工资为 300 元/天 * 加班天数。利用公式计算所有员工的加班工资。

1. 应发工资的计算

（1）公式计算：选择 J3 单元格，输入 " = "，表示此时对单元格输入的内容是一条公式。输入公式的内容 " = F3 + G3 + H3 + I3"，按下 "Enter" 键或选择编辑栏上的 "确认" ✓ 。

（2）函数计算：选择 J3 单元格，单击编辑栏上的 *fx*，选择 SUM 求和函数，参数范围为 F3：I3，按回车键即可。利用填充柄拖动的方法计算其他员工的应发工资。

2. 社会保险的计算

（1）养老保险：员工个人应支付工资总额的 8% 作为养老保险费。

（2）医疗保险：员工个人应支付工资总额的 2% 作为医疗保险费。

（3）住房公积金：员工个人应支付工资总额的 8% 作为住房公积金。

应发工资所在单元格为 J3，养老保险费即为 K3 = J3 * 0.08；医疗保险费即为 L3 = J3 * 0.02；住房公积金即为 M3 = J3 * 0.08；利用填充柄计算出所有员工的养老保险费及医疗保险费。

五、用 VLOOKUP 函数的模糊查找计算个人工资条

个人所得税是对个人（自然人）取得的各项收入所得征收的一种所得税。国内个人所得税 2011 年 9 月 1 日起起征点为 3500 元。

个人所得税计算公式：应缴纳的个税 ＝ ［（应发工资 － 三金） － 3500］ ×税率 － 速算扣除数。

个人所得税税率表见表 2 － 2 － 6 所示。

表 2 － 2 － 6 　个人所得税税率表

全月应纳税所得额	税率	速算扣除数（元）
全月应纳税额不超过 1500 元	3%	0
全月应纳税额超过 1500 元至 4500 元	10%	105
全月应纳税额超过 4500 元至 9000 元	20%	555
全月应纳税额超过 9000 元至 35 000 元	25%	1005
全月应纳税额超过 35 000 元至 55 000 元	30%	2755
全月应纳税额超过 55 000 元至 80 000 元	35%	5505
全月应纳税额超过 80 000 元	45%	13 505

1. 计算个税

利用公式计算：选择 N3 单元格，输入 " ＝"，表示此时对单元格输入的内容是一条公式。输入公式的内容 " ＝ IF((J3 － (K3 + L3 + M3) － 3500) ＜ 0, 0, (J3 － (K3 + L3 + M3) － 3500) * 0.03)"，按下 "Enter" 或选择编辑栏上的 "确认" ✔。这里的公式表示的是：应发工资 － （养老保险 ＋ 医疗保险 ＋ 住房公积金） － 3500；实际应发工资减去三金之后，以 3500 元为界，若未超出则不扣税；若超出，但未超过 1500，按照 3% 的税率纳税。若本例中第一位职工张丹丹应发工资为 5200 元，养老保险 8%、医疗保险 2%、住房公积金 8%），那么 "应纳税额" ＝ 5200 － 5200x （8% ＋ 2% ＋ 8%） － 3500 ＝ 764 元。查上表可知，与 764 元对应的税率和速算扣除数分别为 3% 和 0，因此个税 ＝ 764 * 3% － 0 ＝ 22.92 元。也就是说，月工资 5200 元需要缴纳个人所得税 22.92 元。虽然最后实际到手只有 4241.08 元，但至少知道了，"少了的钱" 几乎都用来缴纳社会保险和住房公积金了，只有极少一部分用来缴纳个税而已。

2. 实发工资的计算

实发工资就是扣除了缴纳项后的实际领到手的薪资。即实发工资 ＝ 应发工资 － 养老保险 － 医疗保险 － 住房公积金 － 个税。

（1）公式计算：选择 O3 单元格，输入 " ＝"，表示此时对单元格输入的内容是一条公式。输入公式的内容 " ＝ I3 － J3 － K3 － L3 － M3"，按下 "Enter" 或选择编辑栏上的 "确认" ✔。

（2）函数计算：选择 O3 单元格，单击编辑栏上的 f_x ，选择 SUM 求和函数，"＝SUM（F3：I3）－SUM（K3：N3）"按回车键即可。利用填充柄拖动的方法计算其他员工的实发工资。

3. 用 VLOOKUP 函数引用数据

根据"员工工资表"创建各个员工的工资条，此工资条为应用 VLOOKUP 函数建立，以员工张丹丹（工牌号 001）的工资条为例说明。

（1）在 A20 单元格处拷贝标题栏。工牌号、姓名、入职时间、工龄及工资的各项。

（2）在工牌号（A21）写入 001，张丹丹员工的工牌号。

（3）在姓名（B21）创建公式，用 VLOOKUP 函数引用数据。

VLOOKUP 函数是 Excel 中的一个纵向查找函数，它是按列查找，最终返回该列所需查询列序所对应的值；简单用两个词来归纳——查找和粘贴。函数的语法规则如下。

VLOOKUP（lookup_value，table_array，col_index_num，range_lookup），参数说明见表 2-2-7 示。

表 2-2-7　VLOOKUP 函数参数说明

参数	简单说明	输入数据类型
lookup_value	要查找的值	数值、引用或文本字符串
table_array	要查找的区域	数据表区域
col_index_num	返回数据在查找区域的第几列数	正整数
range_lookup	近似匹配／精确匹配	TRUE（或不填）/FALSE。若为 TRUE 将查找近似匹配值；若为 false，则返回精确匹配，如找不到，则返回错误值 #N/A

本例中公式输入如下："＝VLOOKUP（$A21，$A$3：$O$12，2，false）"。语法解释：$A$3：$O$12 范围内（即工资表中）精确找出与 A21 单元格相符的行，并将该行中第二列的内容计入单元格中。

（4）依此类推，在随后的单元格中写入相应的公式。这样就从"医院员工工资表"中引用出来第一位员工的工资信息，显示出来第一位员工的工资条。

若想显示出来其他某位员工的工资条，只需输入需要查找的员工的工牌号，这样该位员工的工资信息也将会对应地显示出来。

六、在工资表中进行统计

对员工的工资表进行分析统计。

1. 数据排序

工作表中数据一般按照数据输入时的自然顺序排列。数据排序是按照一定的规则对数据进行重新排列。

按照排序时参照的关键字的个数，分为简单排序和多重排序。这里对工资表进行简单排序。选择"所在部门"列"升序"排序。

2. 数据筛选

筛选是指从工作表中选择满足条件的记录，把不需要的数据暂时隐藏起来，这样更加方便对数据的阅读。根据筛选条件不同分为自动筛选和高级筛选。

（1）自动筛选：适用于简单的筛选条件。

单击数据区域中的任一单元格；选择“数据→数据筛选→自动筛选”命令，此时每列字段名的右侧出现一个下拉列表按钮。

（2）选择“自定义”选项，将弹出“自定义自动筛选方式”对话框。

设置筛选条件，个税大于0的员工即扣税职工名单。

高级筛选是根据多个条件来筛选，并允许把满足条件的记录复制到工作表的另一个区域中，原数据区域保持不变。这里省略。

3. 分类汇总

分类汇总是分析数据表的常用方法。将表格中指定的字段进行分类，然后统计该字段中同一类记录的有关信息。

分类汇总时可进行求和、求平均值、计数等分类汇总计算，并自动插入带有汇总信息的行，可以分级显示分类汇总结果和明细。按分类字段排序：按员工所在部门排序。选择数据→分类汇总，弹出分类汇总对话框。

分类字段列表框中选择“所在部门”；在汇总方式列表框中选择“平均值”；在选定汇总项列表框中选择要汇总的字段“实发工资”，单击“确定”，显示按部门计算平均工资，如图 2－2－14 所示。

若要删除分类汇总，则在打开的“分类汇总”对话框中选择“全部删除”即可。

医院员工工资表

工牌号	姓名	所在部门	入职时间	工龄	基本工资	岗位工资	工龄工资	加班费	应发工资	养老保险	医疗保险	住房公积金	个税	实发工资
001	张丹丹	儿科	2005-1-1	11	2100	2000	1100	0	5200	416	104	416	22.92	4241.08
004	郭可可	儿科	2008-5-6	8	1800	1300	800	0	3900	312	78	312	0	3198
007	潘献瑞	儿科	2007-4-5	9	1700	1200	900	0	3800	304	76	304	0	3116
		儿科 平均值												3518.36
002	黄亮	妇科	2004-3-9	12	1900	1500	1200	300	4900	392	98	392	15.54	4002.46
006	魏雯瑾	妇科	2006-3-9	10	1800	1300	1000	900	5000	400	100	400	18	4082
008	林旭	妇科	2006-9-10	10	1700	1200	1000	0	3900	312	78	312	0	3198
009	王益文	妇科	2008-11-3	7	1700	1200	700	0	3600	288	72	288	0	2952
		妇科 平均值												3558.615
003	王雯	消化科	2008-4-2	8	1900	1500	800	0	4200	336	84	336	0	3444
005	朱桃桃	消化科	2004-8-9	12	1800	1300	1200	0	4300	344	86	344	0.78	3525.22
010	杜卓丽	消化科	2009-12-9	6	1700	1200	600	300	3800	304	76	304	0	3116
		消化科 平均值												3361.74
		总计平均值												3487.476

图 2－2－14　汇总效果示例图

4. 图表分析

图表是工作表数据的图形表示。图表对事物间数量关系的表达比表格更直观、更形象，工作表中的数据即是绘制图表的数据源，当工作表中的数据变化时，图表中的数据也自动变化。

课堂互动　不连续区域的单元格范围如何选取呢。

（1）创建图表：创建图表前，应先选定用于创建图表的数据区域。这里选择“医院员工工资表”中的 B2：

C12 和 O2：O12 单元格区域。

选择常用工具栏上的"图表向导"按钮 ，在打开的"图表向导－4 步骤之 1－图表类型"对话框中选择折线图。单击"下一步"，弹出"图表向导－4 步骤之 2－图表源数据"对话框，选择系列产生在列。

单击"下一步"，弹出"图表向导－4 步骤之 3－图表选项"对话框。修改图表标题为"员工工资表图表"，分类轴写"姓名"，数值轴写"工资"。

单击"下一步"，弹出"图表向导－4 步骤之 4－图表位置"对话框。选择"作为其中的对象插入"使其成为"嵌入式图表"。

单击"完成"，图表将显示在工作表内。图表创建好后，可对图表进行美化操作。

（2）图表美化：具体如下。

1）移动图表和调整大小：单击图表区域，选定图表，被选定的图表周围有 8 个黑色的不方块，在图表区域内按下鼠标左键并拖动，既可以移动图表的位置。反鼠标指针移到图表右下角的黑色小方块上，当鼠标指针变成双箭头时，按下左键拖动，可以改变图表的大小。

2）修改图表内容及格式：修改图表的标题，可以先单击图表的标题，然后拖动标题边框，能移动标题的位置；在标题框内单击，可以修改标题的内容。双击标题边框，出现图表标题格式对话框，在图案选项卡中，可以设置图表标题的边框、颜色。

右击图表的空白处→选择图表区格式可以设置图案和字体；右击图表的空白处→选择图表类型可以设置图表的类型；右击图表的空白处→选择数据源可以重新选择数据区和系列；右击图表的空白处→选择图表选项可以重新对标题、坐标轴、网格线、图例、数据标志和数据表分别做设置。

任务评价

学习任务完成评价表

班级：＿＿＿＿ 姓名：＿＿＿＿ 项目号：＿＿＿＿ 任务号：＿＿＿＿ 任教老师：＿＿＿＿

项目	考核项目 （测试结果附后）	记录与分值			
		自测内容	操作难度分值	自测过程记录	操作自评分值
作品评价	Excel 2003 的基本操作	1. Excel 2003 的启动与退出 2. 创建新的空白工作簿 3. 保存工作簿	20		

续表

项目	考核项目 （测试结果附后）	记录与分值			
		自测内容	操作难度分值	自测过程记录	操作自评分值
作品评价	Excel 2003 文档的录入与编辑	1. Excel 2003 中工作表"员工信息"内容的录入与编辑 2. Excel 2003 中"考勤表"内容的录入与编辑 3. Excel 2003 "工资表"的录入与编辑	20		
	Excel 2003 使用函数计算	1. Excel 2003 中 FLOOR 函数的使用 2. Excel 2003 中求和函数的使用 3. Excel 2003 中用 VLOOK-UP 函数引用数据	30		
	Excel 2003 数据统计	1. 数据排序 2. 数据筛选 3. 分类汇总 4. 图表分析	30		
教师点评记录				作品最终评定分值	

任务拓展

一、课后作业

（一）选择题

1. Excel 2003 的主要功能是

　　A. 电子表格、文字处理、数据库管理

B. 电子表格、网络通讯、图表处理

C. 工作簿、工作表、图表

D. 电子表格、数据库管理、图表处理

2. Excel 中，让某单元格里数值保留两位小数，下列哪项不可实现

A. 选择菜单"格式"，再选择"单元格..."命令

B. 选择单元格单击右键，选择"设置单元格格式"

C. 选择工具条上的按钮"增加小数位数"或"减少小数位数"

D. 选择"数据"菜单下的"有效数据"

3. 在 Excel 2003 编辑时，若删除数据选择的区域是"整行"，则删除后，该行

A. 仍留在原位置   B. 被上方行填充

C. 被下方行填充   D. 被移动

4. 在 Excel 2003 中，输入 1/2，则会在单元格内显示

A. 1/2   B. 1 月 2 日   C. 0.1   D. 1.2

5. 在 Excel 2003 中，下列输入的数据是负数的是

A. '12345   B.（12345）   C. "12345"   D. 12345

（二）判断题

1. Excel 2003 将工作簿的每一张工作表分别作为一个文件来保存。 （ ）

2. 在 Excel 2003 中，如果在工作表中插入一行，则工作表中的总行数将会增加 1 个。 （ ）

3. 在 Excel 2003 中，在分类汇总前，需要先对数据按分类字段进行排序。 （ ）

（董红芸 彭瑞嘉）

项目 3　中文 PowerPoint 2003 应用

任务 1　学会医学健康教育 PPT 制作

任务描述

"医学健康教育 PPT"是通过健康教育演示文稿的介绍，帮助学生树立正确的健康观念、自觉自愿采纳有利于健康行为和生活方式的活动，从而消除或减轻影响健康的危险因素，预防疾病，促进健康，提高生活质量。通过用 PowerPoint 2003 就可以满足制作要求，其要点如下。

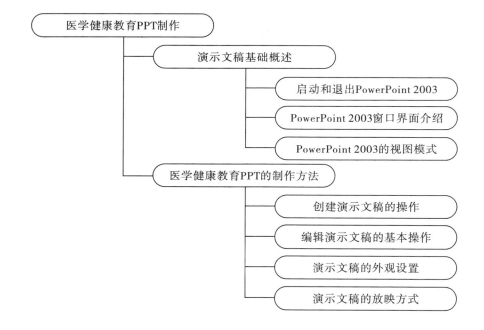

基本要求

1. 知识与技能

（1）知道 PowerPoint 2003 的基本功能、启动与关闭方法。

（2）知道演示文稿的不同视图模式的特点。

（3）学会演示文稿的创建、保存方法。

（4）学会幻灯片的插入、删除、移动、复制的基本操作。

（5）学会幻灯片中多种不同对象的编辑方法。

（6）学会幻灯片母版的使用，背景设置和设计模板的应用。

（7）学会演示文稿的放映操作。

2. 过程与方法

（1）通过观看、欣赏 PPT 范例作品，激发学生的学习兴趣，结合任务认识 PowerPoint 的窗口，掌握幻灯片的制作方法，在实践过程中达成技能的形成。

（2）通过动手操作，加深对所学知识的印象，巩固学习成果。

3. 情感态度与价值观

（1）学习利用 PowerPoint 制作一些能展示自己风采、想法的作品，感受到该款软件在实际生活中的应用。

（2）教师在教学中不断激发并强化学生的学习兴趣，引导他们逐步将兴趣转化为学习动机，树立自信心，养成健康向上的品格。

任务分析

健康是人生最宝贵的财富，追求健康就是社会文明的表现。"医学健康教育 PPT"文稿由六张幻灯片组成，里面插入了多种不同的对象，应用了幻灯片的外观设置等内容进行制作。制作过程中，对学习内容进行整合，拓展学习空间，丰富学生体验，并使学生的想象力、创造力和知识整合能力得到培养，促进学生综合素质的发展。学生学会制作健康教育 PPT 后，不但有利于掌握 PowerPoint 2003 的实用操作技能，培养学生的团结协作和互相交流的团队精神，养成严谨工作的优良作风，也利于学生了解相关的医学健康知识，提高自身对健康的重视程度。

利用 PowerPoint 2003 来制作"医学健康教育 PPT"的操作主要包括：①创建 PowerPoint 2003 演示文稿。②掌握演示文稿的基本操作，如幻灯片的管理，文本编辑等。③演示文稿的外观设置。④演示文稿的放映方式设置。

任务实施

一、制作医学健康知识讲座演示文稿的基础概述

PowerPoint 2003 是 Microsoft Office 2003 组件之一，通过它可以制作出集文字、表格、图形、图像、动画、声音、视频剪辑等多媒体元素于一体的演示文稿。用其制作的演示文稿，图文并茂、形象生动、主次分明，主要用于产品介绍、知识讲座、课堂教学等。PowerPoint 做出来的东西叫演示文稿。演示文稿中的每一页就叫幻灯片，每张幻灯片都是演示文稿中既相互独立又相互联系的内容。

> **课堂互动**　还有别的创建 PowerPoint 2003 文稿的方法吗？

1. 启动和退出 PowerPoint 2003

启动和退出 PowerPoint 2003 的步骤如下。

（1）单击 Windows XP 操作系统的任务栏中的"开始"菜单按钮，以显示开始

菜单。

（2）单击"所有程序"→"Microsoft Office"→"Microsoft PowerPoint 2003"命令，启动 PowerPoint 2003，自动创建一个空白的演示文稿。若要退出，单击"文件"菜单，选择"退出"命令。

2. PowerPoint 2003 窗口界面

启动 PowerPoint 2003 中文版可以打开如图 2－3－1 所示的应用程序窗口。其窗口中的标题栏、菜单栏、工具栏、状态栏、任务窗格与 Word 窗口相似，操作方法也类似。

图 2－3－1　PowerPoint 2003 界面

（1）标题栏：显示出软件的名称（Microsoft PowerPoint）和当前文档的名称（演示文稿1）；在其右侧是常见的"最小化、最大化/还原、关闭"按钮。

（2）菜单栏：通过展开其中的每一条菜单，选择相应的命令项，完成演示文稿的所有编辑操作。其右侧也有"最小化""最大化/还原""关闭"三个按钮，不过它们是用来控制当前文档的。

（3）工具栏："常用"工具条将一些最为常用的命令按钮，集中在本工具条上，方便调用。"格式"工具条将用来设置演示文稿中相应对象格式的常用命令按钮集中于此，方便调用。

（4）任务窗格：位于演示文稿编辑区右侧，它可以方便地处理经常执行的任务，每种任务下均设置许多选项和按钮供选用，节省了搜索相关命令的时间。单击任务窗格右上角的下拉按钮，可在弹出的任务菜单中选择需要的任务类型。

（5）幻灯片窗格：可直接在该窗格编辑幻灯片的内容，制作出一张张图文并茂的幻灯片。

（6）备注窗格：对幻灯片的解释、说明等备注信息在此窗格中输入与编辑。

（7）大纲窗格：以两种模式"大纲"或"幻灯片"显示。选择大纲窗格上方的"幻灯片"选项卡，可以显示各幻灯片缩略图；选择"大纲"选项卡，可以显示各幻灯片的标题与正文信息。

（8）状态栏：位于窗口底部。在"普通"视图中，主要显示当前演示文稿中幻灯片总数及当前幻灯片的位置和采用的幻灯片设计模板。

3. PowerPoint 2003 视图模式

不同的视图提供给用户观看演示文稿的不同方式，了解不同视图之间的区别有助于高效率地编辑和修改演示文稿。PowerPoint 2003 提供了 6 种视图，分别是普通视图、幻灯片视图、大纲视图、幻灯片浏览视图、幻灯片视图和备注页视图。

切换视图的方法有：利用"视图"菜单或利用窗口界面左下角的视图按钮 回 品 旦 实现。

（1）普通视图：PowerPoint 的默认视图方式，是编辑文稿时最常用的一种视图。它将幻灯片视图、大纲视图和备注页视图集成到一个视图中，在此视图中可以处理文本、声音、动画和其他效果，能满足普通用户大部分编辑的需要，因此用户最常使用的是普通视图。

普通视图有三个工作区：左侧用来切换以幻灯片/大纲视图的选项；右侧是幻灯片窗格，用来显示当前幻灯片；底部是备注窗格。

（2）幻灯片浏览视图：显示了当前演示文稿的全部幻灯片，可以提供幻灯片整理浏览功能，当需要对所有的幻灯片进行整理编排或次序调整时，建议使用幻灯片浏览视图。但在幻灯片浏览视图中不能对幻灯片的具体内容进行编辑。

（3）幻灯片放映视图：以全屏幕形式显示幻灯片，用于将完成的演示文稿进行屏幕预演以及正式演示。单击视图按钮中的"幻灯片放映"按钮，将从当前幻灯片开始逐张播放幻灯片。

在放映过程中，可以用绘图笔加入临时的记号，也可以方便地切换到指定幻灯片。右击鼠标会弹出放映控制菜单，利用它可以改变放映顺序；按 Esc 键结束放映返回 PowerPoint 窗口。

（4）备注页视图：显示当前幻灯片及其备注内容。在此视图中不能编辑幻灯片内容，只能输入和编辑备注，供作者记录创作思路及参考信息之用，在放映演示文稿时不会显示。这种视图并不常用，因此没有出现在屏幕左下部视图转换按钮中。

二、创建医学健康知识讲座演示文稿

新建演示文稿时，在 PowerPoint 2003 窗口右侧的任务窗格中，选择"开始工作"任务窗格。"开始工作"下方打开栏下的"新建演示文稿"，出现"新建演示文稿"任务窗格。下面介绍几种演示文稿的创建方法。

1. 用空演示文稿创建演示文稿

（1）单击"新建演示文稿"任务窗格中的新建"空演示文稿"，如图 2-3-2 所示，出现"幻灯片版式"任务窗格，选择适当的幻灯片版式，然后在幻灯片占位符处输入有关文本或插入图片等。必要时设计幻灯片的背景及配色方案。本例中选择"文字版式"中的"标题幻灯片"，在添加标题位置处，输入"医学健康教育"，副标题位置处输入时间，完成第一张幻灯片的制作。

（2）第一张幻灯片制作好后，单击"插入"菜单下的"新幻灯片"命令或格式工具栏上的新幻灯片按钮，将在当前幻灯片后面插入一张新幻灯片，为新幻灯片选择标题和文本版式，并添加内容。完成第二张幻灯片的制作。重复前两个步骤，直到完成全部幻灯片的制作。

图 2 - 3 - 2　选择幻灯片版式

2. 通过"设计模板"新建文稿

设计模板是事先设计好的一组演示文稿的样式框架，用户可以选择自己喜欢的设计模板，并在相应位置填充所需内容即可。

（1）在"新建演示文稿"任务窗格的新建栏中选择"根据设计模板"，进入"幻灯片设计"任务窗格。在该窗格中可以查看各应用设计模板，单击选中的模板，就可以将该模板应用于当前幻灯片。本例中可选择的模板为"profile"。

（2）单击任务窗格右上角的下拉按钮，从中选择"幻灯片版式"项，出现"幻灯片版式"任务窗格。其中有文字版式、内容版式、文字和内容版式及其他版式等多种类型的幻灯片版式可供选择。单击所需版式，可以看到幻灯片版式的变化。根据幻灯片的版式布置，在普通视图下，幻灯片指定位置出现"占位符"，占位符表示该位置将输入文本或插入其他内容。本例中选择幻灯片版式为文字版式中的标题幻灯片。输入主标题内容"医学健康教育"，副标题内容输入时间。完成第一张幻灯片的制作。

（3）第一张幻灯片制作好后，单击"插入"菜单下的"新幻灯片"命令，将在当前幻灯片后面插入一张新幻灯片。为新幻灯片选择标题和文本版式，并添加内容。完成第二张幻灯片的制作。重复前两个步骤，直到完成全部幻灯片的制作。

3. 通过"内容提示向导"新建文稿

"内容提示向导"是一种创建演示文稿的快捷方式，适合初学者。它引导用户逐步完成演示文稿框架的创建，如演示文稿类型的选择、演示文稿输出类型的选择和确定演示文稿的各种选项（如标题、幻灯片制作日期等）。

在"新建演示文稿"任务窗格的"新建"栏中选择"根据内容提示向导"命令，

进入内容提示向导对话框，按照向导的提示，一步步创建自己所需类型的演示文稿。

4. 演示文稿的保存

单击文件菜单，选择保存命令，打开"另存为"对话框，选择文件的"保存位置"，输入文件名称，尽可能为演示文稿取一个便于理解的名称，便于以后的查找操作，然后按下"保存"按钮或采用快捷键"Ctrl + S"，将文档保存起来。

> **课堂互动** Power-Point 2003 演示文稿的加密保存操作

在"另存为"对话框中，按右上方的"工具"按钮，在随后弹出的下拉列表中，选择"安全选项"，打开"安全选项"对话框，在"打开权限密码"或"修改权限密码"中输入密码，确定返回，再保存文档，即可对演示文稿进行加密。注意：设置了"打开权限密码"，以后要打开相应的演示文稿时，需要输入正确的密码；设置好"修改权限密码"，相应的演示文稿可以打开浏览或演示，但是不能对其进行修改。两种密码可以设置为相同，也可以设置为不相同。

三、医学健康教育知识讲座演示文稿的基本操作

1. 幻灯片管理

幻灯片的管理是指如何插入、删除、复制、移动演示文稿中的幻灯片。由于"幻灯片浏览"视图可以同时显示多张幻灯片的缩略图，因此便于进行幻灯片的管理操作。

> **课堂互动** 若在占位符以外的位置插入文本信息怎么办？

（1）选定幻灯片。①单张幻灯片的选定：鼠标单击相应的幻灯片。②连续多张幻灯片选定：单击起始的第一张幻灯片，按住"Shift"键，并单击最后一张幻灯片，则可选中这两张幻灯片之间的所有幻灯片。③不连续多张幻灯片的选定：按住"Ctrl"键，并单击需选择的幻灯片。④全部幻灯片的选定：单击"编辑"下的"全选"命令或按住"Ctrl + A"。

（2）插入或删除幻灯片。①插入新幻灯片：单击"插入"下的"新幻灯片"命令，并选择一种幻灯片版式。②删除幻灯片：选中需删除的幻灯片，单击"编辑"下的"删除幻灯片"命令。

（3）复制或移动幻灯片。①移动幻灯片：用鼠标拖曳幻灯片，此时幻灯片缩略图之间有一条表示插入位置的指示线，当指示线到达所要移动的目标位置后松开鼠标。也可用"Ctrl + X"和"Ctrl + V"实现。②复制幻灯片：选中要复制的幻灯片，按住"Ctrl"键的同时，用鼠标拖曳至目标位置，松开鼠标。也可用"Ctrl + C"和"Ctrl + V"实现。

2. 文本编辑

文本内容是演示文稿的基础。虽然图片、表格、多彩的背景等对演示文稿增色不少，但表达实质内容的还是依靠幻灯片的文本。

（1）文本输入。启动 PowerPoint 2003 后，选择"新建演示文稿任务窗格"中的"空演示文稿"，会自动创建一张空白的幻灯片，默认为文字版式中的"标题幻灯片"，输入第一张幻灯片的内容。文本内容的输入是输入到占位符中的。直接单击占位符，

出现闪烁的插入点，输入所需文本内容。

第一张幻灯片字体格式设置。主标题格式设置：黑体，40磅，加粗，文字阴影；副标题格式设置：黑体，28磅，加粗，文字阴影；注意：在做字符格式设置时，一定要"先选定，后操作"。

第二张幻灯片是纯文本信息，观察其中的内容可发现，幻灯片版式选择文字版式中的标题和内容，输入其中的文本信息。其中标题格式设置：黑体，38磅；正文格式设置：华文楷体，20磅。正文行距设置为"1.2行"。

设置行距即为设置段落中行与行之间的距离。选择要设置行距的文本，单击"格式"菜单下的"行距"，打开的"行距对话框"。输入行距值，单击"确定"按钮。

（2）插入自选图形和图片。演示文稿常输入文本内容外，往往还要插入一些图片，从而使幻灯片丰富多彩。利用PowerPoint中的绘图工具，可在幻灯片上绘制一些简单的图形，如直线、矩形、椭圆、基本形状等。常见的插入图形方法有两种：剪贴画和图像文件。

第三张幻灯片版式选择文字版式中的"只有标题"。标题格式设置：黑体，38磅，加粗，文字阴影；下方的内容插入自选图形。单击"视图"菜单下的"绘图"，打开绘图工具栏。

单击"绘图工具栏"中的矩形按钮，在工作区中按住鼠标左键不动，拖动出一个矩形框，松开鼠标左键，画出一个矩形框。鼠标指向矩形框单击右键选择"添加文本"，为矩形框添加文字信息"健康"。再添加其他的矩形框并在其中添加文字信息说明。接下来为两个大矩形框中间添加"燕尾形箭头"，完成设置。

第四张幻灯片版式选择文字和内容版式中的"标题、文本与内容"。标题格式设置：黑体，38磅，加粗，文字阴影；下方的内容左面为文本信息，右面为图像文件。左面的文本信息直接输入；右侧的图像文件选择"插入"菜单下的"图片"中"来自文件"，找到文件的存储位置，选择图像文件，即可插入到演示文稿中。

图片插入到幻灯片中以后，可以拖动四周的圆点控制手柄改变图片的大小，还可以在图片工具栏上进行调节。

> **课堂互动** 在幻灯片中如何插入剪贴画？

（3）插入表格和文本框。表格是应用十分广泛的工具，在演示文稿中，为使数据表达简单、直观且一目了然，常常使用表格。文本框是盛放文字的容器，可以移动到编辑区的任意位置，文字在插入到占位符以外的位置时常使用它。

第五张幻灯片中包含表格，选择版式为内容版式中的"标题和内容"。标题格式设置：黑体，38磅，加粗，文字阴影；下方的内容插入表格。单击幻灯片编辑窗口中的"插入表格"，打开插入表格对话框，输入表格的行、列数，点击"确定"按钮。对插入的表格做编辑操作。

第六张幻灯片如图2-3-3所示，其中包含文本框。文本框是一种特殊的对象，它专门用来放置文字。它能够方便地设置文字之间的位置和移动。一般有横排和竖排两种形式的文本框，用户还可以通过设置使文本框能旋转一定的角度，以适合不同的需要。选择版式为内容版式中的"空白"。

1）先插入文本框。单击"插入"菜单下的"文本框"、"水平"命令，鼠标的指针变成一个竖线｜，在工作区中拖动鼠标，画一个方框，松开鼠标，这时出现一个文本框，光标插入点在里头一闪一闪；选择搜狗输入法，输入文本框中的文字信息"不良生活习惯…"。拖动文本框，使其处于编辑区的合适位置。进行字符格式化操作，设置文本框的填充色和线条颜色。然后在空白处点一下鼠标左键，取消文本框的选择。

2）接下来在该张幻灯片中插入 3 张不同的图片，注意图片的摆放位置。

3）图片的下方插入两个文本框，设置文本框格式。完成幻灯片的制作。

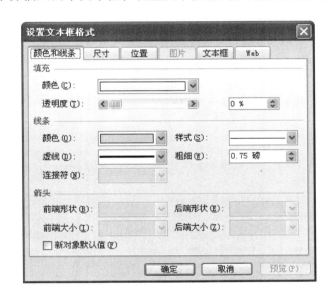

图 2 – 3 – 3　设置文本框格式对话框

四、设置幻灯片背景和应用幻灯片版式

幻灯片的背景，犹如舞台演出时的幕后布景，一个色彩鲜明的背景可以更逼真地衬托出幻灯片上的对象。幻灯片的背景可以设置成单纯的颜色填充，也可以设置成颜色渐变、纹理、图案和图片的填充效果，如果是空白演示文稿则背景为白色。用户制作时可对单张幻灯片背景进行更改。

1. 设置第一张幻灯片的背景效果

（1）选中第一张幻灯片，单击"格式"菜单下的"背景"命令，打开背景对话框。如图 2 – 3 – 4 所示。

（2）打开下拉列表，从色板中选择一种颜色或选择其他颜色，也可以单击"填充效果…"，打开"填充效果"对话框，在渐变、纹理、图案、图片四个选项卡中选择。这里选择"图片"选项卡。将图形文件"心形"作为当前幻灯片的背景图案。按"确定"按钮，返回到"背景"对话框。

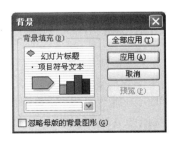

图 2 – 3 – 4　设置背景对话框

（3）在背景对话框中，有一个"忽略母版的背景图形"选项，勾选此项，则新的背景将覆盖母版背景，但并没有删除母版背景。

（4）选择背景对话框右侧的"应用"按钮，则只对预先选中的幻灯片应用当前选择的背景；若选择"全部应用"按钮，则对演讲稿中所有幻灯片使用当前选定的背景。单击"预览"，可以查看设置的效果。完成后，效果出现。

2. 设置幻灯片的版式

幻灯片版式是指一张幻灯片中的文本、图像等元素的布局方式。在制作演示文稿时所有幻灯片可以选择同一种版式，以制作出统一的效果，但这样显得有些单调。在实际制作时可根据内容的不同，选用不同的幻灯片版式，使演示文稿在外观上看来更加丰富。PowerPoint 2003 自带的幻灯片版式有四种，包括"文字版式""内容版式""文字和内容版式""其他版式"等，如图 2-3-5 所示。如果要为当前幻灯片设置版式，选择"幻灯片"后，从右侧的下拉列表中选择"幻灯片版式"任务窗格，选择需要的版式设计即可。

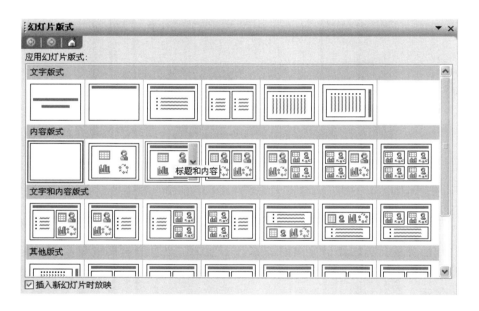

图 2-3-5　幻灯片版式任务窗格

五、编辑幻灯片母版

母版是指为整个演示文稿设置了统一的版式和格式的模板，幻灯片母版中的信息包括字体、占位符、背景以及配色方案。设置母版的格式可以统一演示文稿的外观。例如，希望为每一张幻灯片加上一个徽标图片是，就可以从修改母版入手，而不必对每张幻灯片进行操作。在 PowerPoint 2003 中有幻灯片母版、标题母版、讲义母版和备注母版 4 种母版。选择"视图"菜单下，单击相应的按钮即可进入不同的母版视图。

1. 设置幻灯片母版

幻灯片母版的目的是使您进行全局更改（如替换字形），并使该更改应用到演示文稿中的所有幻灯片。通常可以使用幻灯片母版进行更改字体或项目符号操作、插入要显示在多个幻灯片上的艺术图片（如徽标）、更改占位符的位置、大小和格式等。

若要查看幻灯片母版，请显示母版视图。可以像更改任何幻灯片一样更改幻灯片母版；但要记住母版上的文本只用于样式，实际的文本（如标题和列表）应在普通视图的幻灯片上键入，而页眉和页脚应在"页眉和页脚"对话框中键入。更改幻灯片母版时，已对单张幻灯片进行的更改将被保留。

（1）选择"视图"→"母版"→"幻灯片母版"命令，打开"幻灯片母版"视图，如图2－3－6所示。

（2）单击屏幕左侧"幻灯片"窗格中第一张缩略图，用以修改"幻灯片母版"，如图2－3－6左上角。

（3）修改幻灯片母版，为每一张幻灯片上加上一个女医士的剪贴画。

（4）单击"幻灯片母版视图"工具栏→"关闭母版视图"按钮，即返回到普通视图。在除标题幻灯片以外的每张幻灯片右上角处添加一个剪贴画的效果。

图2－3－6　幻灯片母版视图

2．设置标题母版

标题母版对标题幻灯片进行各种格式化设置。标题幻灯片一般是演示文稿里的第一张幻灯片。

设置标题母版时单击幻灯片窗格中的第二张缩略图，用以修改标题母版。

3．设置备注母版

备注母版可以决定备注页的格式。选择"视图"→"母版"→"备注母版"命令，窗口中包括幻灯片缩略图和备注母版。

4．设置讲义母版

讲义母版是为制作供打印出来阅读的讲义页面设置的。选择"视图"→"母版"→"讲义母版"命令，可以添加图片、文本、页眉、页脚等，这些信息只能出现在打印出来的讲义上。

六、演示文稿的放映方式

演示文稿制作完成后，要设置相应的放映方式，以达到最好的播放效果。

1. 设置幻灯片放映方式

在 PowerPoint 中，可以使用三种不同的放映方式。

（1）演讲者放映（全屏幕）。这是一种默认放映方式，选择此单选按钮，可运行全屏显示的演示文稿。通常用于演讲者控制放映，采用自动或人工方式放映。在这种放映方式下，可以暂停演示文稿的播放，也可在放映过程中录制旁白。单击"幻灯片放映"菜单中的"设置放映方式"命令，弹出"设置放映方式"对话框。

（2）观众自行浏览（窗口）。这种放映方式是在小窗口放映演示文稿，并提供一些对幻灯片的操作命令，如移动、复制、编辑和打印幻灯片等。选择此单选按钮，放映时演示文稿出现在窗口内。可以使用滚动条或键盘上的翻页键从某一张幻灯片转到另一张幻灯片。通常用于个人通过内部网进行浏览。

（3）在展台浏览（全屏幕）。此方式可以自动全屏放映演示文稿，一般在展示产品时使用此种方式。选择此单选按钮，放映时幻灯片可自动切换，放映完毕后自动重新开始循环播放，无需有人管理。使用这种方式必须首先执行菜单栏中"幻灯片放映"→"排练计时"进行排演，以确定自动放映的速度。

2. 设置幻灯片放映范围

在放映幻灯片时，可以设置播放幻灯片的范围。①全部：从第一张幻灯片一直播放到最后一张幻灯片。②从一个编号到另一个编号：从某个编号的幻灯片开始放映，直到放映到另一个编号的幻灯片结束。③自定义放映：可在"自定义放映"扩展框中选择要播放的自定义放映。

3. 放映选项设置

通过设置以下几种放映选项，可以设定幻灯片的放映特征。

（1）循环放映：按"Esc"键终止。放映完最后一张幻灯片后，将会再次从第一张开始放映，若要终止放映，按"Esc"键终止。

（2）放映时不加旁白：放映时，将不播放幻灯片的旁白，但并不删除旁白。不选中此复选框，在放映幻灯片时将同时播放旁白。

（3）放映时不加动画：放映幻灯片时，幻灯片对象上的动画效果不播放，但动态效果未删除。不选中此复选框，则在放映时同时播放动画。

（4）绘图笔颜色：可设置放映幻灯片上的书写文字颜色。

4. 换片方式设置

幻灯片放映时的换片方式如下。

（1）手动：人为地控制播放，鼠标单击或键盘按键换片。

（2）自动：如果存在排练时间，则使用它。若给各幻灯片加了自动进片定时，则选择该方式。

任务评价

学习任务完成评价表

班级：_____ 姓名：_____ 项目号：_____ 任务号：_____ 任教老师：_____

项目	考核项目 （测试结果附后）	记录与分值			
		自测内容	操作难度分值	自测过程记录	操作自评分值
作品评价	PowerPoint 2003 概述	1. PowerPoint 2003 的启动与退出 2. 创建新的演示文稿 3. 保存演示文稿	20		
	PowerPoint 2003 演示文稿的 基本操作	1. 幻灯片的管理 2. 幻灯片中文本内容的输入与格式化操作 3. 幻灯片中插入自选图形及图片的方法 4. 幻灯片中插入表格和文本框的方法	30		
	PowerPoint 2003 外观设置	1. 设置幻灯片背景 2. 设置幻灯片版式 3. 幻灯片的母版设计	30		
	PowerPoint 2003 演示文稿外 观设计	1. 设置放映方式 2. 设置放映范围 3. 设置换片方式	20		
教师点评记录				作品最终评定分值	

任务拓展

一、课堂操作练习

假如你是某医药公司代表，需向客户推销你公司的新产品。现请你制作关于新产品介绍的演示文稿，用于产品推广宣传之用。要求：

（1）有产品的功能、特点。

（2）酒店的福利待遇。

（3）宣传生动活泼，图文并茂。

（4）图片与幻灯片的色彩搭配要和谐。

（5）动画要流畅，演播控制（超级链接、鼠标的控制）得要到位。

备注：相关资料、素材可以在网上查找。

二、课后作业

（一）选择题

1. 在 PowerPoint 2003 中，复制幻灯片一般在

    A. 幻灯片浏览视图下　　　　　　B. 幻灯片放映视图下

    C. 母板视图下　　　　　　　　　D. 备注页视图下

2. 如果你想调整演示文稿中幻灯片的顺序，选择 PowerPoint 2003 中的最合适的是

    A. 母版视图　　　　　　　　　　B. 备注页视图

    C. 幻灯片浏览视图　　　　　　　D. 幻灯片放映视图

3. 在新建 PowerPoint 文稿时，会弹出一个"新建演示文稿"的任务窗格，在该窗格中不包括以下哪项内容

    A. 幻灯片切换　　　　　　　　　B. 根据设计模板

    C. 根据内容提示向导　　　　　　D. 空演示文稿

4. 在 PowerPoint 2003 中，关于幻灯片放映的方式，下面说法错误的是

    A. 演讲者放映（全屏幕）　　　　B. 观众自行浏览（窗口）

    C. 在展台浏览（全屏幕）　　　　D. 在桌面浏览（窗口）

5. PowerPoint 2003 中自带很多的图片文件，将它们加入演示文稿中，应插入的对象是

    A. 剪贴画　　　B. 自选图形　　　C. 对象　　　D. 符号

（二）判断题

1. 演示文稿中不能在任意位置插入文本、表格、图表等特殊对象。（　　）

2. 幻灯片应用模板一旦选定，就不能改变。（　　）

3. 演示文稿只能用于放映幻灯片，无法输出到打印机中。（　　）

（董红芸）

任务2　学会电子贺卡的制作

任务描述

　　电子贺卡由于具有温馨的祝福语言，快捷、精美，内容更丰富多样，还可以在电子贺卡中加入音乐和动画，方便又实用，常用于联络感情和互致问候。尤其是节日期间，收到朋友寄来的友情电子贺卡，就等于收到了一份牵挂和关心，能加深友情，促进和谐。本次任务"学会电子贺卡的制作"由三张幻灯片组成，里面插入了多种对象，并加入自定义的动画效果，具有独特的风格。其要点如下。

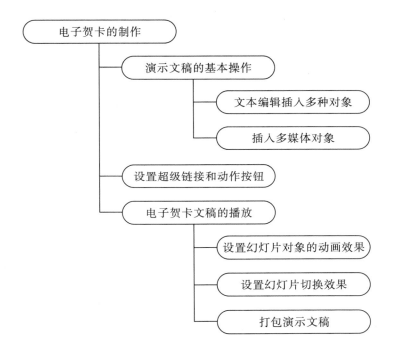

基本要求

1. 知识与技能
（1）知道 PowerPoint 2003 的基本功能、启动与关闭方法。
（2）学会演示文稿的创建与保存操作。
（3）学会在演示文稿中插入多种对象的方法，如文本、图片、文本框、艺术字等。
（4）学会在演示文稿中插入多媒体对象的方法。
（5）学会超级链接和动作按钮的使用。
（6）学会设置幻灯片的切换效果和设置自定义动画效果。
（7）学会演示文稿的打包操作。

2．过程与方法

（1）通过学生自主学习和合作探究，让学生了解 PPT，知道它的作用，并能在自己的学习生活中得到应用，培养学生运用信息技术解决实际问题的能力。

（2）通过动手操作，加深对所学知识的印象，巩固学习成果。

3．情感态度与价值观

（1）通过师生的相互交流和团队的协作学习，培养学生养成严谨的学习态度和团结协作的精神，增强学习乐趣。

（2）从多媒体演示文稿的制作过程感受信息技术的魅力，产生愉悦并受到感染，感受信息技术的价值。

任务分析

一张带有浓浓情意的贺卡，如果有音乐的衬托，则能更加显示出贺卡制作者的真挚情意。本实例以制作节日电子贺卡为任务，将教学内容融进创作活动中，通过"自主、探究、交流"的方式分析解决问题，完成作品，交流完善，提交小组优秀作品，师生共同欣赏评价，总结制作电子贺卡的过程，让学生掌握 PowerPoint 2003 的实用操作技能，培养学生的团结协作和互相交流的团队精神。

利用 PowerPoint 2003 来制作电子贺卡的操作主要包括：①建立 PowerPoint 2003 演示文稿。②在演示文稿中插入多种不同的对象并进行格式设置。③为幻灯片中的对象添加自定义动画效果。④为幻灯片设置切换效果。⑤演示文稿的打包及放映操作。

任务实施

一、设置对象格式

PowerPoint 2003 是一个演示文稿制作软件，利用它可以制作内容丰富、形式生动的幻灯片。当需要进行电子教学、制作产品介绍、电子贺卡等工作时，借助 PowerPoint 制作一些带有文字和图表、图像以及动画的幻灯片，用来讲解内容、演示成果、传达信息，会非常生动、形象。

1．创建演示文稿

在 PowerPoint 里创建一个演示文稿，就是建立一个新的以".ppt"为扩展名的新文件。创建演示文稿是非常方便的，根据用户的不同需要，常用的创建方法有三种：①用空演示文稿创建演示文稿。②通过"设计模板"新建文稿。③通过"内容提示向导"新建文稿。

启动 PowerPoint 2003，会出现一个开始工作任务窗格。在它的下拉菜单中选择"新建演示文稿"，打开"新建演示文稿"窗格。在新建演示文稿窗格中选择空演示文稿，会打开一个没有任何设计方案和实例文本的空白幻灯片。任务窗格也改变为"幻灯片版式"任务窗格。选择应用幻灯片版式，其中包括文字版式、内容版式、文字和内容版式、其他版式四种。这里可以选择空白版式。

2. 演示文稿的保存

一个新建的演示文稿没有命名之前，会临时按数字序号给文档命名，如"演示文稿1"。第一次对演示文稿做保存时，会自动弹出"另存为"窗口，以便用户对文稿进行保存。单击"文件"菜单下的"保存"命令，或在常用工具栏中选择"保存"工具按钮，或利用键盘快捷键"Ctrl + S"都可以打开"另存为"对话框。

输入文件的保存位置桌面和文件名称"电子贺卡"，单击保存按钮，完成操作。

演示文稿常用的保存文件类型说明如下。

课堂互动 Power-Point 2003 创建的演示文稿能进行加密保存吗？

（1）演示文稿文件（.ppt）：系统默认保存类型。

（2）网页格式（.htm）：将演示文稿保存为 web 页的格式，可在 Internet 浏览器上直接浏览演示文稿。

（3）演示文稿模板文件（.pot）：PowerPoint 中提供了数十种经过专家设计的演示文稿模板，供用户使用。还可以由用户自己制作比较独特的演示文稿，保存为设计模板，以便将来制作相同风格的其他演示文稿。

（4）演示文稿放映（.pps）：将演示文稿保存成以幻灯片放映方式打开的 pps 文件格式（PowerPoint 播放文档）。

（5）大纲 RTF 文件（.rtf）：将幻灯片大纲中的主体文字内容转换为 RTF（Rich Text Format）格式，保存成大纲类型，以便在其他的文字编辑应用程序中打开并编辑演示文稿。

（6）其他类型文件：可以使用其他图形文件，这些文件类型是为了增加系统对图形格式的兼容性而设置的。

3. 演示文稿中多种对象的输入及格式设置

（1）文本信息：文本内容是演示文稿的基础。在选择了某种版式的新建空白幻灯片上，可以看到一些带有提示信息的虚线框，这是为标题、文本等内容预留的位置，称为占位符。在文本占位符的内部单击将选定的文本块激活，即可添加、删除、编辑文本。

输入完所需的内容后，可以选中其文字，然后单击"格式"菜单的"字体"命令，弹出"字体设置"对话框。

（2）图片的插入及处理：幻灯片显示效果外观别致，离不开精美图片的烘托，可以将图片作为其修饰作用的前景，也可以将图片设为背景。在 PowerPoint 2003 中可以插入 Office 自带的剪贴画或其他图片文件。其操作过程与 Word 中操作一样。另外 PowerPoint 支持播放 GIF 动画图片，当用户插入的图片是 GIF 动画图片时，可以为演示文稿添加动画效果，一旦放映到该幻灯片，就能显示出动画效果。

1）插入剪贴画：单击"插入"菜单下的"图片"命令，选择"剪贴画"命令，弹出"剪贴画"任务窗格。单击"搜索"按钮，选择一幅图片插入演示文稿中，双击插入后的剪贴画，打开"设置图片格式"对话框，可对剪贴画实现格式的设置操作（如填充颜色、线条颜色设置，图片大小设置、旋转等）。

2）插入其他的图形文件，如网络下载图片或照片等。一般图片的插入：单击"插入"菜单下的"图片"命令，选择"来自文件"命令，弹出"插入图片"对话框。

在"插入图片"对话框中，单击"查找范围"后边的 按钮，从展开的列表中选择图片存放的文件夹。双击图片即被插入到幻灯片中。跟剪贴画一样，通过"设置图片格式"对话框对图片做进一步格式设置。

3）背景图片的插入步骤如下：①选择"格式"菜单下的"背景"命令，弹出"背景对话框"。②单击"背景填充"下的下拉列表框，单击"填充效果"，出现"填充效果"对话框，单击"图片"选项卡，然后选择一幅图片作为背景。③单击"确定"按钮，回到背景对话框。若用户要将设置的背景图片应用于当前幻灯片，则可单击"应用"按钮；若要将其应用于全部幻灯片，则可单击"全部应用"按钮。

（3）文本框的插入：文本框是一种特殊的对象，它专门用来放置文字。它能够方便地设置文字之间的位置和移动。一般有横排和竖排两种形式的文本框，用户还可以通过设置使文本框能旋转一定的角度，以适合不同的需要。

在幻灯片中插入文本框时单击"插入"菜单，指向"文本框"命令，再选择"水平"或"垂直"命令，拖动鼠标，即可绘制一个文本框。在文本框中输入文字，按照文字格式处理的方法设置好文字的样式和段落格式。在幻灯片的其他任意地方单击鼠标可结束文本框的操作。

（4）艺术字的插入："插入"菜单中选择"图片"→"艺术字"命令或在"绘图"工具栏上，单击"插入艺术字" 按钮，打开"艺术字库"对话框。单击所需的艺术字效果，单击确定。在"编辑"艺术字对话框中，键入所需文本。

4. 案例分析

本例中制作的电子贺卡如图 2 - 3 - 7 所示。主要是插入了图片、艺术字和文本框。

图 2 - 3 - 7　电子贺卡效果

第一张幻灯片中版式设置空白，插入背景图片、图片文件和艺术字和声音文件。当幻灯片播放时，音乐响起。其中"因"和"心"分别设置艺术字，华文行楷，72磅，颜色设置褐色单色渐变，底纹斜上；"为有"两个字设置艺术字，黑体，48 磅，"你"设置艺术字，华文行楷，60 磅；"存感激"设置艺术字，黑体，48 磅，注意排列文字的位置。

第二张幻灯片中版式设置空白，插入背景图片、图像文件、文本框和声音文件。插入三个文本框，输入图中的内容，"您像甘甜的清泉，滋润荒芜的沙漠，让病魔远离；您像灿烂的阳光，温暖冰凉的心灵，让伤痛消逝；"设置字体"微软雅黑"，24磅。最后一行文本框输入"祝您节日快乐!!!"字体设置"迷你简毡笔黑"，24 磅。

第三张幻灯片版式设置空白,插入背景图片,图像文件和文本框。左上角文本框输入"值此节日到来之际,向您献上最诚挚的祝福",设置字体为华文楷体,20磅;中间部分的文本框输入"身体健康,万事如意",设置为华文新魏,44磅;右下角文本框输入"××××敬上",设置为叶根友特楷简体,20磅。

二、插入多媒体对象

多媒体就是多种媒体信息的有机集合,是多种信息的表现形式和传递方式,主要包括文字、图形、图像、音频、动画和视频等。

1. 插入声音对象

在演示文稿中可以添加声音和视频等多媒体对象,这些多媒体对象在编辑时是静止的,只有在播放过程中才能听到或看到。插入的声音可以是媒体剪辑中的,也可以是声音文件。

选择"插入"菜单下"影片和声音",然后单击"文件中的声音",弹出"插入声音"对话框,如图2-3-8所示。

选择所需的声音文件,单击"确定"按钮,会出现消息对话框,提醒用户声音播放的时机。

单击"自动"按钮,则声音在播放幻灯片时自动播放。声音插入到幻灯片中后,显示为一个图标 。本例中在第一张幻灯片中插入声音文件,在播放该幻灯片时,就可以听到声音。

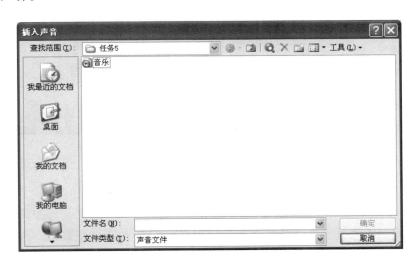

图2-3-8 "插入声音"对话框

2. 录制声音

录制声音需要在希望包含录制声音的幻灯片内执行下列步骤:确认自己的计算机声卡可以工作,而且话筒已经安装到了正确的插口。单击"插入"菜单中的"影片和声音"命令,选择"录制声音"命令,打开"录音"对话框。

单击录音按钮录制声音在完成录制后,在"名称"文本框内单击,为该声音命名。

三、超链接和动作按钮

1. 设置超级链接

设置 PowerPoint 对象的超级链接功能是指把对象链接到其他幻灯片、文件或程序上。用户可以通过幻灯片中的文本、图表等对象创建超级链接，这样可以快速跳转到另一幻灯片或有关内容。超级链接是指在幻灯片中增加按钮或对某些对象（比如文字和图形）设置标记，在播放时当鼠标指向这些按钮或标记时会变成"手形"指针，单击这些按钮或标记，就能使演示文稿从当前跳转到其他幻灯片或网络节点。

设置超级链接具体的步骤如下。

（1）选择要设置超级链接的对象。链接可以用文字链接、图形链接、图像等。选择第三张幻灯片中的图像，超级链接至第一张幻灯片。

（2）单击"插入"菜单中的"超级链接"命令，弹出"插入超链接"对话框。如图 2 - 3 - 9 所示。

（3）在该对话框中用户可以创建链接到当前文稿中的某张幻灯片，也可以具体地选择超级链接的其他目的地。利用链接实现幻灯片跳转。

图 2 - 3 - 9 "插入超链接"对话框

2. 设置动作按钮

PowerPoint 中自带了一些制作好的动作按钮，用户可以将这些动作按钮插入到幻灯片并为之定义超级链接，单击此按钮就可以控制在幻灯片之间的切换，从而控制放映的顺序。

设置动作按钮的具体步骤如下。

（1）单击"幻灯片放映"菜单中的"动作按钮"命令，出现菜单。

（2）单击其中一个动作按钮，在幻灯片上拖动鼠标，绘制出一个动作按钮。绘制完成后弹出"动作设置"对话框。

（3）在"动作设置"对话框中可以设置动作按钮跳转的目标，一般在超级链接的列表中选择需要跳转的目标。

（4）单击"确定"按钮完成动作按钮的设置过程，播放幻灯片时，单击动作按钮就可以执行相应的跳转动作。

不仅仅是动作按钮，实际上图片、标题或其他任何对象都可以进行动作设置，只需选定对象后点击右键，在弹出式菜单中选择"动作设置"即可，设置了动作的文本将以下划线表示。

四、设置幻灯片动画效果

在放映幻灯片时，可以将幻灯片中的对象设计成动画效果，以突出重点或增加演示文稿趣味性，以吸引观众的注意力。幻灯片的动画效果可通过设置动画方案和自定义动画调整。

从"动画方案"中选择所需的动画效果应用于所选幻灯片。当放映幻灯片时，该张幻灯片中的对象就会显示动画效果。但这种动画出现的次序与设置次序有关，而且播放时间是固定的，使用自定义动画可以更改次序、时间等。为对象添加的动画效果有4种：进入、强调、退出、动作路径等。本例中为第一张幻灯片设置动画效果。

选中插入的心形图片：①添加进入的动画效果"飞入"，方向选自底部，慢速进入。②添加强调的动画效果"放大/缩小"开始项选"之前"，速度为中速。③为楼房形式的图片添加进入效果"折叠"，开始项选"之前"，速度选中速。④为心形图片添加动作路径，选择"动作路径"下的"绘制自定义路径"鼠标指针变为铅笔形状，绘制图形的路径。先下后斜上再水平方向。⑤再画一条自定义路径，先水平然后斜上角飞出的效果。注意设置延迟时间。

本例中第二张幻灯片设置动画效果：选中插入的心形图片。①添加动作路径的动画效果"向上"，适当改变路径的终点位置。②添加强调的动画效果"放大/缩小"开始项选"之后"，尺寸为120%，在"放大/缩小"对话框中设置重复次数为10。③第一行文本框添加进入效果"缩放"，开始项选"之前"，速度选快速；动画文本按字母播放，延时1秒。④第二行文本框添加进入效果"缩放"，开始项选"之前"，速度选快速；动画文本按字母播放，延时2秒。⑤第三行文本框添加进入效果"缩放"，开始项选"之前"，速度选快速；动画文本按字母播放，延时3秒。自定义动画窗格设置如下：

本例中第三张幻灯片设置动画效果：①先为三个心形图形添加动作路径。②为三个图形设置"放大/缩小"的强调效果，重复10次。③设置左上角心形图案的退出方式"擦除"效果，延迟2秒。④为左上角的两个文本框设置"渐变式缩放"效果，延迟2.1秒，这样就可以心形图案擦除后显示文字信息。⑤同样的方法制作中间的文本框效果和右下角文本框效果。这里需擦除心形图案后显示文字信息。注意延迟时间的选择。

五、设置幻灯片切换效果

幻灯片的切换也称为换页，指从一张幻灯片变换到另一张幻灯片的过程。Power-Point可以设置换页的方式、换页时的显示效果及伴音等。

设置第一张与第二张幻灯片之间的切换效果，具体步骤如下。

(1) 选择"幻灯片放映菜单"中的"幻灯片切换"命令，弹出"幻灯片切换"窗格，如图 2 - 3 - 10 所示。

（2）在下拉列表中选择所需的幻灯片切换效果"平滑淡出"，在其下方还可设置切换的速度。

（3）在"换片方式"区中可以选择手工切换还是自动切换。若选择"单击鼠标时"复选框，则只有单击鼠标时才切换；若选择"每隔"复选框，则需要在右方的数值框中输入一个数值，则经过这段时间后自动切换。

（4）在"声音"列表框中可以选择换页时所伴随的声音。

（5）若用户只需将切换效果应用于当前幻灯片，则可单击"应用"按钮；若要将其应用于全部幻灯片，则可单击"全部应用"按钮。这里点击应用于所有幻

图 2 - 3 - 10　　"幻灯片切换"窗格

灯片，为电子贺卡中的每一张幻灯片应用相同的切换效果。

设置切换效果既可以在幻灯片视图中进行，也可以在幻灯片浏览视图中进行，但是在幻灯片浏览视图中操作更方便，因为用户可以利用"幻灯片浏览"工具栏直接在该视图中设置并预览切换效果。

六、打包演示文稿——支持脱离 PowerPoint 2003 环境放映

1. 设置幻灯片放映方式

演示文稿制作完成后，要设置相应的放映方式，以达到最好的播放效果。启动幻灯片放映的方法有多种，在"幻灯片放映"菜单中的"设置放映方式"对话框中提供了三种播放演示文稿的方式。

（1）演讲者放映：全屏显示，通常用于演讲者播放演示文稿，演讲者对演示文稿的播放具有完整的控制权。

（2）观众自行浏览：幻灯片会出现在计算机屏幕窗口内，并提供命令在放映时移动、编辑、复制和打印幻灯片。

（3）展台浏览：指自动运行演示文稿。

2. 打包演示文稿

自己编辑的 PPT 演示文稿若要将其在其他的电脑上演示播放的时候，经常会出现演示文稿里面的链接等之类的信息失效的状况，遇到这种问题时我们只需要将自己编辑的演示文稿文件进行打包操作就能顺利实现在别的电脑上顺利使用自己的 PPT 文稿。

首先，我们先打开自己编辑的演示文稿文件，然后按照我图片的提示进行下一步操作。我们点击"文件"，然后选择"打包成 CD"。

接下来在我们打开的界面中，我们选择"复制到文件夹"，因为我们现在基本上都不需要使用 CD 刻录盘了，因为 U 盘设备已经很普遍了。

接下来，需要我们选择一个存储位置。这里，我们选择存储为"桌面"，大家可以选择性地进行修改打包的文件夹的名称，也可以不用修改直接使用默认文件名就行。

点击"确定"之后，我们就能看到文件被打包的进度了。

接下来，我们在桌面上就能看到被打包的演示文稿文件夹了。这里，我们双击文件夹，然后打开查看里面的程序，以及向大家讲解一下怎么使用打包后的演示文稿文件。

我们可以直接点击那个 MS – DOS 程序 PLAY，然后幻灯片查看器就会自行启动，我们就可以看到这个幻灯片文件的演示界面了。这样，即使其他计算机上没有安装 PowerPoint，也可以使用 PowerPoint Viewer 运行打包的演示文稿，也可另存为".pps"格式，即幻灯片放映格式，或者是网页格式保存，用 IE 浏览器观看。值得注意的是，这个幻灯片查看器只供我们浏览观看幻灯片，而不可以进行编辑修改，可以算是一个仅供应急之用。

任务评价

学习任务完成评价表

班级：_____ 姓名：_____ 项目号：_____ 任务号：_____ 任教老师：_____

项目	考核项目（测试结果附后）	记录与分值			
		自测内容	操作难度分值	自测过程记录	操作自评分值
作品评价	PowerPoint 2003 的概述	1. PowerPoint 2003 的启动与退出 2. 创建新的演示文稿 3. 保存演示文稿操作	20		
	PowerPoint 2003 演示文稿基本操作	1. PowerPoint 2003 中文本插入及格式设置 2. PowerPoint 2003 中图片的插入及设置 3. PowerPoint 2003 中文本框和艺术字的插入设置 4. 插入多媒体对象	30		
	PowerPoint 2003 高级应用	1. 超级链接的设置操作 2. 动作按钮的设置操作	20		

续表

项目	考核项目 （测试结果附后）	记录与分值			
		自测内容	操作难度分值	自测过程记录	操作自评分值
作品评价	PowerPoint 2003 演示文稿放映 设计	1. 对象设置动画效果 2. 幻灯片切换效果设置 3. 演示文稿的放映与打包操作	30		
教师点评记录				作品最终评定分值	

任务拓展

一、课后作业

（一）选择题

1. 在 PowerPoint 2003 各种视图中，可以同时浏览多张幻灯片，便于选择、添加、删除、移动幻灯片等操作的是
   A. 备注页视图
   B. 幻灯片浏览视图
   C. 普通视图
   D. 幻灯片放映视图

2. 为调整幻灯片中的字体颜色，下面操作中正确的一项是
   A. 单击"格式"下拉菜单中的"字体"命令
   B. 单击"格式"下拉菜单中的"幻灯片配色方案"命令
   C. 单击"格式"下拉菜单中的"应用设计模板"命令
   D. 单击"格式"下拉菜单中的"替换字体"命令

3. 在 PowerPoint 的打印对话框中，不是合法的"打印内容"选项是
   A. 备注页   B. 幻灯片   C. 讲义   D. 幻灯片浏览

4. 常用工具栏上，单击"新建"按钮可以实现建立
   A. 一个新的模板文件   B. 一个新的演示文稿
   C. 一张新的幻灯片   D. 一个新的备注文件

5. 在 PowerPoint 中，可以使用拖动方法来改变幻灯片的顺序的视图方式是

A. 幻灯片视图 　　　　　　　　B. 备注页视图

C. 幻灯片浏览视图 　　　　　　D. 幻灯片放映

（二）判断题

1. 演示文稿不论用何种方式放映，都要从第一张幻灯片开始。　　　（　　）

2. 在 PowerPoint 2003 的幻灯片上可以插入多种对象，除了可以插入图形、图表外，还可以插入公式、声音和视频等。　　　　　　　　　　　　　　（　　）

3. 在幻灯片放映的过程中，绘图笔的颜色不能根据自己的喜好进行选择。（　　）

（董红芸）

模块 3　医疗信息管理

项目 1　医院信息系统应用

任务 1　认识医院信息系统

任务描述

　　医院信息系统内容丰富，涉及面广，是由很多具有独立功能的子系统构成的。例如门诊病人会接触到门急诊挂号系统、门急诊划价收费系统、门诊医生工作站、门诊药房管理系统，如果要做血化验检查，会遇到临床检验系统，做超声、CT 或 MRI 检查会遇到医学影像存档与通信系统；住院病人会接触到住院病人管理系统、住院收费系统、住院医生工作站、护士工作站，要做手术的病人还会遇到手术与麻醉管理系统；另外为了配合医院的正常工作，还有物资管理系统、设备管理系统、人事管理系统、财务管理系统与经济核算管理系统等。随着医院的管理理念的转变，管理特点从原先以财务经济为主体的管理方式转化为以病人为核心的管理方式，为了更好地为病人服务出现了临床信息系统、电子病历、病人咨询服务系统、医疗统计系统、院长综合查询与分析系统，以及连接医院外部的远程医疗咨询系统、医疗保险接口、社区卫生服务接口等。总之，医院信息系统是建设现代化医院不可缺少的基础设施。认识医院信息系统，是使用该信息系统的基础。

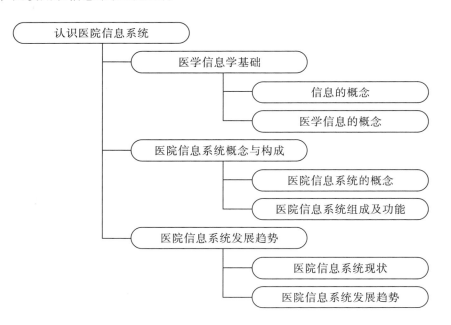

1. 知识与技能

（1）知道信息的概念、特征和分类。

（2）知道医学信息的定义和特点。

（3）知道医院信息系统的概念、组成及功能。

（4）认识医院信息系统的现状及发展趋势。

2. 过程与方法

（1）通过教师讲解和分组辩论等方式，培养学生对医院信息系统的学习兴趣。

（2）通过分组辩论，加深对所学知识的印象，巩固学习成果。

3. 情感态度与价值观

（1）通过师生的相互交流和团队的协作学习，培养学生养成严谨的学习态度和团结协作的精神，体验探究问题和学习的乐趣。

（2）培养良好的学习态度和学习风气，感受医院信息系统对我们医学生的影响。

任务分析

如何应用信息技术解决易学管理和临床中的问题，是当前医学信息学研究的主要内容。由于生命体和疾病的复杂性，使得医院信息化成为企业级信息化中最复杂的一种。数据、信息与医学信息是医学信息学研究的主要内容。

任务实施

一、医学信息学基础

1. 信息的概念

（1）信息指音讯、消息、通讯系统传输和处理的对象，泛指人类社会传播的一切内容。人通过获得、识别自然界和社会的不同信息来区别不同事物，得以认识和改造世界。在一切通讯和控制系统中，信息是一种普遍联系的形式。

（2）信息具有很多的基本特征，如普遍性、客观性、依附性、共享性、时效性、传递性等。

1）普遍性与客观性：在自然界和人类社会中，事物都是在不断发展和变化的。事物所表达出来的信息也是无时无刻，无所不在。因此，信息也是普遍存在的。由于事物的发展和变化是不以人的主观意识为转移的，所以信息也是客观的。

2）依附性：信息不是具体的事物，也不是某种物质，而是客观事物的一种属性。信息必须依附于某个客观事物（媒体）而存在。

3）共享性：非实物的信息不同于实物的材料、能源。材料和能源在使用之后，会被消耗、被转化。信息也是一种资源，具有使用价值。信息传播的面积越广，使用信息的人越多，信息的价值和作用会越大。信息在复制、传递、共享的过程中，可以不断地重复产生副本。但是，信息本身并不会减少，也不会被消耗掉。

4）时效性：随着事物的发展与变化，信息的可利用价值也会相应地发生变化。信息随着时间的推移，可能会失去其使用价值，可能就是无效的信息了。

5）传递性：信息通过传输媒体的传播，可以实现信息在空间上的传递。

（3）信息的分类：①按时间划分，可分为历史信息和未来信息。②按内容划分，可分为社会信息、自然信息、机器信息。③按信息产生的先后和加工与否划分，可分为原始信息和加工信息。④按行业划分，可分为工业信息、农业信息、商业信息、金融信息、军事信息、医学信息等。⑤按性质划分，可分为定性信息和定量信息。

2. 医学信息

（1）医学信息定义：在医学领域，无论是从事科研、教学、医疗服务，每天都有大量信息产生。从行业上分，医疗领域产生的信息，统称为医学信息。

（2）医学信息特点：医学信息除具有一般信息共有的特点外，还具有自己的特征。①数据量大，复杂性高。②资源多样，文种繁多。③学科交叉，内容分散。④半衰期短，更新迅速。

医学信息学是根据信息活动的特点和规律，研究医学信息获取、传递、加工、存储、分析和控制的全过程。

二、医院信息系统概念与构成

1. 医院信息系统的概念

医院信息系统（HIS）是指利用计算机软硬件技术、网络通信技术等现代化手段，对医院及其所属各部门的人流、物流、财流进行综合管理，对在医疗活动各阶段产生的数据进行采集、储存、处理、提取、传输、汇总、加工生成各种信息，从而为医院的整体运行提供全面的、自动化的管理及各种服务的信息系统。

2. 医院信息系统的组成及功能

（1）医院信息系统的组成。医院信息系统的组成主要由硬件系统和软件系统两大部分组成。在硬件方面，要有高性能的中心电子计算机或服务器、大容量的存贮装置、遍布医院各部门的用户终端设备以及数据通信线路等，组成信息资源共享的计算机网络；在软件方面，需要具有面向多用户和多种功能的计算机软件系统，包括系统软件、应用软件和软件开发工具等，要有各种医院信息数据库及数据库管理系统。

（2）医院信息系统的功能。根据一般信息系统应具备的功能属性和医院自身的特点及其需求，医院信息系统应具备以下基本功能：①收集并永久存贮医院所需全部数据。由于医院信息尤其是病人信息具有动态数据结构和数据快速增加的特性，医院信息系统应具有大容量的存贮功能。②数据共享。要能快速、准确地随时提供医院工作所需的各种数据，支持医院运行中的各项基本活动。③具有单项事务处理、综合事务处理和辅助决策功能。④具备数据管理和数据通信的有效功能，确保数据的准确、可靠、保密、安全。⑤为了保证医疗活动和医院动作不间断地运转，系统应具备持续运行的功能。⑥具有切实有效的安全、维护措施，确保系统的安全性。⑦具备支持系统开发和研究工作的必要软件和数据库。⑧具有良好的用户环境，终端用户的应用和操作应简单、方便、易学、易懂。⑨系统具有可扩展性。

三、医院信息系统发展趋势

信息技术的科学应用，将给医院的发展带来巨大的活力和经济效益。计算机网络化的医院信息系统（HIS）也将成为现代化医院运营必不可少的基础设施，是实现医院基本现代化的必备条件之一。

1. 建设医院信息化系统的意义

（1）HIS系统建设的必然性：建设数字化医院是医院信息管理系统发展的必然，也是医院现代化管理和高效运行的需要。

（2）HIS系统建设的有利性：①医院管理模式的现代化。②提高效率。③管理的规范化。④及时性。⑤服务的一体化。

2. 我国医院信息系统的现状

医院信息系统的发展大体经历了单项业务应用→部门级与方面级的应用→较完整的医院信息系统三个阶段，我国医院信息化目前的现状是大多数还停留在第二阶段，真正的医疗业务还很少能参与到信息化的方式中去。因此，医院信息系统的建立和实际应用，已成为中国医院现代化建设中一项十分紧迫的重要任务。

3. 医院信息建设系统的发展趋势

医院信息系统建设主要向"就医流程最优化、医疗质量最佳化、工作效率最高化、病历进入电子化、决策实现科学化和网络实现区域化"等发展目标进行拓展。针对这样的目标，医院信息系统建设的方向如下。

（1）扩展三类技术：一是医患关系管理系统；二是各种自助设备的应用；第三是自动摆药系统。

（2）双管齐下，保障医疗质量最佳化，向临床路径系统和智能化的知识库两个关键点拓展。

（3）移动医护工作站。

（4）病历进入电子化必须关注五个主要问题：①电子病历不是纸质病历的简单电子化。②研究必须注重顶层设计。③电子病历研究必须保证病历的安全性。④电子病历研究要推进法律法规建设。⑤建立电子病历有效性认证制度。

（5）搭建软硬件架构网络实现区域化。随着医院信息化建设的发展，建立区域医疗信息系统已逐步提上议事日程。

（6）数据仓库促使院长决策科学化。

医院信息化建设是个渐进的探索的过程，也总是在不断地涌现新的变化，发展出新的领域，只要能抓住新技术发展机会，集中人力物力，21世纪医院信息系统将会有更大的发展，取得巨大的经济效益和社会效益。

任务评价

学习任务完成评价表

班级：_____ 姓名：_____ 项目号：_____ 任务号：_____ 任教老师：_____

项目	考核项目 （测试结果附后）	记录与分值			
		自测内容	操作难度分值	自测过程记录	操作自评分值
作品评价	信息与医学信息	1. 信息的定义 2. 信息的特征 3. 信息的分类 4. 医学信息的定义 5. 医学信息的特点	30		
	医院信息系统的概念和构成	1. 医院信息系统的概念 2. 医院信息化的主要特征和重要标志 3. 医院信息系统的组成 4. 医院信息系统的功能	40		
	医院信息系统的发展趋势	1. 建设医院信息系统的意义 2. 我国医院信息系统的现状 3. 医院信息系统的发展趋势	30		
教师点评记录				作品最终评定分值	

任务拓展

一、课堂操作练习

【素材】

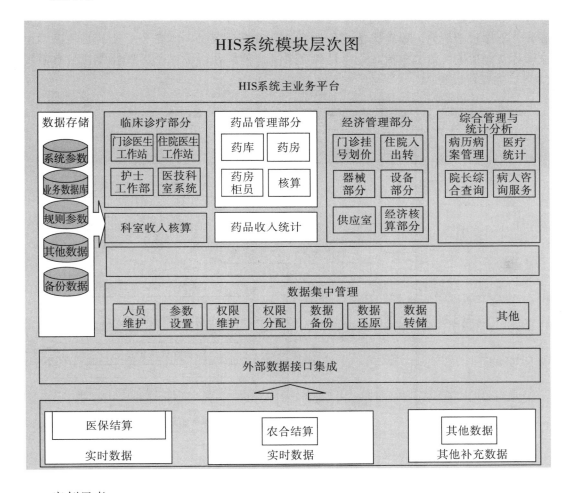

案例思考:

利用 Word 2003 制作一张如图所示的医院信息系统结构图。

二、课后作业

(1)利用网络查找医院信息系统的开发商,至少3家。

(2)利用网络下载一份医院信息系统的说明书(任意品牌)。

(刘 军 高 瀚)

任务2　认识基于医疗业务管理信息系统

任务描述

　　医院管理信息系统是医院现代化管理的重要工具和手段，是医院深化改革、强化管理、提高效益、和谐发展的重要保障，对提高医疗质量、促进资源共享、扩展信息服务、支撑教学研究、提高医院竞争力等具有重要的意义。本任务主要就是使医学生能够尽快地适应医疗机构信息化建设的要求，让他们在学校就熟悉医院管理信息系统（HIS）的操作过程。

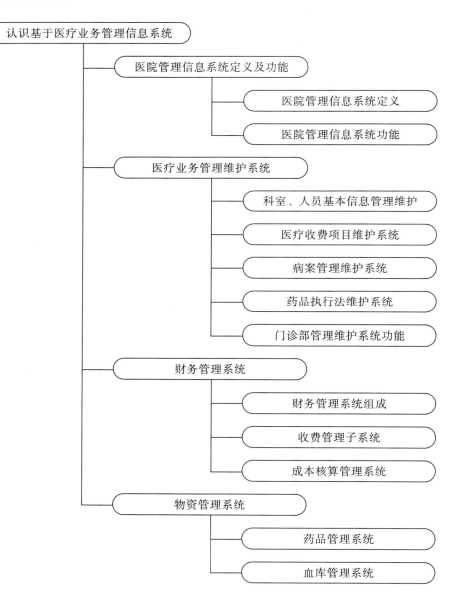

基本要求

1. 知识与技能

（1）知道医院管理信息系统的定义和功能。

（2）认识医疗业务管理维护系统。

（3）认识财务管理系统。

（4）认识物资管理系统。

2. 过程与方法

（1）通过教师讲解演示和学生练习等方式，让学生尽快掌握医院管理信息系统的基本操作。

（2）通过模拟演练，加深对所学知识的印象，巩固学习成果。

3. 情感态度与价值观

（1）通过师生的相互交流和团队的协作学习，培养学生养成严谨的学习态度和团结协作的精神，体验探究问题和学习的乐趣。

（2）培养良好的学习态度和学习风气，感受医院管理信息系统对我们医疗卫生单位的影响。

任务分析

医院管理信息系统是医院现代化管理的重要工具和手段，是医院优化工作流程、提高运营质量、缩短诊疗周期、节约诊治成本、改变决策方式的重要保障，对提高医疗质量、促进资源共享、扩展信息服务、支撑教学研究、提高医院竞争力等具有重要的意义。

任务实施

一、医院管理信息系统的定义及功能

1. 医院管理信息系统的定义

医院信息系统亦称"医院管理信息系统"，是指利用计算机软硬件技术、网络通信技术等现代化手段，对医院及其所属各部门的人流、物流、财流进行综合管理，对在医疗活动各阶段产生的数据进行采集、储存、处理、提取、传输、汇总、加工生成各种信息，从而为医院的整体运行提供全面的、自动化的管理及各种服务的信息系统。

2. 医院管理信息系统的功能

（1）支持基础业务处理：基于医疗业务管理的信息系统，包含各管理部门的业务处理过程。

（2）为中层管理提供相关数据汇总和分析。

（3）支持医院高层领导对管理信息的需求，基于医疗基础业务的管理信息系统有管理维护系统、人事系统、物资管理系统、财务管理系统、综合查询系统等。

二、医疗业务管理维护系统

在医院信息系统中，医疗的基本信息的及时和有效的维护，是医院信息系统顺畅和高效率运转的前提，如医疗规范、医疗收费项目等。基于医疗业务管理系统的维护，包含人员基本信息维护，人员权限维护，收费项目信息维护，基于物资信息维护，医疗活动中涉及的疾病编码、分类信息，用药方式信息，医疗执行法的等信息的维护。

医疗业务管理维护系统一般包括医院组织结构和人员维护系统、收费项目维护系统、病案管理维护系统、药品执行法维护系统、门诊部管理维护系统等。

1. 科室、人员基本信息管理维护系统

基于医疗业务的科室、人员基本信息维护，主要用于在信息系统中设置医院的组织结构，管理医院职工信息，给不同类型的职工分配不同工作权限，享受不同的级别待遇。

2. 医疗收费项目维护系统

医院的基本业务是诊疗，所有的收入都是在诊疗活动中产生。

3. 病案管理维护系统

病案是医疗活动的信息载体，是医疗、教学、医学研究的宝贵资料。病案管理信息系统中分为三大块：一是功能区，二是选择区，三是信息区。而最重要的病案首页，也是分成了七大块内容。

4. 药品执行法维护系统

诊疗活动中的药品医嘱，涉及药品用法以及用药时间。药品执行法指药品的用药途径和用药时间。

5. 门诊部管理维护系统功能

基于医疗业务的门诊部管理维护系统，维护门诊部各专科医生出诊信息，方便病人就诊时选择医生。

基于医疗业务管理的维护信息系统，维护的医疗过程和医院运营管理中的基础信息，是外部政策和医院内部管理等规范、策略的体现，也是规范医疗行为的根本，是医院信息系统顺畅运行的保障。

三、财务管理系统

医院的财务管理是医院管理的重要组成部分，是指对医院有关资金的筹措、分配、使用等财务活动所进行的计划、组织、控制、指挥、协调、考核等工作的汇总，是医院经营活动顺利进行的有效机制和保障。

1. 财务管理系统组成

财务管理是医院医疗活动顺利开展的重要保障，也是医院赖以生存和发展的基础。由于医疗工作的复杂性，医院的财务管理也相对复杂。从功能上分，财务管理系统包含收费管理子系统、核算管理子系统和绩效管理子系统等与财务管理有关的系统。本任务主要介绍基于医疗业务的收费管理子系统，并简单介绍成本核算系统。

2. 收费管理子系统

医院的财务收入主要来源于门诊和住院的诊疗活动。收费管理子系统的功能是用于复核来自收费部门的门诊住院收费，确保门诊和住院收费的准确性。

收费管理子系统按其功能可分为票据管理、票据查询以及公费医疗和医保结算的你管理功能。其组成如图3－1－1所示。

（1）票据管理：收费管理的手段，来自于各收费处的医疗收入是否准确，主要靠收费票据核销来进行复核。

1）票据登记：当票据管理人员从财务部门购得行政事业单位收费票据后，选择票据名称和票据类型，输入票据的起止编号登记，完成票据登记工作。

2）票据领用：当收费处收费票据用完时，收费处派人领用新的票据，票据管理人员登记票据领用情况。

3）票据核销：当收费员上交收费报表和已收费票据时，管理人员检查报表和票据，检查无误后，可核销上交的票据。

4）收费监督：为减少票据或现金在收费员手上出现积压现象，杜绝资金挪用，监督考核收费员工作，收费监督功能可随时了解收费员当前所在部门、当前日结情况及收费员末日结的资金情况等。

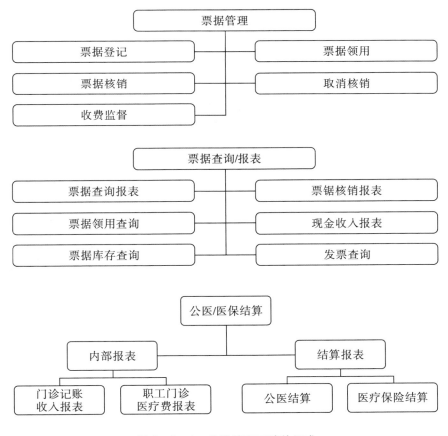

图3－1－1 收费管理系统的组成

（2）票据查询与报表功能：提供给财务管理人员的查询功能。包含查询票据核销查询、票据领用查询、票据库存查询、发票查询以及票据核销报表、现金收入报表等。

（3）医疗结算：指医院与外部单位因病人医疗关系而产生的财务往来，如医保结算，公费医疗结算等。

3. 成本核算管理系统

医院成本核算是依据医院管理和决策的需要，对医疗服务过程中的各项耗费进行分类、记录、归集、分配和分析报告，提供相关成本信息的一项经济管理活动。

成本核算系统中，包含两方面功能，即成本核算功能和基础维护功能。

（1）成本核算功能：成本核算是医院管理思想的体现。实现全成本核算（考察门诊、住院科室的效益）或者是责任成本核算（收入分成、成本按责任取舍），完全在于医院的管理制度。

（2）基础维护功能：是成本核算系统的基础，包含科室人员管理、结算项目管理、成本管理等功能。

1）科室管理：对科室进行管理，设置科室的名称、分类人员数量等基本信息。

2）结算项目管理：对核算项目进行管理，设置核算项目所属类别。

3）成本管理：成本管理分为各科室成本管理、直接成本管理、全成本管理、全成本分析管理等。

四、物资管理系统

医院物资管理是医院为完成医疗、教学、科研等工作，对所需各种物资进行的计划、采购、保管、供应、维修等各项组织管理工作。本任务仅讨论与医疗业务有关的物资管理系统，如药品管理、血库管理等系统。

1. 药品管理系统

（1）药品分级管理机制。药品是特殊的物资，药品的质量、安全性、有效期、医保属性等直接关系病人的性命和利益。

对于遍布医院大多数科室的药品足额发放、补给和监控，是药品管理系统的主要任务。在医院药品管理中心，通常是分级管理，即医院药品管理为二级库管理模式，如图3-1-2所示。

一级库房是指医院药品大库房，由西药库、成药库和草药库组成，负责全院药品的采购、存储、发放和管理，针对医院各级药房和病区发放药品，不直接对病人发药。

二级库房由住院药房、门诊药房、大输液药房和病区药房等组成，直接面对门诊、住院病人发药，是医院药品"销售"的主要渠道。

（2）药品管理系统组成。药品管理系统是一所医院不可缺少的部分，它是医院的运行效率、服务质量的体现，药品管理系统可以让相关工作人员更方便地掌握库存药品的相关信息，提高运行效率，让患者及其家属更方便地购药、咨询。

1）药品管理维护模块：药品管理维护模块包含基本信息维护和详细信息维护两个内容。

2）药品字典维护：药品字典维护的一些项目在常数维护中，主要维护药品的属性，如药品性质、药品等级、用法、存储条件等。

3）供应商维护：全程追踪是用药安全的重要手段。采集药品供应商的信息，对了

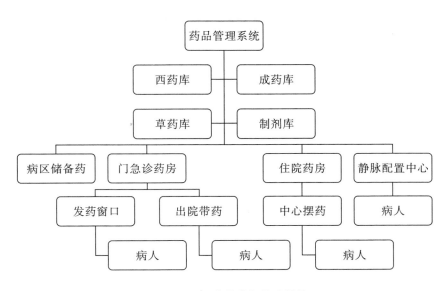

图 3 - 1 - 2 药品分级管理结构

解药品来源，以及医院药品支出的账务管理，是必要的环节。

4）药库维护：医院常用药品品种繁多，必须有一定存量，以确保病人的治疗用药。这么多的药品堆积在库房中，需要有条理地存放，这是药库自身管理的需要。

5）药品编制采购计划：采购计划直接影响到药品采购量、资金的流动以及临床药品供应量。

6）药品入库管理：药品入库需要进行验收，包括药品品种、规格、数量及质量，并进行记账。

7）药品出库管理：药品出库操作后会减少库存，并冲减或增加药品账务。

8）科室发药管理：科室发药管理完成药品的科室发药单录入、维护、复核记账、单据打印功能。

9）药库台账管理：药库台账管理用来完成药库台账的查询和打印工作。主要功能是查询某统计期内，本部门各药品的台账和打印台账信息。

10）药品对账管理：药品对账管理主要用来较对药库台账和药库总库存的平衡关系，并且对金额不平的药品进行调整。

2. 血库管理系统

血液制品是指从人类血液提取的任何治疗物质，包括全血、血液成分和血浆源医药产品。血液制品的管理包括全血及血液成分库存管理（包括用血计划、入库、复核、保存等）。

（1）血制品入库管理：血制品入库是血制品从血站进入医院血库的过程。库房人员录入入库单，并对血制品按品种、数量进行签收，记账人员进行记账处理，增加血库的血制品库存数量和金额。

（2）血制品出库管理：血制品有多种出库方式，如报废、退货及病人用血等。

（3）血制品盘点管理：完成血液库房的血液库存日、周、月、季等盘点处理。

（4）血液库存查询：对血液所在库房的库存查询及明细账查询。

物资管理系统是医疗信息系统中基础性系统。医院的经营管理、医疗实践以及医教研等活动离不开医疗物资的支持，尤其是药品和血制品，是所有临床活动的基础，所有临床活动都离不开药品管理系统的支持。

任务评价

学习任务完成评价表

班级：_____　姓名：_____　项目号：_____　任务号：_____　任教老师：_____

项目	考核项目 （测试结果附后）	记录与分值			
		自测内容	操作难度分值	自测过程记录	操作自评分值
作品评价	医院管理信息系统定义及功能	1. 医院管理信息系统的定义 2. 医院管理信息系统功能	20		
	医疗业务管理维护系统	1. 科室、人员基本信息管理维护系统 2. 医疗收费项目维护系统 3. 病案管理维护系统 4. 药品执行法维护系统 5. 门诊部管理维护系统功能	25		
	财务管理系统	1. 财务管理系统组成 2. 收费管理子系统 3. 成本核算管理系统	25		
	物资管理系统	1. 药品管理系统 2. 血库管理系统	30		

续表

项目	考核项目 （测试结果附后）	记录与分值			
		自测内容	操作难度分值	自测过程记录	操作自评分值
	教师点评记录			作品最终评定分值	

任务拓展

一、课堂操作练习

【素材】

小王是一家医院的护士，她每天的工作是要去药房领取当天医嘱的药品，请同学们根据学过的知识回答以下问题。

（1）谈一谈如果医院没有管理信息系统，小王取药的过程会是什么？

（2）利用现在的医疗管理信息系统，小王取药的过程又会是什么？

操作要求：以班级学号分组，每6个学号分为一组。讨论后，各组分别提交 Word 版本的文本一份。由老师进行评价后，各小组组长进行展示。

二、课后作业

（1）利用网络查找目前国内比较好的医院管理信息系统（HIS）的品牌，至少3家。

（2）利用网络查找医院管理信息系统（HIS）中，卫生材料管理系统的功能。

（刘 军 高 瀚）

任务3 学会临床信息系统的应用和管理

任务描述

临床信息系统（简称 CIS）是面向临床医疗管理的，是以病人为中心，以基于医学知识的医疗过程处理为基本管理单元。本任务主要就是使医学生能够尽快地学会 CIS

的应用，让他们在进入临床实习阶段前就会应用和管理 CIS。

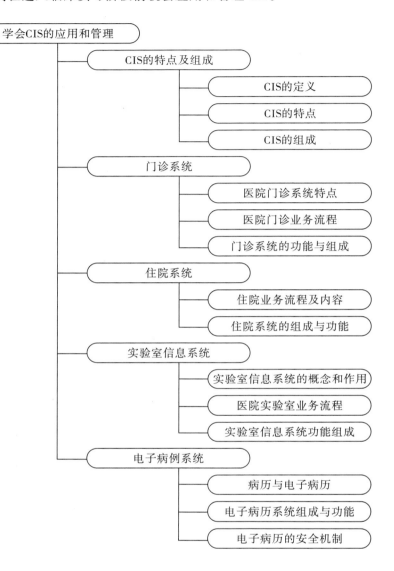

基本要求

1．知识与技能

（1）知道临床信息系统的定义和特点。

（2）认识临床信息系统的组成。

（3）认识门诊系统、住院系统、实验室信息系统和电子病历系统的特点与组成。

（4）学会门诊系统、住院系统、实验室信息系统和电子病历系统的功能。

2．过程与方法

（1）通过教师讲解演示和学生练习等方式，让学生尽快掌握临床信息系统的基本操作。

（2）通过模拟演练，加深对所学知识的印象，巩固学习成果。

3．情感态度与价值观

（1）通过师生的相互交流和团队的协作学习，培养学生养成严谨的学习态度和团结协作的精神，体验探究问题和学习的乐趣。

（2）培养良好的学习态度和学习风气，感受临床信息系统对我们医学生的重要影响。

任务分析

临床信息系统与管理信息系统一起构成了整个医院的信息处理系统。与管理信息系统不同，临床信息系统的使用对象主要为医生、护士以及医技科室的工作人员等。由于医疗工作的复杂性，临床信息系统处理的信息种类多，范围广。

任务实施

一、临床信息系统特点及组成

1．临床信息系统的定义

临床信息系统（CIS）是指利用计算机软硬件技术、网络通信技术对病人信息进行采集、存贮、处理、传输，为临床医护和医技人员所利用，以提高医疗质量为目的的信息系统。

2．临床信息系统的特点

医院管理的根本是围绕病人的诊疗过程展开的，医院的社会和经济效益主要来自于病人的诊疗过程。

（1）信息类型多。

（2）数据量大。

（3）临床信息的数据不可再生。

（4）临床信息的共享与隐私保护。

（5）临床数据再现复杂性。

（6）临床信息系统组成。医疗过程是一个复杂而琐碎的过程，也是一个不断地获取信息，做出判断，确定治疗方案，执行治疗的循环过程。在这个过程中，主导者是医生，他们需要不断从临床的体征检查、护理、治疗和病情监护中获取病人信息，还需要借助其他手段如设备检查、化验、手术等获取辅助信息，借助药品协助治疗等。临床信息组成很杂，内容丰富多彩。以医护为主导的临床信息包含内容，如图3－1－3所示。

临床信息系统是临床信息的集合，是整个医院信息系统中非常重要的一部分，服务于临床医护人员和医技科室。临床信息系统包括所有以临床信息管理为核心的系统，主要有电子病历、医生工作站、护士工作站、医学图像存储与传输系统、放射科信息系统、实验室信息系统、重症监护信息系统、手术麻醉信息系统、临床决策支持系统等。按照医疗业务应用片区分，临床信息系统可以分为门诊系统和住院系统两大部分。

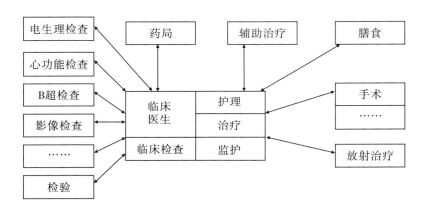

图 3 - 1 - 3   临床信息组成及相互关系

二、门诊系统

1. 医院门诊特点

门诊既是直接接受病人进行诊断、治疗、预防保健和康复服务的场所，也是进行医学教育和临床科研，以提高医院科学技术水平和医务人员业务能力的重要阵地。医院门诊工作具有"五多一短"的主要特点：①病人集中多。②诊疗环节多。③人群杂、病种多。④应急变化多。⑤医生变换多。⑥诊疗时间短。

2. 医院门诊业务流程

虽然各家医院门诊的经营思想、管理策略有所不同，但各家医院的业务流程却极为相似。

医院门诊的业务流程是病人到医院就诊的全过程，从挂号、诊断、缴费，到取药、治疗。传统的门诊业务流程如图 3 - 1 - 4 所示。

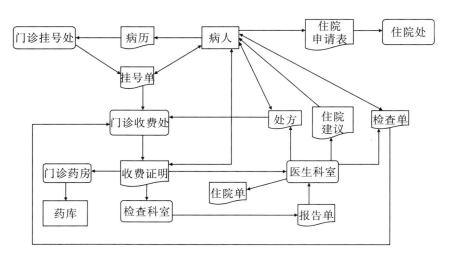

图 3 - 1 - 4   门诊业务流程

3. 门诊系统的功能与组成

门诊系统是基于门诊业务特点和门诊业务流程，对门诊病人的基本信息、诊疗信息、资金信息、药品信息进行采集、处理、存储和传递，协助医护人员完成日常诊疗工作的计算机系统。常见的门诊系统包含门诊挂号系统、门诊医生工作站、门诊护理工作站、门诊药房、门诊收费系统的男子系统。

（1）门诊挂号系统：基本功能是协助挂号人员完成患者挂号业务。主要是采集患者最基本的信息，为之后的各模块提供基本信息的共享。患者最基本的信息包括病人的姓名、性别、年龄、住址、联系方式、联系电话、参保类型、挂号科室等；系统需要记录病人初诊的信息，同时通过系统对每个病人生成一个唯一的病历号和当天的门诊号，以便于病人候诊。

1）挂号：①挂号主界面。主界面各功能介绍：前台业务模块包括挂号、退号等；结账处理模块包括挂号员日结、挂号日报表、全院日结等；查询分析模块包括挂号情况统计、一日挂号分析、挂号病人浏览、门诊病历查询等；系统设置模块包括调整挂号计划、门诊病历管理、选项等。②系统服务包括全面完善的日常挂号窗口业务功能；根据院情设置专家、专科及挂号收费标准，初诊时确定病人门诊号，此门诊号终身使用，复诊时输入门诊号调用病人信息，可根据病人的身份和不同的挂号类型，自动计算出自负和记账金额，并在收费日结的时候自动划分现金、划卡、记账费用，挂号费日结，便于挂号费上缴对账，自动产生会计凭证供财务系统使用，挂号主窗口支持全键盘操作，支持医保IC卡和条码挂号，支持专家的限号和限时挂号，支持病人选医生挂号，预留有电话预约、网上挂号，以及触摸屏等自助挂号功能。③挂号操作：点击"前台业务"→"挂号"，进入本功能。键入门诊号（门诊号也称病历号），也可以输入医疗卡号，系统将根据此号查找门诊病历，如果该门诊号存在，则将该门诊号的病人信息提取到本次界面中，供操作者编辑，否则将由操作者输入后面的病人信息。编辑病人基本信息（姓名、性别、身份证号、出生日期、年龄、住址等）。键入挂号类别。挂号类别用于区分本次就诊是普通门诊、专科门诊、专家门诊、急诊等。输入就诊科室。该键入项根据挂号类别不同要求给出不同的内容：普通门诊要求给出就诊科室；专家门诊要求给出专家姓名；专科门诊要求给出专科科室；急诊门诊要求给出急诊分科。键入病人费别。系统将病人归为三类即自费病人、医保病人和记账病人，这三种病人要求输入不同的附加信息：自费病人无附加信息；记账病人、记账编号、记账单位；医保病人IC卡号、参保号、IC卡余额、医保地区、人员类别等。校对键入信息的正确性。确认无误后单击"确定"按钮完成本次挂号。此时系统将打印出挂号收费收据或处方笺。

2）退号操作：①单击主菜单中的"前台业务"→"退号"，进入本功能。②输入病人处方签上的流水号并回车，病人挂号时登记的信息会显示到屏幕上，核对无误后单击"确定退号"按钮。

3）挂号日报表：提供汇总各挂号员一天的挂号业务，挂号员完成了日结账后由组长做挂号日报表，根据全院日结报表核对各挂号员的日结账报表的总数，核对一致后缴款。

（2）门诊医生工作站：是门诊系统的主要功能。在门诊的医疗活动中，对于门诊病人来说，最主要的是找医生看病、治病。门诊医生工作站主要是给医生提供病人基本信息、医药信息、检查治疗项目信息，辅助医生给病人开医药厨房、接诊申请单，记录医生对病人的诊疗信息，进行处理并提供给相关科室使用。

1）叫号：通常情况下，门诊医生登录系统后，可以看到该医生当前患者的候诊队列，同时医生诊室外的大屏上也显示该队列，选择某个病人，该病人资料记录相应变为蓝色，然后点击就诊按钮，医生室外的大屏上进行叫号操作。

2）接诊：病人进入诊室后，即开始接诊过程。接诊是门诊系统中最为重要的环节，接诊过程中，医生除了问询、查体、根据需要进行其他辅助检查外，还必须推理判断并制定最佳治疗方案，如药物治疗、门诊手术。医生接诊时录入病人的医嘱、检查单或化验申请单等信息，如果是复诊病人，可在系统中查阅已经完成的检查化验结果或者影响照片，根据各种医学证据做出诊断，并在此基础上，开出治疗的药物处方。

3）查询：检查、检验手段是医生诊疗的辅助手段，是询证医学发展的需要，查询检查、检验结果，是医生工作站必备的功能，为医生准确、快捷的诊治提供完整、直观、有价值的参考。

试验检查结果查询：医生输入要查找的申请单的申请日期、患者流水号，就可以调出病人的检查信息，检查结果。

（3）门诊收费系统：主要对病人在门诊就诊过程中产生的检查、化验、门诊手术、治疗、用药等费用，所有未收费的明细进行收费操作，生成并打印门诊收费收据和记账小票。除主要的收费功能外，门诊收费系统该应该能修改患者参保类型，患者参保类型直接关系到收费比例。

门诊收费系统主要功能如下。

1）收费：输入病人挂号信息，系统自动列出患者看诊的所有记录，包括医嘱明细，需检查、治疗、手术等项目，并自动统计金额。收费员仅需在收费业务处理区选择患者付款方式，如现金、支票、银联卡或医保卡等，并处理收费业务，打印收据即可完成收费功能。

2）医保收费：在收费过程中，如果病人参加医保，可以进入医保收费，选取医保类型收取病人的费用。

3）退费：任何原因的门诊退费，都需要先作废收据，使所有收费明细都转为未收费状态，再根据实际情况重新收费。如病人因药品过敏仅退还处方中的某一种药，收费员在作废收据后，把检查、化验、治疗等项目费用以及其他每退回的药品费用重新收费。

（4）门诊药房发药系统：为了保障用药的安全，避免因药品发放失误伤害病人，我国卫生部门对医院药品管理有一系列的管理条例和实施细则。对门诊药房的配药发药流程分开，双重核对，保障患者不会取错药、吃错药。药房发药系统主要功能是完成药房配药、发药与退药。缴费后的医嘱信息自动传到药房发药系统，药房工作人员进行配药和发药。

1）药房配药：系统自动接收已收费的并且分配到该窗口的待配药的处方队列，药房人员打印配药单并进行配药，配药完成时将处方病人信息显示出来，并记录配药人员的工作量。

2）药房发药：发药与配药流程分开，是基于药房管理的需要，配药过程配药单与药品核对，发药过程处方与药品核对，双重核对以确保病人用药安全。

3）药房退药：因患者对药品过敏、药物不良反应或其他原因需要退药时，药房必须为患者进行退药，并记录退药人员，用于退药的工作量统计。

由于草药比较特殊，配好的草药，每一剂中含有很多味药材。配好的草药如果退回，药房无法回收。现实世界中，一般情况下，草药不给退药。因此门诊药房系统中，已发药的中草药不可以进行退药操作。

三、住院系统

1. 住院业务流程及内容

住院系统以病人在院期间的医疗活动为主线，采集、处理、存储和传输病人基本信息、查体信息、检查化验信息、手术信息、治疗护理等信息，并形成医疗文档。

（1）住院业务流程：住院诊疗是医院整体医疗水平的保障，也是医院医疗质量的集中体现。住院业务流程涉及医疗、护理、检验检查、药房、收费和病案管理等医院多个部门，利用先进的卫生信息技术进行住院业务流程的优化与再造，可以从整体上提高医院的工作质量和工作效率，使病人获得更为适宜、便捷和质优价廉的医疗服务。传统的住院业务流程如图 3-1-5 所示。

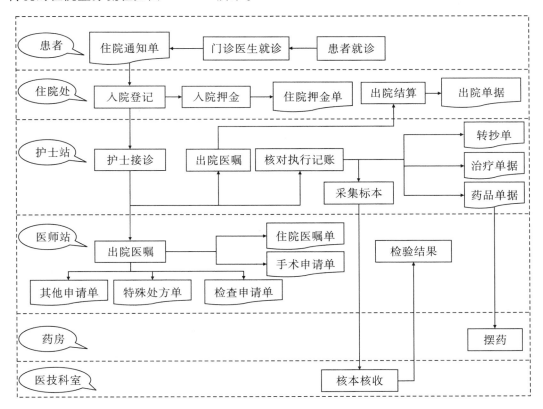

图 3-1-5 住院流程图

（2）住院业务内容：住院诊疗由于住院病人病情相对复杂，住院治疗过程往往是一个诊疗组织协同合作的过程。在住院病区，住院诊疗组织相当于一个团体，涉及多部门、多人员。其特点是以病房管理为中心，涉及多学科多部门的协作；以三级医生结构为核心、医疗业务活动为重点的管理系统；医疗活动的连续性、协同性、系统性和综合性。住院诊疗的业务包含以下环节。

1）检诊：是病房医护人员对新入院的病人首诊过程，是医疗决策的首要环节，要求及时、认真、准确。

2）查房：是医护人员巡视病人的通称，是基本医疗活动。

3）会诊与病例讨论：会诊是指对疑难重症病例、涉及多学科的综合病症、抢救危重病例及医疗技术难题等请求诊疗小组以外的医师提供诊治意见、给予指导时，所采用的诊疗方式。

4）治疗：根据诊断的结果制订治疗方案并严格执行。

5）病例书写：病历是诊疗过程中，医护人员对病员所患疾病发生、发展变化，诊治经过，治疗效果及病人心理状态、治疗反应等的真实记录；是医疗、教学、科研、医院科学管理不可缺少的资料；是评价医疗质量，考核医师技术水平，收集医疗统计原始资料的依据；还是某些人出生、死亡日期，有病休息等证明的实据档案，因此医护人员必须以认真负责的精神和实事求是的科学态度书写好病历。

6）晨会与值班制度：①晨会是医护人员交流诊疗信息，保持诊疗环节连续性进行的医务组织形式，属病房工作例会。②值班制度是在夜间、节假日及集体学习、劳动和会议等时间，设值班医护人员履行巡视病房，完成新入院、危重病人及急诊会诊医疗诊治任务和急症手术。

7）随访：随访是住院诊疗工作的延续，是开展家庭医学、进行全面综合性医疗服务的途径，应引起重视并成为制度。

2. 住院系统的组成与功能

住院系统是临床信息系统的核心组成部分，是依据住院诊疗业务的内容，针对住院病人在院的医疗活动，收集、处理、存储和传输病人的被检诊信息、医生查房信息、会诊与病例讨论情况、治疗护理等信息，对住院病人在住院期间产生的数据进行较为完整的采集和管理。基于住院检查系统（如影像系统、监护系统）、实验室系统、住院治疗系统（如手术麻醉系统）、住院发药系统、住院结账等子系统，如图 3 - 1 - 6 所示。

（1）住院登记系统：经门诊医生诊断，病情复杂，在门诊无法处理的疾病，经接诊医生开住院通知单，入院处为病人办理住院手续。住院登记子系统的功能主要完成为患者办理住院，进行住院登记以及相关的报表统计与查询功能。

1）入院登记：入院登记是入院处置处最常用的业务模块。它完成病人基本数据的录入和修改、注销住院号。该功能是所有住院病人入院的第一道手续。系统在这里录入病人的基本信息。

2）注销登记：如果病人已成功办理入院，分配了住院号，但是由于某种原因需要取消操作，该功能是用来注销入院登记病人信息使用的。

3）留观病人登记：急诊需要留院观察的病人，在留院登记时已经分配了门诊床

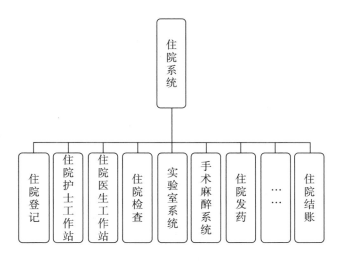

图 3 - 1 - 6 住院系统功能结构

位，病人从急诊留观室转科到普通住院科室，只需要调出病人本次住院信息。该功能是给留院观察病人入院使用的。

4）查询功能：为了方便入院处人员的工作，提高工作效率，系统提供了病区床位查询分配情况查询、入院病人查询、入院登记报表等，方便部门管理以及工作量考核。

（2）住院护士工作站：护理是医疗管理的重要部分，直接关系到医疗质量。病房护理是一个繁杂的过程，护理人员不但要配合医生对病人诊疗，如分配床位、执行医嘱、测体温、量血压、采集标本、协助病人检查、换药治疗等，还需要管理病人，如病人押金不足、欠费、科室常备药品、急救药品、一次性医用耗材的补充等诸多事情。护理信息有来自对病人治疗护理的信息，也有来自药品、设备、装置等信息。来源广泛、复杂、相关性强、随机性大。护理信息系统包含内容多，这里仅对通用护士工作站进行介绍。

1）床位管理：查阅病人病历资料，显示打印病区床位使用情况。①分配床位：给办理入院手续的病人分配床位以及管床医生。②床位统计：对各病区的床位使用情况进行统计。

2）医嘱处理：住院护士工作站每天主要业务就是处理医嘱，对医嘱转抄、校对和执行。住院护士工作站医嘱处理功能就是在系统中转抄来自医生工作站新开立的医嘱，审核医生的医嘱，查询并打印医嘱执行单，请求药房发药，核对药品并进行配药，按医嘱为病人治疗。医嘱处理的过程遵守医疗规范"三查七对"，以确保护理治疗安全。①药品医嘱核实：选中要审核的医嘱，点击保存即可审核。②打印医嘱执行单：这是医疗质量和医疗安全保障，医嘱执行单主要用于核对药房发放的药品，按医嘱配药和治疗。在病房里，通常情况下，打印全部病人执行单，也可以打印需要床号的执行单。③医嘱发送：医嘱只有被校对以后才可以发送，医嘱被发送后，费用随着自动产生。长期医嘱必须每天发送一次。医嘱发送的步骤分为三步：设置发送条件，读取医嘱数据，发送医嘱。医嘱在发送后产生相关费用，当天的医嘱不能重复发送，所以不会造成重复计费的问题。

3）护理管理：护士工作站的护理管理功能，主要记录病人的生命体征及相关项目信息，如体温单等。

4）费用管理：费用管理是护士工作内容之一。住院诊疗活动中，消耗大量的卫生材料，如注射器、纱布、棉签等；护理过程中产生的治疗费等信息，需要记录。

（3）住院医生工作站：住院医生的医疗工作是全院工作的中心环节，与医院其他科室有广泛的联系，也是全院医疗质量的关键所在。因此，住院医生工作站也必然是医院信息管理系统（HIS）中的核心部分。住院医生工作站的内容包括了住院医生所有医疗活动和日常事务工作，主要功能有医嘱录入、开检查单、化验单、电子病历、病程录、医技报告查询、统计功能、教学资料等。

1）医嘱处理：这里的临床医嘱业务指住院医嘱业务，相关处理涉及药物与药品、医嘱与费用、医嘱打印等方面。医嘱是指经治医师在医疗活动过程中为诊治患者下达的医学指令。医嘱按照时效性分为长期医嘱和临时医嘱。

2）病例管理：住院病人每次住院形成一份病历。病人到了病区，医生需要给病人新建一份病历，才能开展各种诊疗信息处理。病历常规包括首页、病程、检查、检验和体温单等内容。病人在院期间，病历由经治的医生负责管理。因此，病历管理是住院医生工作站主要功能，包含建立病历、记录病程、开检查检验单、下达医嘱、查询各检查结果等。

3）查询功能：为医生提供病人全面信息，让医生能更加准确地给病人诊断治疗，是医生工作站必备的功能。因此查看各种检查、化验报告，查询病人既往病史和治疗过程、历次诊疗信息以及病人病情有关的相关病案，以病人为中心，为医生提供诊疗活动中一切查询。

（4）住院发药系统。

1）科室发药：住院系统中，各子系统互通互联，医生下达医嘱，经护理人员审核成医嘱药单，传递至住院药房发药系统。药剂师审核后进行配药发药。药品种类多，不同剂型、不同用法的药品其执行方法也不同，如药品有片剂与针剂，用药途径有口服、有注射。因此，在药房系统中，根据医嘱来源和医嘱中用药途径，发配药管理分为长期口服、临时口服、贵重药品、麻醉药品、精神药品和普通针剂等。

2）退药处理：退药是指已经发放到病区，尚未用到病人身上，因医疗或病人原因需要停止使用的医嘱药品。退药请求来自于病区医嘱管理，病人停医嘱后，系统会自动计算产生退药单，并传到药房。

3）查询功能：药房管理中，涉及很多麻醉药品、贵重药品以及精神药品，发放这些药品都有相关的法律法规。因此，提供药品发放查询功能、统计药品发放情况是住院药房系统应有的功能。

（5）住院结账系统：住院病人所有费用，都是在医疗过程中产生的。住院病人是先诊疗，后记账，为了避免病人跑费、欠费，病人入院登记后，需要先交押金，在院期间因检查、治疗产生的费用可从押金中扣除。住院收费系统主要功能是押金处理、出院结账以及费用明细账处理。

1）押金处理：预交押金是各家医院有史以来的管理方法。

2）费用明细处理：住院病人的费用在诊疗过程中产生，如医嘱发药产生的药品费用，执行某些医嘱时产生治疗费用，根据床位护理信息，在院期间自动产生床位费、护理费等，基于后台大量管理系统的支持，这些费用由系统自动划价。由于某些原因，存在无法自动划价或者划错价的情况，需要收费员修改费用明细。

3）出院结账：处理病人一段时间或者整个住院期间的费用。包含中期结账、出院结账以及取消结账等功能。病人在病区批准出院前，所有的检查、治疗、手术、药品医嘱等必须处理完毕，有任何没处理完的医嘱存在，系统无法让病人出院。因此，凭病区打印的病人出院通知单，给病人办理出院结账。

四、实验室信息系统

1. 实验室信息系统的概念和作用

（1）实验室信息系统的概念：实验室信息系统（LIS）是将以数据库为核心的信息化技术与实验室管理需求相结合的信息化管理工具。以 ISO/IEC 17025：2005－5－15《检测和校准实验室能力的通用要求》（国标为 GB 15481）规范为基础，结合网络化技术，将实验室的业务流程和一切资源以及行政管理等以合理方式进行管理。

实验室信息管理系统的基本功能包括：业务流程管理、各类资源管理、行政管理以及各类客户需要个性化定义的功能。

（2）实验室信息系统的作用：实验室信息管理系统是实验室管理科学发展的成果，是实验室管理科学与现代信息技术结合的产物，是利用计算机网络技术、数据存储技术、快速数据处理技术等，对实验室进行全方位管理的计算机软件和硬件系统。其具体作用有以下方面：①提高样品测试效率。②提高分析结果可靠性。③提高对复杂分析问题的处理能力。④协调实验室各类资源。⑤实现量化管理。

2. 医院实验室的业务流程

医院实验室集中了大量的仪器设备，针对病人的样本提供各类化验，以获取各类化验结果数据。样本和设备处于医院不同部门，获取样本和进行化验的过程在不同部门进行。

检验流程是从医生下达检验医嘱到获得检验结果的全过程，如图3－1－7所示。

传统的检验过程，从病人样本的采集到检验部门样本核收，中间传递经常是医院的杂务人员，装样本的容器往往没有任何标识，样本靠写有化验申请的那张纸包着，传递过程任何问题，都会导致样本与申请单脱落，核收样本时无法校对。检验过程环节多，等待结果时间长，结果传递不及时或者丢失。

实验室信息系统信息传递的实时性从根本上解决了样本核收、报告管理等问题，同时规范化检验过程，为临床医护提供更为丰富的病人检验资料及分析结果。

3. 实验室信息系统功能组成

基于实验室业务流程，实验室信息系统主要处理检验业务，包含检验申请单的录入及自动处理、样本核收及预处理、检验结果数据的采集和输入、检验结果审核及检验报告发布等。在数字化医院，检验申请单信息来源于医生工作站，样本采集信息来源于护士工作站。因此，实验室系统主要功能包含样本管理、数据监控、报告管理、质量控制以及查询管理等。

（1）样本管理，样本信息录入。

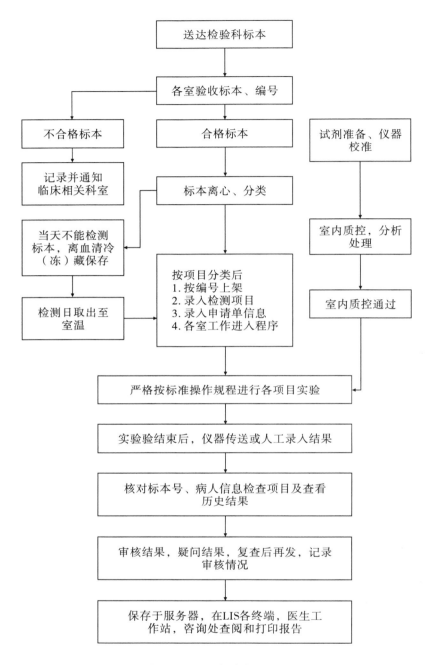

图 3-1-7 实验室流程图

（2）数据监控与审核。

（3）报告管理。

（4）查询管理：查询检验结果和统计分析等是系统必备功能。实验室系统的统计分析功能能够向医护人员提供病人特定时间内同一项目化验结果的动态分析。

五、电子病历系统

1. 病历与电子病历

（1）病历的基本概念：病历亦叫病史、病案，是医务人员对病人患病经过和治疗病历情况所做的文字记录。病历是医生诊断和治疗疾病的依据，是医学科学研究的很有价值的资料。

病历是指医务人员在医疗活动过程中形成的文字、符号、图表、影像、切片等资料的总和。其主要由临床医师以及护理、医技等医务人员实现。他们根据问诊、体格检查、辅助检查、诊断、治疗、护理等医疗活动所获得的资料，经过归纳、分析、整理而完成病历。病历不仅记录病情，而且也记录医师对病情的分析、诊断、治疗、护理的过程，对预后的估计，以及各级医师查房和会诊的意见。因此，病历既是病情的实际记录，也是医疗、护理质量和学术水平。病历作为患者整个诊疗过程的原始记录，记载了病人住入医院后由患者或陪同人陈述发病经过，医护人员对患者进行诊断、治疗、理化检查，直至病人出院或死亡全过程的真实情况。

（2）病历的分类及内容：病历一般分为两类，即门（急）诊病历和住院病历。

1）门（急）诊病历：门诊病历俗称小病历，是为现今各医院使用的、多由病人自己保管的病历，是病人在门（急）诊就诊及检查过程的记录。包括门诊病历首页，其内容包括患者姓名、性别、年龄、工作单位或住址、药物过敏史写在门诊病历首页，病历记录，化验单（检验报告）、医学影像学资料等。

2）住院病历：住院病历分为主观性病历和客观性病历，住院病历内容包括住院病案首页、入院记录、病程记录、手术同意书、麻醉同意书、输血治疗知情同意书、特殊检查（特殊治疗）同意书、病危（重）通知书、医嘱单、辅助检查报告单、体温单、医学影像检查资料、病理资料等。其中主观性病历包括死亡病例讨论记录、疑难病例讨论记录、上级医师查房记录、会诊意见、病程记录等五类，客观性病历包括其门诊病历、住院志、体温单、医嘱单、化验单（检验报告）、医学影像检查资料、特殊检查同意书、手术同意书、手术及麻醉记录单、病理资料、护理记录以及国务院卫生行政部门规定的其他病历资料。

3）病历内容：①门（急）诊病历书写内容包括门（急）诊病历首页（门〔急〕诊手册封面）、病历记录、化验单（检验报告）、医学影像检查资料等。②住院病历内容包括住院病案首页、住院志、体温单、医嘱单、化验单（检验报告）、医学影像检查资料、特殊检查（治疗）同意书、手术同意书、麻醉记录单、手术及手术护理记录单、病理资料、护理记录、出院记录（或死亡记录）、病程记录（含抢救记录）、疑难病例讨论记录、会诊意见、上级医师查房记录、死亡病例讨论记录等。

（3）电子病历基本概念：电子病历是用电子设备（计算机、健康卡等）保存、管理、传输和重现的数字化的病人的医疗记录，取代手写纸张病历。它的内容包括纸张病历的所有信息。

究竟什么是电子病历，学术界至今仍缺乏统一的认识。根据目前的研究，理想的电子病历应当具有两方面功能：①医生、患者或其他获得授权的人，在需要了解一个个体的任何健康资料或相关信息时，在任何情况下都可完整、准确、及时获得它们，并可得到准确的释义，在需要时可以最大限度地得到详细、准确、全面的相关知识。②电子病历可以根据自身掌握的信息和知识，主动进行判断，在个体健康状态需要调整时，做出及时、准确的提示，并给出最优方案和实施计划。③《电子病历基本架构与数据标准（试行）》给出的定义：电子病历是由医疗机构以电子化方式创建、保存和使用的，重点针对门诊、住院患者（或保健对象）临床诊疗和指导干预信息的数据集成系统。

2. 电子病历系统的组成与功能

（1）电子病历系统的组成：如图 3-1-8 所示。

1）一体化工作平台：在电子病历工作平台内，采集到病人所有相关医疗信息，并完成所有医疗操作；完整的病人基本信息；每日护理信息；每日病历信息；治疗医嘱信息；检查、检验信息。

2）电子病历录入系统：编辑、浏览、打印病历，结构化录入、文字编辑，所见即所得，类 Word 人性化操作，丰富的辅助录入工具，标准化模板为主、个人模板为辅，自定义编辑医学图片，图文并茂。

3）医嘱录入系统：符合医嘱规范的长短医嘱录入，支持医嘱成组，痕迹保留，自定义成套医嘱，过敏药物提示，处方规则。

4）质量管理系统：完备的病历时限质量控制体系，方便医院管理，提高医生病历质量；系统质量监控；系统预警功能；系统反馈功能；病历归档功能；智能评分功能；所见即得的三级检诊痕迹机制。

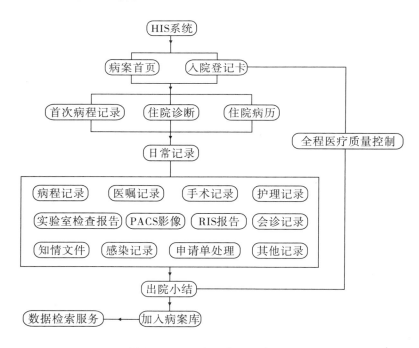

图 3-1-8　电子病历系统组成

（2）电子病历系统的功能与使用。

1）电子病历系统的功能：包含基础功能、主要功能和扩展功能三部分。①电子病历系统的基础功能：包括用户授权与认证、使用审计、数据存储与管理、患者隐私保护、字典数据管理等功能。②电子病历系统的主要功能：包括电子病历创建、患者既往诊疗信息管理、住院病历管理、医嘱管理、检查检验报告管理、电子病历展现、临床知识库、医疗质量管理与控制等功能。③电子病历系统的扩展功能：包括电子病历系统接口和电子病历系统对接等功能。

2）电子病历系统的使用：①进入医生工作站。②双击病人信息，进入电子病历书写界面。③病案首页的填写：双击"病案首页"部分，填写病案首页中"主要信息"的相关内容（入院诊断和主诊断为必填项）。④填写入院记录：双击"住院记录"部分，在"新建病历"对话框中，选择所需的"模板"，选择后，进行书写。⑤填写病程记录：双击"病程记录"部分，在"新建病历"对话框中，选择所需的"模板"。书写完首次病程记录后，点击左上角的"新建"，书写日常病程记录。将首次病程记录和日常病程记录分开书写，按照此方法书写主任医师查房记录、交接班记录、转科记录、出院记录等。⑥患者出院：患者出院的具体操作为：在"在院患者管理"中先选中该患者然后点击上方的"出院"。该患者就不在"在院患者"中显示，如需查看，可在"离院患者"中检索查到。⑦患者出院打印电子病历时需点击上方工具栏中的"整份病历预览"进行打印，如有上级医师的修改记录，请点击"清洁打印"后，再对病历进行打印。且只有主管大夫才能打印患者病历，保证了电子病历的安全性。

任务评价

学习任务完成评价表

班级：_____ 姓名：_____ 项目号：_____ 任务号：_____ 任教老师：_____

项目	考核项目 （测试结果附后）	记录与分值			
		自测内容	操作难度分值	自测过程记录	操作自评分值
作品评价	临床信息系统特点及组成	1. 临床信息系统的定义 2. 临床信息系统的特点 3. 临床信息系统的组成	20		
	门诊系统	1. 医院门诊特点 2. 医院门诊业务流程 3. 门诊系统的功能与组成	20		
	住院系统	1. 住院业务流程及内容 2. 住院系统的组成与功能 3. 成本核算管理系统	20		

续表

项目	考核项目 （测试结果附后）	记录与分值			
		自测内容	操作难度分值	自测过程记录	操作自评分值
作品评价	实验室信息系统	1. 实验室信息系统的概念和作用 2. 医院实验室的业务流程 3. 实验室信息系统功能组成	20		
	电子病历系统	1. 病历与电子病历 2. 电子病历系统组成与功能	20		
教师点评记录				作品最终评定分值	

<h1 style="text-align:center">任务拓展</h1>

一、课堂操作练习

【素材】

小李，男，25岁。他是一名出租车司机，由于长期不能按时吃饭，经常胃痛，去当地医院就诊，门诊医生诊断为慢性胃炎，需要住院治疗。请你作为他的管床医生，制作一份住院病历首页。

操作要求：按照电子病历格式要求。

二、课后作业

1. 临床信息系统的特点和组成是什么？
2. 请查询《临床信息管理系统规范》。

（刘　军　高　瀚）

项目 2 社区卫生服务和新型农村合作医疗信息系统

任务 1 认识社区卫生信息系统

任务描述

社区卫生信息系统以居民健康档案信息系统为核心，以基于电子病历的社区医生工作站系统为枢纽，以全科诊疗、收费管理、药房（品）管理等为主要的功能模块，满足居民健康档案管理、经济管理、监督管理和公共卫生信息服务管理等基本需求。认识社区卫生信息系统，是医学生将来进入社区后能够更好地为社区居民健康服务的保证。

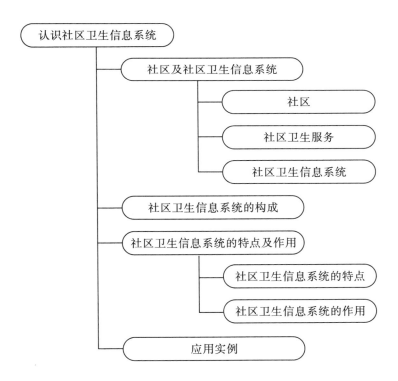

基本要求

1. 知识与技能

（1）知道社区、社区卫生服务和社区卫生信息系统的概念。

（2）知道社区卫生信息系统的组成。

（3）知道社区卫生信息系统的特点及作用。

（4）认识社区卫生信息系统的应用。

2. 过程与方法

（1）通过教师讲解的方式，培养学生对社区卫生信息系统的学习兴趣。

（2）通过分组讨论，加深对所学知识的印象，巩固学习成果。

3. 情感态度与价值观

（1）通过师生的相互交流和团队的协作学习，培养学生养成严谨的学习态度和团结协作的精神，体验探究问题和学习的乐趣。

（2）培养良好的学习态度和学习风气，感受社区卫生信息系统对我们医学生的影响。

任务分析

社区卫生信息系统的成功实施将城乡社区卫生服务机构数字化、网络化，可以更好地满足城乡社区居民的健康保健水平，有效提升社区健康服务机构的服务质量。通过本次任务，增强了医学生将来就业的砝码，为他们走向社会打下了一定的基础。

任务实施

一、社区及社区卫生信息系统

1. 社区

社区是若干社会群体或社会组织聚集在某一个领域里所形成的一个生活上相互关联的大集体，是社会有机体最基本的内容，是宏观社会的缩影。

社区的特点：有一定的地理区域，有一定数量的人口，居民之间有共同的意识和利益，有着较密切的社会交往。

2. 社区卫生服务

社区卫生服务（CHS）是社区建设的重要组成部分，是在政府领导、社区参与、上级卫生机构指导下，以基层卫生机构为主体，全科医师为骨干，合理使用社区资源和适宜技术，以人的健康为中心、家庭为单位、社区为范围、需求为导向，以妇女、儿童、老年人、慢性病人、残疾人、贫困居民等为服务重点，以解决社区主要卫生问题、满足基本卫生服务需求为目的，融预防、医疗、保健、康复、健康教育、计划生育技术服务功能等为一体的，有效、经济、方便、综合、连续的基层卫生服务。

3. 社区卫生信息系统

社区卫生服务信息系统以居民健康档案信息系统为核心，以基于电子病历的社区医生工作站系统为枢纽，以全科诊疗、收费管理、药房（品）管理等为主要的功能模块，满足居民健康档案管理、经济管理、监督管理和公共卫生信息服务管理等基本需求。社区卫生服务信息系统的使用对象是城乡各级社区卫生服务中心、服务站、诊所、村卫生室等。社区卫生服务信息系统是区域公共卫生服务信息系统的重要组成部分。

二、社区卫生信息系统的构成

社区卫生信息系统（CHIS）是一个综合性的信息系统，包括医疗、预防、保健、康复、健康教育和计划生育技术指导的六位一体的卫生服务信息，由多个子系统有机构成。CHIS的组成可以概括为：一个核心（居民健康档案），两个分系统（社区卫生综合管理、社区卫生服务管理），六个重点（医疗、预防、保健、康复、健康教育和计划生育）。

由于目前社区卫生信息系统的构成尚无国家标准，各省市及相关研究机构都在探索过程中，大部分对于社区卫生信息系统构成的阐述都是以不同的主线来建立组成模块。

社区卫生信息系统从网络构成的角度可分为数据中心、链路、终端等三级结构；从发展进程可分为建设运行、维护安全、升级等三个阶段；从参与人员方面又可以分为系统管理人员、全科医生、社区健康服务人员、居民、行政主管人员、系统开发建设人员等；从使用的技术和标准角度来分又可分为医学技术、软件技术、网络技术、硬件技术、标准等。

通常情况下，社区卫生服务信息系统应该包括如下基本的功能模块：居民健康档案信息系统、基于社区医生工作站的全科医学诊疗系统、基于通用条形码技术的一卡通系统、双向转诊平台系统、药店（品）管理系统、社区护士工作站、社区医院收费管理系统、短信平台系统、区域健康服务业务交流平台系统等。同时，为了更好地实现区域公共卫生数据资源共享，在普遍实施社区卫生服务信息系统的基础上，主管部门（卫生局、中心医院等）还应该建设中心数据库管理系统和基于B/S的社区居民健康服务系统等。

三、社区卫生信息系统的特点及作用

1. 社区卫生信息的特点

（1）个体属性：社区卫生服务对象是每个居民，因此它绝大多数的信息都来自社区每一个居民或附属于每个居民个体上，例如某一个儿童预防接种了哪种疫苗，某一个老人的血糖指标是多少等。因此个体属性是社区卫生信息的一个特点。

（2）连续属性：每个人的健康档案开始于他的出生，记录了他的最初信息（身高、体重等），甚至开始于更早的胚胎时期。健康档案伴随其一生直到临终。健康档案是个人生命长河中全部健康数据的总和。儿童保健、孕妇保健只是生命长河中的不同阶段，而其中预防接种、疾病诊断、治疗手术等具体数据则是生命长河中的每一滴水。根据连续属性特点，健康档案将以时间为序。

（3）群体属性：社区卫生信息是在一定范围（一个社区）内产生的，它具有共同的自然环境、社会人文环境、社区资源条件的背景及影响因素。这些社区基础信息的共性，会产生带有群体属性的卫生信息，例如邻近矿山的社区矽肺发病率较高。

（4）共享性：社区医疗是"第一线"医疗，是一种初级、基础的医疗。对于重症、危急、疑难病人将转入专科医院或大型医院。因此，全科医生与专科医生将共同治疗同一病人，共享同一个病人诊断、检查、治疗、转归信息，才能达到一个持续、完整、有效的治疗。这就是"共享医疗"的概念。

2. 社区卫生信息系统的作用

根据社区卫生信息系统的结构，进一步分析从功能角度划分的各个模块以及它们的作用。

（1）健康档案基础信息模块：档案管理是社区卫生服务信息系统的重点、难点和核心。包含新建档案、注销档案、删除档案、恢复档案、查询档案、档案更新功能。其中，新建居民档案又包含居民个人健康档案和家庭档案两部分。居民健康档案是记录有关社区居民健康资料的系统文件，针对不同的人群其包含的内容也不完全一致。一般都包括基本信息、健康行为资料、临床基本资料、就诊记录（SOAP记录）、免疫记录、化验及辅助检查记录、问题目录、长期用药情况等部分；对于慢性病人有"慢病记录"；对于女性居民会有"妇女保健记录"；对于残疾居民有"残疾情况"；对于儿童有"儿童保健记录"。家庭档案的内容包括家庭基本情况、家系图、家庭评估资料、家庭问题目录、家庭成员档案。

（2）健康专项档案信息管理模块功能模块：实现育龄妇女专项档案、老年人专项档案信息管理、口腔卫生保健专项档案管理、眼睛保健专项档案信息管理的录入、修改、删除、查询维护，统计分析及打印。

（3）儿童保健信息管理模块功能模块：社区卫生服务站居民健康儿童专项信息管理是对社区内0~6岁儿童进行全面管理。

（4）孕产妇系统信息管理模块功能模块：主要对孕产妇的产前检查、产后访视、孕产妇的基本信息、新生儿体检信息、体弱儿信息、双胎统计、异常产妇、孕妇贫血登记等信息的维护和管理。

（5）儿童免疫预防信息管理模块功能模块：对辖区内的适龄儿童和在辖区内长期居住的外地婴幼儿，建立健全免疫接种档案。

（6）康复功能模块：主要实现精神疾患专项档案、残疾人专项档案、慢性病患者专项档案的录入、修改、删除、查询维护，统计分析及打印。

（7）全科诊疗模块功能模块：医生工作平台集医疗、保健、康复、预防、生育指导、健康教育为一体，及时建立和更新居民健康档案。

（8）药品药局管理模块功能模块：药品药局管理对药品购进入库、药品出库、药品定价调价、药品库存管理、药品口令权限设置以及药品使用情况分析等进行管理。

（9）数据传输模块功能模块：主要实现转入转出、数据上传、双向转诊、报表上传等功能。

（10）数据报表管理模块功能模块：生成社区人口状况分析统计表、社区主要亚健康状态及保健治疗统计表、社区主要疾病统计表、社区主要死因疾病统计表、儿童系统管理报表、孕产妇年报表、儿童计划免疫报表和全科诊疗报表。

（11）系统用户信息管理模块功能模块：系统用户信息管理是对系统进行系统初始化、代码维护、用户设置、数据备份等进行管理。

四、应用实例

根深蒂固

加拿大医生丹尼斯·福特在温尼伯长大，他在曼尼托巴大学获得医学学士学位，并在那里接受了全科医学的培训。他在一个主要讲法语的社区从医15年。

福特医生认为乡村医生"既是朋友，又是医生"。他曾在曼尼托巴大学第45届科学年会获奖，以下节选自他的讲话。

15年前，在我开始乡村医生职业生涯的前几周，一位老年妇女认为我是因为考试没有通过而被送去做乡村医生。在她眼里，全科医生意味着分数不过关不能成为专科医生，而乡村全科医生近似于被从医学院校扔出来的学生。我目瞪口呆，无法回答。令人高兴的是14年后另一位女士吃惊地发现原来这个全科医生仅多当了两年的住院实习医，在她眼里，我们的职业比专科医生更具挑战性，因此需要更长时间来培训。我想与你们分享一些经验，这些经验说明了什么是全科医学。

一位绅士驾驶的小汽车与火车相撞，路人把他送到了急诊室。他看上去还好，咕哝着抱怨后背和腰部不适。他的血压正常，我赶紧让护士进行两个大口径的静脉滴注，护士认为我有些过于谨慎，但我了解这个人，他平时在办公室血压从不正常，为什么这次撞了火车后却血压正常了？几小时后他在卡曼摘除了糟糕的脾脏。当我了解病人时，我就知道怎样去处理当时的情况，那天晚上我们没浪费一点时间，看似"正常"的血压确实是不正常的。

有一次我冲进邻居的家中帮助她进行心脏复苏。我的邻居病倒了，最后我们把她送进了医院，在医院我把自己转换为急救医生。先进的心脏支持技术挽救了这位女士的生命，她至今仍在享受生活。

每两年我都会受学校邀请给孩子们讲吸烟的危害，我总是带几个健康的肺标本和抽烟损害的癌肺标本，因为小孩子很感性。

全科医生具有独特地位，以他们的知识和技能为各个年龄的人提供广泛的基本保健服务和急救医疗服务。全科医生必须提供的是我称为类固醇式的基本医疗保健。现在是我们全科医生站出来，在基本医疗改革中独树一帜的时候了。哪里适合我们？怎么定义我们？这些问题的答案将决定全科医生在加拿大卫生事业发展中能否继续保持活力。

从以上这则故事，我们深刻地反思一下，我国社区卫生信息系统未来的建设目标如下。

（1）以居民为中心、以家庭为单位、以社区为范围，融医疗、预防、保健、康复、健康教育、计划生育技术指导及卫生监督为一体，实施长久、有效、经济、便捷的社区卫生服务，实现"人人享有健康保健"。

（2）以经济活动为轴线，通过自动划价、出具明细账等方法，支持城镇职工社会医疗保险和公费医疗的严格经费管理，支持社区医疗机构的成本核算及经济督查与管理。

（3）以行政管理为基础，通过对社区医疗机构的人员、物资、财务等信息化管理，促进社区医院的现代化督查与管理。

（4）通过对社区卫生信息资源进行统计处理和智能分析，对整个社区居民的健康水平做出评估；向政府及卫生行政部门提供决策依据；提高全体居民的健康水平。

任务评价

学习任务完成评价表

班级：＿＿＿＿＿＿　姓名：＿＿＿＿＿＿　项目号：＿＿＿＿＿＿　任务号：＿＿＿＿＿＿　任教老师：＿＿＿＿＿＿＿＿＿

项目	考核项目 （测试结果附后）	记录与分值			
		自测内容	操作难度分值	自测过程记录	操作自评分值
作品评价	社区及社区卫生信息系统	1. 社区的定义 2. 社区卫生服务的定义 3. 社区卫生信息系统的定义	30		
	社区卫生信息系统的构成	社区卫生信息系统的构成	30		
	社区卫生信息系统的特点及作用	1. 社区卫生信息的特点 2. 社区卫生信息系统的作用	40		
教师点评记录				作品最终评定分值	

任务拓展

一、课堂操作练习

【素材】

2003 年，在某市卫生统计信息工作会议上，分组讨论主管局长的工作报告时，社区卫生服务组的大多数信息管理人员都异口同声地抱怨各自的主管领导不重视信息工作。

A 社区卫生服务中心信息室的负责人说，我们中心主任从来不去我们科室，好像这个中心没有我们这个科室一样。有一次我们要求更新计算机，我们中心主任说："还更新计算机呢，我看是该研究你们科室解散的问题了！"

B 社区卫生服务中心的信息管理人员讲，我们室在开展社区卫生服务初期帮着全科医生建了两万多份居民健康档案，装了满满一大屋子，凡来我们中心参观的都要来这里看，几乎成了中心的一大亮点。如果不是为了应付参观团，我们室也保不住了。

C 社区卫生服务中心的信息管理人员说，一年到头我们每天忙个不停，不是填登记表，就是写报病卡，一年下来这些卡、册、表、薄装了满满两柜子。可在年终总结会上，中心主任问我："你们整天忙什么？忙出个什么结果来？"听了这些话，让我们很伤心。

案例思考：

（1）为什么主管领导不重视统计信息工作？

（2）信息管理人员的工作到位了么？

（3）中心主任问的"结果"指的可能是什么？

（4）信息管理人员如何做才能受到领导的重视？

二、课后作业

（1）利用假期调查你们家所在社区的卫生信息系统的情况，并写出调查报告。

（2）查询《社区卫生信息系统基本功能规范》。

（刘 军 王凤丽）

任务2 学会社区居民健康档案管理

任务描述

健康档案是医疗卫生机构为城乡居民提供医疗卫生服务过程中的规范记录，是以居民个人健康为核心、贯穿整个生命过程、涵盖各种健康相关因素的系统化文件记录。学会社区居民健康档案管理，让医学生有能力为社区居民健康服务。

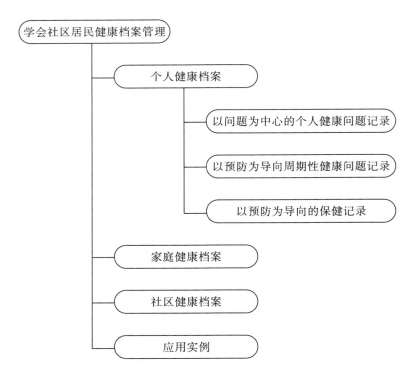

学会社区居民健康档案管理
个人健康档案
以问题为中心的个人健康问题记录
以预防为导向周期性健康问题记录
以预防为导向的保健记录
家庭健康档案
社区健康档案
应用实例

基本要求

1. 知识与技能

（1）知道个人健康档案。

（2）认识家庭健康档案。

（3）学会社区健康档案的建立。

2. 过程与方法

（1）通过教师讲解的方式，培养学生对社区居民简况档案管理的学习兴趣。

（2）通过现场演练，加深对所学知识的印象，巩固学习成果。

3. 情感态度与价值观

（1）通过师生的相互交流和团队的协作学习，培养学生养成严谨的学习态度和团结协作的精神，体验探究问题和学习的乐趣。

（2）培养良好的学习态度和学习风气，感受社区居民健康档案管理的重要性。

任务分析

社区居民健康档案是全科医生提供以社区为范围，以家庭为单位，以个人为服务对象服务的基础，是了解社区卫生状况，完成国家基本公共卫生服务的基础资料，确定社区中主要健康问题及制订卫生保健计划的重要文件资料。通过本次任务，让医学生树立将来为基层社区居民健康服务的意识，增强他们成为基层医疗服务人员的信心。

任务实施

一、个人健康档案

个人健康档案就是个人身心健康状态、亚健康状态的疾病预防与保护、非健康状态的疾病治疗等过程的规范、科学记录。个人健康档案内容主要包括以下内容。

1. 以问题为中心的个人健康问题记录

（1）个人基本资料：①一般资料，如年龄、性别、教育程度、职业、婚姻、种族、社会经济状况、身份证号码等。②健康行为资料，如吸烟、饮酒习惯，运动，就医行为等。③临床资料，如既往史、家族史、生物学基础资料、预防医学资料（免疫接种及周期性健康检查记录）、心理评估、行为等资料。

（2）健康问题目录：健康档案的主要内容。所记录的内容是过去曾经影响、现在正在影响或将来还会影响个体健康的问题，可以是明确的或不明确的诊断、无法解释的症状、体征或实验室检查结果，也可以是社会、经济、心理、行为问题（如失业、丧偶、偏离行为等）。健康问题分主要问题和暂时性问题。

（3）病情流程表：某一主要问题在某一段时间内的进展情况的摘要。它概括地反映了与该问题有关的一些重要指标的动态变化过程，如主诉、症状、生理生化指标和一些特殊检查结果、用药方法、药物副作用、饮食治疗、行为与生活方式改变，以及心理测验结果等。

（4）问题描述及进展记录：POMR 的核心部分，是病人每次就诊情况的详细记录。

2. 以预防为导向周期性健康问题记录

（1）周期性健康检查：运用格式化的健康检查表，针对个体不同年龄、性别、和健康危险因素而设计的早期发现、早期诊断健康检查项目。周期性健康检查计划主要由个体机会性就诊或医生家访时制订。

（2）转会诊和住院记录：家庭医疗的重要任务之一，就是利用各种必要的医疗和社会资源为病人服务。转诊正是家庭医生与其同行交流、利用其他医疗资源的途径之一。病人转诊的去向可以是其他基层医生、专科医生、护士、治疗师、社会工作者等，由家庭医生根据病人的具体情况而定。全科医疗中的转诊记录是双向的。

3. 以预防为导向的保健记录

（1）预防性记录：全科医疗中的预防医学服务项目包括周期性健康检查、预防接种、健康教育、危险因素筛查等，以早期发现病患及危险因素，加以干预为目的。其中，周期性健康检查在国外基层医疗中是体现预防服务的重要措施。在我国，目前只有儿童计划免疫接种项目及部分儿童保健、妇女保健项目是规范的，其他服务内容还未达到统一。全科医生可以根据本社区病人的具体情况，尝试设置适合于本社区居民需求的预防医学服务项目。

（2）慢性病病人随访记录：慢性病如高血压、糖尿病的随访记录填写在专门设计的表格内，按时间顺序记录患者有关症状、体征、实验室检查、合并症和用药情况，转诊的目的科室和处理情况，健康教育指导与实施进展情况以及效果评价。

（3）化验及辅助检查记录：内容根据病人的健康状况而定。也可以设计成表格，对检查结果随时填写，以免档案太厚。

二、家庭健康档案

家庭健康档案的内容：包括家庭的基本资料、家系图、家庭评估资料、家庭主要问题目录、问题描述和家庭各成员的个人健康档案（其形式与内容同个人健康档案）。

1. 家庭基本资料

家庭健康档案通常放在家庭档案的前面，内容主要包括户主姓名、家庭住址、联系电话、居住面积、饮用水来源、采光情况、家庭经济状况和各家庭成员的基本资料（姓名、性别、年龄、职业、教育程度、宗教信仰、主要健康问题等），一般以表格形式表示。

2. 家系图

家系图即家族谱，是一种历史性的、真实的和结构性的家族树状图谱，用来表示家庭结构、家庭成员之间的关系、家庭健康史、家庭重要事件、家庭成员的疾病间有无遗传的联系等，它可以十分简练地记录家庭的综合资料。通过家系图可以使全科医生迅速把握家庭成员的健康状况和家庭生活周期等家族基本材料，有利于维护家庭内所有成员的健康。因为家系图的相对客观性，综合性强，简单明了，是了解家庭客观资料的最佳工具，一般被作为家庭的重要资料存在于家庭档案之中。

3. 家庭评估资料

家庭评估资料包括家庭的内部结构和外部结构、家庭生活周期、家庭功能、家庭内外资源、家庭压力、家庭危机等。目前，在社区卫生服务机构广泛使用的家庭评估方法和工具包括家系图、家庭圈、家庭关怀度指数等。

4. 家庭主要问题目录及其描述

家庭主要问题目录及其描述主要记录家庭生活周期各阶段存在的或发生的重大生活压力事件和对家庭功能的评价结果。对家庭问题的诊断必须征得患者的知情同意，对家庭问题的记录，可以参考基层医疗国际分类（ICPC）中对社会问题的分类。对家庭问题的具体描述，可以依次编号，以问题/患者为导向的记录方式（POMR）中的"SOAP"方式加以描述。其中，"S"代表患者的主观治疗，"O"代表客观资料，"A"代表队健康问题的评估，"P"代表对问题的处理计划。

5. 家庭健康指导计划

家庭健康指导计划汇总以上各项家庭健康档案收集得到的信息，分析家庭存在的主要健康问题，提出综合而具体的家庭健康干预与指导计划，包括解决问题的方案、措施和建议等。

6. 家庭成员的健康记录

在家庭健康档案中，每一名家庭成员应有一份自己的健康资料记录，主要内容同个人健康档案。

三、社区健康档案

社区健康档案是记录社区、家庭、居民个人健康信息的系统化材料，它为社区卫生工作人员提供系统、完整的健康相关数据，帮助社区工作人员掌握所在社区群体的健康状况，了解社区主要人群主要健康问题的流行病学特征，为筛选高危人群、开展疾病管理、采取针对性的预防措施打下基础，档案的数据信息采用卫生行政部门统一编制的健康档案格式和社区卫生服务信息管理系统，以实现对社区居民的健康信息的动态管理和在辖区范围内信息交换和共享，为社区卫生服务的进一步完善提供保障。

1. 社区健康档案管理平台内容概要

（1）健康档案管理部分：包括健康档案管理、预防管理、保健管理、康复管理、健康教育管理、计划生育技术服务管理。

（2）公共卫生管理部分：包括疾病管理、预防接种管理、公共卫生监测管理、突发公共卫生事件管理。

（3）基本医疗管理部分：包括社区卫生服务中心/站内的基本医疗信息管理、诊疗管理、健康体检管理、家庭医疗服务管理、双向转诊管理等。

（4）综合管理与统计查询部分：包括社区基本信息管理，社区诊断，社区卫生服务机构的人员管理、行政管理、物资管理、财务管理，社区卫生服务的分析评价、综合查询与统计、报表管理等。

2. 社区健康档案的建立

（1）建立社区花名册。

（2）社区基本状况查询：社区基本资料包括社区地理及环境状况以及影响居民健康的危险因素、社区产业及经济现状以及影响居民健康的因素、社区动员潜力、社区组织的种类、配置及相互协调等情况。

（3）居民健康状况：包括人口资料和患病资料。

完整的社区居民健康档案包括个体健康档案、家庭健康档案和社区健康档案，但是实际工作中三种档案并不是完全独立分开的，许多社区在建立个体健康档案的同时，也收集了个人家庭的资料，个体健康档案又是社区健康档案的基础资料。

四、应用实例

某社区为完善社区卫生服务系统，以便对各类人群进行各项社区卫生服务，进行社区居民健康档案的建立。

系统结构如图3-2-1所示，目的为：①了解社区人口特征、社区经济特点。②掌握社区居民的健康水平。③完善社区卫生服务系统。

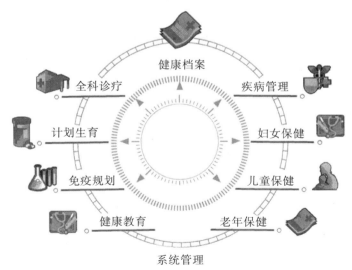

图3-2-1　社区卫生服务系统结构

任务评价

学习任务完成评价表

班级：＿＿＿＿　姓名：＿＿＿＿　项目号：＿＿＿＿　任务号：＿＿＿＿　任教老师：＿＿＿＿＿

项目	考核项目（测试结果附后）	记录与分值			
		自测内容	操作难度分值	自测过程记录	操作自评分值
作品评价	个人健康档案	1. 以问题为中心的个人健康问题记录 2. 以预防为导向周期性健康问题记录 3. 以预防为导向的保健记录	30		
	家庭健康档案	家庭健康档案的内容	30		
	社区健康档案	1. 社区健康档案管理平台内容 2. 社区健康档案的建立	40		
教师点评记录				作品最终评定分值	

任务拓展

一、课堂操作练习

【素材】

某市××社区卫生服务站承担着该地附近 5 个居民委员会的社区卫生服务工作，

该社区卫生服务站共有5名社区医生，每日3班，早、中班每班2名医生，同时还有1名护士；夜班值班医生1名。

2001年6月20日20：30，有一名社区居民带着其上小学的儿子前来看病，主诉该童在回家后精神差，感觉腹内胀痛、恶心、全身无力，有低烧。全科医生A判断可能是普通的胃肠炎，对其进行了对症治疗。22：00，该医生临下班前又接到同样病例1名，同样方法处理，并未引起注意。6月21日凌晨3：00，值夜班的B医生也接到1名类似病例；8：30上早班的C医生陆续接到3名同样症状小学生，但都未引起重视。该社区卫生服务站所辖5个居委会共有居民5000余人，所有值班医生每天都要将当天的出诊及接诊情况分别进行记录，并报社区卫生服务中心信息统计室。信息统计室的统计员小D统计、汇总了各社区卫生服务站上报的信息，结果发现相近的几个社区卫生服务站所报的病例症状十分相似、接诊时间都很相近，马上引起了小D的警觉和怀疑。小D立即向中心主任进行汇报，并向附近的两家三级医院，一家二级医院门、急诊进行询问，发现相同病例20余人，病人均来自该区某重点小学。小D马上联系该区卫生防疫部门，去学校进一步调查。调查发现该校有相同症状学生100余人，防疫部门了解到该校大部分学生中午在学校食堂进餐，怀疑是食物中毒，故对该校食堂食物进行化验检测，对学生粪便进行提取抽样，进一步调查学生的进餐食物等情况来确定原因。

案例思考：

（1）××社区卫生服务站A、B、C三位全科医生为什么均未对类似病例引起注意和重视？

（2）小D根据什么对类似病例引起了警觉和怀疑呢？

（3）此案例说明了什么问题？

二、课后作业

（1）社区居民健康档案信息系统的内容包括哪几个方面的内容？

（2）利用信息系统建立社区居民健康档案有什么好处？

（刘　军　王凤丽）

任务3　学会社区卫生服务管理系统的应用

任务描述

社区卫生服务信息系统是以居民健康档案信息系统为核心，以基于电子病历的社区医生工作站系统为枢纽，以全科诊疗、收费管理、药房（品）管理等为主要的功能模块。学会社区卫生服务信息系统的应用，让医学生能够具备服务社区的能力。

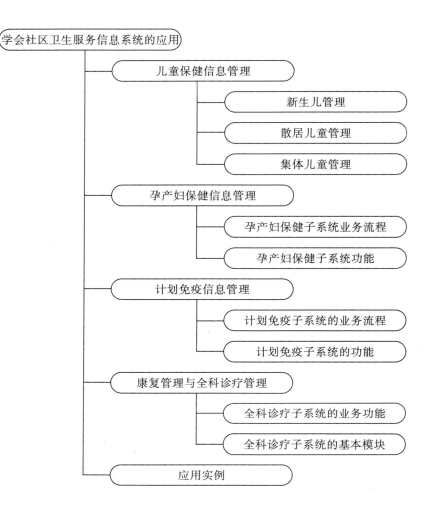

学会社区卫生服务信息系统的应用

儿童保健信息管理
├ 新生儿管理
├ 散居儿童管理
└ 集体儿童管理

孕产妇保健信息管理
├ 孕产妇保健子系统业务流程
└ 孕产妇保健子系统功能

计划免疫信息管理
├ 计划免疫子系统的业务流程
└ 计划免疫子系统的功能

康复管理与全科诊疗管理
├ 全科诊疗子系统的业务功能
└ 全科诊疗子系统的基本模块

应用实例

基本要求

1. 知识与技能

（1）知道儿童保健信息管理的应用。

（2）知道孕产妇保健信息管理的应用。

（3）知道计划免疫信息管理的应用。

（4）学会康复管理与全科诊疗管理的应用。

2. 过程与方法

（1）通过教师讲解和演示的方式，培养学生对掌握社区卫生服务信息系统的学习兴趣。

（2）通过现场练习，加深对所学知识的印象，巩固学习成果。

3. 情感态度与价值观

（1）通过师生的相互交流和团队的协作学习，培养学生养成严谨的学习态度和团结协作的精神，体验探究问题和学习的乐趣。

（2）培养良好的学习态度和学习风气，感受社区卫生服务信息系统的重要性。

任务分析

社区卫生服务信息系统的使用对象是城乡各级社区卫生服务中心、服务站、诊所、村卫生室等。社区卫生服务信息系统是区域公共卫生服务信息系统的重要组成部分。通过本次任务，让医学生能够在今后进入社区医疗机构后，能够尽快进入工作状态。

任务实施

一、儿童保健信息管理

儿童保健是针对社区内 0~7 周岁儿童（包括常住、暂住、流动儿童），根据不同的生理特点和保健要求，对儿童进行系统保健，宣传科学育儿知识，了解家长在护理喂养中存在的问题，并有针对性的进行指导，做好预防和防治工作，促进儿童生长发育，提高儿童健康水平。

1. 新生儿管理

孕妇分娩后，根据分娩记录，即可生成新生儿档案。新生儿系统包括体弱儿童管理和各阶段的体检管理。通过儿童基本信息，可以生成出生证明、血片、听力筛查卡片以及疫苗等级卡片，最大限度地实现各个不同业务模块之间的信息共享，避免重复劳动，提高工作效率，加强各部门之间的联系。

2. 散居儿童管理

散居儿童是指对不进托儿所、幼儿园等儿童保育机构而分散在家庭抚养的 7 岁以下儿童。《散居儿童卫生保健管理制度》规定，由各级儿童保健机构组织各级医院，成立三级儿童保健网，对责任地段户口中的散居儿童建立保健卡，定期进行健康检查、缺陷矫治、体弱儿童管理以及疾病监测工作，并完成基础免疫工作，提高儿童健康水平，尤其是对低体重儿和早产儿，除按新生儿管理之外，应列专案管理。对佝偻病活动期，中度以上缺铁性贫血，重度以上营养不良的体弱儿，要建专案病例，针对患儿的发病原因指导喂养、护理及疾病防治。

散居儿童管理子系统可以为体检儿童提供科学的保健结论、详细的科学喂养及早期建议。临床与管理相结合，提供更多的医生指导建议，家长可以随时查询自己孩子的历次健康档案。

3. 集体儿童管理

集体儿童管理是对儿童群居生活的托幼机构的保健管理，加强和规范托幼机构卫生保健、园所机构管理、儿童考勤管理、膳食营养管理，是保障婴幼儿和学龄前儿童身心健康发展的重要措施。该系统模块应该具备以下功能：日常管理、儿童管理、考勤管理、儿童健康管理、营养膳食管理、儿童疾病管理、转园管理、食堂管理、提醒管理。

二、孕产妇保健信息管理

孕产妇保健信息管理是针对社区内的孕产妇（包括常住、暂住、流动人口），进行孕期卫生宣教、宣传住院分娩和科学接生，实行孕产妇系统保健管理；积极防治妇女常见病，多发病；做好妇女五期卫生保健；宣传优生优育等妇女保健知识，保障社区妇女健康。

（1）孕产妇保健子系统业务流程：①掌握社区妇女基本情况。②产前保健。③产后访视。④孕产妇系统保健管理结案工作。⑤妇女常见疾病的诊断和双向转诊。⑥孕产期保健、母乳喂养、妇女常见病防治的宣教工作。⑦准确等级、统计、上报有关的妇女保健基本数据和报表。

（2）孕产妇保健子系统功能：①建档。建立本社区内育龄妇女、孕妇、围产期妇女、产妇等花名册及妇女保健情况一览表。②过程管理。预约、排队、收费、取药、调用健康档案、开医嘱、护士执行等功能。③孕产期保健管理。产前保健管理、产时保健管理、产后保健管理。

（3）更年期保健管理。

（4）妇科病查治管理。

三、计划免疫信息管理

计划免疫是指根据对传染病的疫情监测和儿童人群免疫预防状况的分析，按照科学的免疫程序，有计划的利用疫苗进行预防接种，以便提高儿童群体的免疫能力，达到控制以至于最后消灭相应传染病的目的。

1. 计划免疫子系统的业务流程

（1）收集掌握本地与计划免疫有关的基础资料。

（2）及时准确地掌握辖区内常住、暂住和流动人口中的接种对象。

（3）做好社区内适龄儿童的造册建卡登记工作。

（4）及时处理接种反应者，做好登记。

（5）按时做好查漏补种工作。

（6）做好社区内托幼机构以及中小学生的预防接种工作。

（7）开展免疫规范方面的宣传，提高人群免疫规划及卫生保健知识水平。

（8）达到工作指标要求。

（9）掌握有关统计数据，按时统计、上报有关报表。

2. 计划免疫子系统功能

（1）实现计划免疫基础资料的录入。

（2）记录统计数据。

（3）适龄儿童查询。

（4）实现接种反应者的登记工作。

（5）具有查漏补种工作的提醒功能。

（6）实现自动统计计划免疫工作需要达到的工作指标。

（7）报表编制和数据上传。

四、康复管理与全科诊疗信息管理

康复是指综合协调各种方法，包含应用医学、教育、社会、职业等办法使病、伤、残者（包括先天性残）已经丧失的功能尽快地、尽最大可能地得到恢复和重建，使他们在体格上、精神上、社会上和经济上的能力得到尽可能的恢复，重新走向生活、工作和社会。康复不仅针对疾病，更着眼于整个人从生理上、心理上、社会上及经济能力等进行全面恢复。

社区康复是指以社区为基地开展残疾人康复工作。通常，社区康复是指康复方式和制度，与过去一向实行的"医院康复"完全不同。1994 年，联合国教科文组织、世界卫生组织、国际劳工组织联合发表了一份关于社区康复的意见书，对社区康复做了以下的解释："社区康复是属于社区发展范畴内的一项战略性计划，它的目的是促进所有残疾人得到康复，享受均等的机会，成为社会的平等一员。社区康复的实施，要依靠残疾人自己和他们的家属、所在社区，经及相应的卫生部门、教育部门、劳动就业部门和社会服务部门等的共同努力。"

全科诊疗是全科医生在为个人、家庭及社区提供连续性、综合性医疗保健服务时所运用的知识和技能，所涵盖的内容主要是围绕疾病的早期阶段，研究其预防、治疗、保健、康复以及管理技术等问题。

1. 全科医疗子系统的业务功能

（1）建立居民的个人/家庭健康档案。

（2）双向转诊。

（3）危重患者救治及时记录。

（4）宣教和医学科普。

（5）慢性病患者的治疗。

（6）传染病患者的治疗。

（7）突发公共卫生事件处理。

2. 全科诊疗子系统的基本模块

（1）社区全科医生工作站：主要包括自动接诊、电子病历书写处方及验单的录入、辅助检查检验结果文字报告查询、支持智能化诊断、中医诊疗、门诊工作管理、健康档案等。

（2）护士工作站：主要功能包括分诊管理、补充输入就诊者基本信息、门诊治疗确认和记录、注射、输液管理等。

（3）家庭病床。

（4）实现双向转诊的信息共享。

（5）实现社区疾病诊疗情况分析。

五、应用实例

全科诊疗信息系统的随访流程优化如图 3 - 2 - 2 所示。

通过以健康档案为核心的公共卫生六位一体信息系统，从居民刷卡进行门诊预检开始，就对居民基本健康档案的信息采集完成情况进行提示，门诊医生可以查看或者完善基本信息。同时，数据可以直接传递到公共卫生服务信息系统，由公共卫生业务管理人员完成健康档案信息的审核工作，实现以健康档案为核心的居民健康信息的采集流程优化。

门诊医生在诊疗过程中，可以通过提示或者诊断录入而进入随访登记页面，在时间允许的情况下，直接进行随访工作，采集随访信息，并传入公共卫生服务信息系统，公共卫生业务管理人员可以对随访信息进行审核后，补充到业务管理子系统中。可以有针对性地安排团队医生通过电话随访、上门随访等形式进行补充，高效完成随访任务，实现随访管理流程优化。

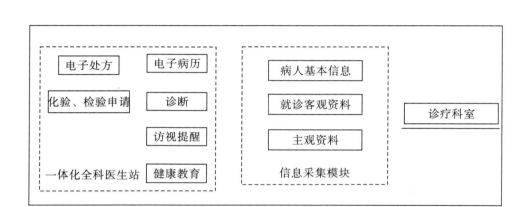

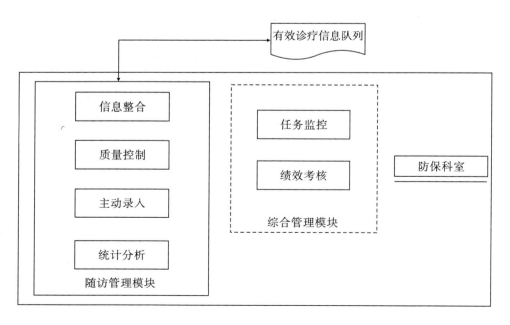

图 3-2-2 全科诊疗信息系统的随访流程

任务评价

学习任务完成评价表

班级：_____ 姓名：_____ 项目号：_____ 任务号：_____ 任教老师：_____

项目	考核项目 （测试结果附后）	记录与分值			
		自测内容	操作难度分值	自测过程记录	操作自评分值
作品评价	儿童保健信息管理	1. 新生儿管理 2. 散居儿童管理 3. 集体儿童管理	25		
	孕产妇保健信息管理	1. 孕产妇保健子系统业务流程 2. 孕产妇保健子系统功能	25		
	计划免疫信息管理	1. 计划免疫子系统的业务流程 2. 计划免疫子系统功能	25		
	康复管理与全科诊疗信息管理	1. 全科医疗子系统的业务功能 2. 全科诊疗子系统的基本模块	25		
教师点评记录				作品最终评定分值	

任务拓展

一、课堂操作练习

【素材】

对出生后 1 个月内的新生儿家庭访视共三次，分别在出生后的 3 天内、14～16 天、26～28 天进行。由于产后 3 天内大多数产妇尚在住院期间，因此第一次访视一般由接生单位完成；第二次、第三次的访视分别由辖区社区卫生服务机构的工作人员入户进行。对早产儿、低出生体重儿以及出生窒息等高危新生儿应增加访视次数。

案例思考：
请根据儿童保健信息管理系统设计访视体检表一份。

二、课后作业

（1）调研居住地社区儿童保健信息系统的功能。
（2）全科医学诊疗系统的作用是什么？

（刘　军　王凤丽）

任务4　学会新型农村合作医疗信息系统的应用

任务描述

新型农村合作医疗信息系统是专门用于新型农村合作医疗（以下简称新农合）业务管理的计算机管理信息系统，对新农合制度的建立和完善具有重要意义。学会新型农村合作医疗信息系统的应用，让医学生能够具备使用该系统的能力。

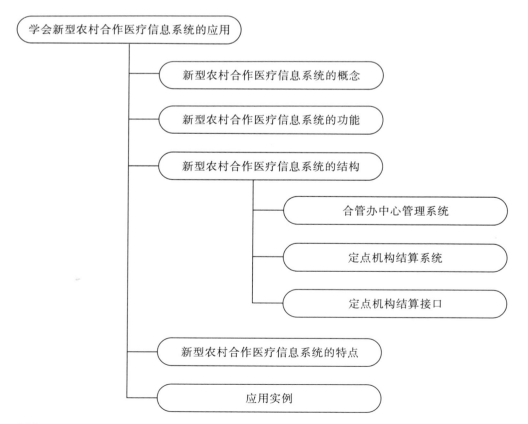

基本要求

1. 知识与技能

（1）知道新型农村合作医疗信息系统的概念。

（2）认识新型农村合作医疗信息系统的功能。

（3）认识新型农村合作医疗信息系统的结构框架。

（4）学会新型农村合作医疗信息系统的使用。

2. 过程与方法

（1）通过教师讲解和演示的方式，培养学生对掌握学会新型农村合作医疗信息系统的学习兴趣。

（2）通过现场练习，加深对所学知识的印象，巩固学习成果。

3. 情感态度与价值观

（1）通过师生的相互交流和团队的协作学习，培养学生养成严谨的学习态度和团结协作的精神，体验探究问题和学习的乐趣。

（2）培养良好的学习态度和学习风气，感受学会新型农村合作医疗信息系统的重要性。

任务分析

新型农村合作医疗，简称"新农合"，是指由政府组织、引导、支持，农民自愿参加，个人、集体和政府多方筹资，以大病统筹为主的农民医疗互助共济制度。采取个人缴费、集体扶持和政府资助的方式筹集资金。通过本次任务，让医学生能够在今后进入医疗单位后后，能够较为熟悉新型农村合作医疗信息系统的使用。

任务实施

一、新型农村合作医疗信息系统概述

新型农村合作医疗信息系统是指利用计算机软硬件技术、网络通信技术等现代化手段，对新型农村合作医疗工作中发生的有关信息进行采集、存储、处理、提取、传输、汇总加工，从而为农村合作医疗工作提供全面的、自动化的管理及各种服务的信息系统。

我国目前开展的新型农村合作医疗是由政府组织、引导、支持，农民自愿参加，个人、集体和政府多方筹资，以大病统筹为主的农村医疗互助共济制度。已发布的《新型农村合作医疗信息系统基本规范（试行）》（以下简称《规范》）是为适应全国新型农村合作医疗信息系统建设而编写，主要用于规范全国各地新型农村合作医疗信息系统的设计和开发。《规范》包括新型农村合作医疗信息系统建设的基本架构和原则、平台建设规范、应用系统功能规范、基本数据集规范、数据代码规范、统计分析指标

规范和数据传输规范六部分。系统基本架构和原则部分给出了新型农村合作医疗信息系统平台建设的基本架构，规定了系统建设的基本原则。

二、新型农村合作医疗信息系统功能

新型农村合作医疗信息系统主要有以下功能。

1. 参合管理

参合管理即对所辖地区参合情况进行管理和信息维护，实现变更管理、证卡管理、账户管理、参合登记的功能。

（1）参合登记：实现乡镇、自然村、家庭、个人信息的登记、编辑。

（2）账户管理：实现家庭账户（个人账户）、统筹账户、基金账户建立、查询、变更和注销。

（3）证卡管理：实现制证卡、证卡挂失、证卡解挂、证卡冻结、证卡解冻、补证卡。

（4）变更管理：实现家庭合并、家庭分离、家庭退合、家庭续合、个人本地转移、个人外地转入、个人外地转出、个人退合、个人续合。

2. 补偿管理

对新型农村合作医疗补偿信息进行管理和维护，实现诊疗管理、补偿过程、审核审查、账户查询的功能。

（1）诊疗管理：实现门诊、住院、转诊、体检信息处理及统计。

（2）补偿过程：实现补偿信息录入、制单、审核、出纳、结算、冲正、统计汇总。

（3）审核审查：实现数据抽查、数据审核。

（4）账户查询：实现当年累计已报金额、家庭账户余额、个人账户余额、统筹账户余额、风险基金账户余额查询。

3. 基金管理

基金管理即对新型农村合作医疗基金信息进行管理和维护，实现基金收入、基金分配、基金支付、基金结余、基金监控的功能。

（1）基金收入：包括缴费明细、入账明细。

（2）基金分配：包括家庭账户、统筹基金、风险基金分配及管理。

（3）基金支付：包括个人支付明细、定点医疗机构支付明细、其他支付明细。

（4）基金结余：包括上年结余、本年征缴、本年结余。

（5）基金监控：包括基金构成情况、基金使用情况、预警提醒、监督审计、信息公示。

4. 会计核算

会计核算即对新型农村合作医疗会计核算信息进行管理和维护，实现账套管理、凭证管理、账簿管理、报表管理的功能。

（1）账套管理：根据会计年度、行政区域设置会计账套。

（2）凭证管理：根据有关会计制度要求编制会计凭证。

（3）账簿管理：总账、明细账、日记账管理、银行对账、辅助账管理。

（4）报表管理：生成例行会计报表。

5. 统计报告

统计报告即对新型农村合作医疗数据进行统计报告，实现参合情况、补偿情况、基金情况的统计。

（1）参合情况：包括按乡镇统计、按村统计。

（2）补偿情况：包括按乡镇统计、按村统计、按医院统计、按疾病统计、报销分段统计、费用分布统计、受益人员分类汇总、基金管理一览表、报销汇总。

（3）基金情况：包括基金构成情况、基金使用情况、基金结余情况统计、预警提示。

6. 配置维护

配置维护即对新型农村合作医疗系统运行参数、机构项目、数据字典、用户权限、系统日志进行日常管理和维护。

（1）方案维护：包括合作医疗资金筹集方案、补偿方案、支付参数等维护。

（2）参数管理：包括系统参数维护、系统初始化等。

（3）机构管理：医疗机构增加、信息修改、变更。

（4）字典管理：药品目录、诊疗项目、疾病定义。

（5）系统管理：用户管理、权限管理、日志管理、备份管理。

三、新型农村合作医疗信息系统结构框架

新型农村合作医疗信息系统主要由三大子系统组成，即合管办中心管理系统、定点机构结算系统、定点机构结算接口。

1. 合管办中心管理系统

（1）系统管理：包括系统登录、用户权限管理、操作日志管理、交易日志管理、数据库备份、报表修改等功能。系统管理着重在安全性、业务易拓展性、易操作性上进行设计。

（2）参数管理：系统参数包括了基本政策参数、报销结算政策参数、数据字典等功能。为了让系统设计更为灵活、易于扩展，系统参数的设计起了非常重要的作用。系统政策参数按年进行管理，这样可以避免跨年度缴费或报销结算因为政策的调整导致计算结果的错误。一个新型农村合作医疗管理信息系统结构框架如图3-2-3所示。

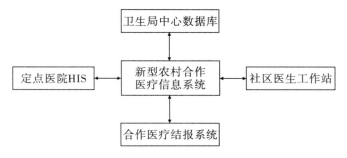

图3-2-3 新型农村合作医疗信息系统结构框图

（3）基础数据管理：主要包括医保目录管理、病种资料管理、病种与药品对照表管理、定点医疗机构管理、合管办分支机构、行政划分等内容。

（4）参合管理：包括家庭档案管理、家庭合并、家庭分离、参合登记、参合管理、个人本地转移等内容。

（5）基金管理：主要包括参合缴费、缴费台账查询、缴费明细查询、欠费家庭查询、基金收入、基金支出、家庭账户划拨、划拨查询等功能。

（6）卡证管理：包括卡证发放、卡证管理、卡证密码修改、家庭账户余额查询、家庭账户冲减等功能。

（7）审批管理：主要包括慢性病资格待遇审批、特疗项目审批、转院审批、医疗审批等功能。

（8）审核管理：包括异地门诊报销审核、异地慢性病报销审核、异地住院报销审核、定点医疗机构门诊数据审核、定点医疗机构慢性病数据审核、定点医疗机构住院数据审核等功能。

（9）结算管理：主要包括异地门诊报销结算、异地慢性病报销结算、异地住院报销结算、二次补偿结算、住院分娩补助结算、门诊月结、慢性病月结、住院月结及月结查询等功能。

（10）医疗费用查询：主要包括门诊费用查询、慢性病费用查询、住院费用查询、门诊费用情况统计、慢性病费用情况统计、住院费用情况统计等功能。

（11）统计报表：基本上囊括了所有合管办所需要的报表，包括合作医疗情况（月报）、合作医疗基金使用情况（月报）、社会经济情况、农民参加新型农村合作医疗情况、新型合作医疗基金筹资情况、新型农村合作医疗基金使用情况、新型农村合作医疗住院补偿情况、新型农村合作医疗门诊、体检补偿情况等报表。

（12）决策分析：包括方案测算、检测情况、决策分析、健康档案分析、参合群体分析、疾病信息监测等功能。

2. 定点机构结算系统

（1）系统管理：包括系统登录、用户权限管理、操作日志管理、交易日志管理、数据库备份、报表修改等功能。系统管理着重在安全性、业务易拓展性、易操作性上进行设计。

（2）基础数据管理：主要包括医保目录管理、药品对照表查询、数据字典管理等功能。

（3）申报管理：包括特殊治疗项目的申报与审批情况查询。

（4）门诊管理：包括门诊结算及门诊查询、门诊退方等功能。

（5）住院管理：包括住院登记、住院明细录入、明细上传、住院预算及住院结算等功能。

（6）账户管理：包括家庭账户余额查询、家庭账户密码修改等功能。

3. 定点机构结算接口

定点机构结算接口主要包括门诊结算接口、门诊查询接口、门诊退方接口、住院登记接口、取消住院登记接口、明细上传接口、删除明细接口、住院结算接口、住院预算接口、取消住院结算接口、住院查询接口、住院明细查询接口。

四、新型农村合作医疗信息系统特点

新型农村合作医疗传统手工作业方式有很多缺点，比如：选择定点医疗机构受到限制，就诊流程环节过多，信息不通畅；参保人员已经有了固定的支付账户，但是在医疗机构就诊时，却没能充分发挥固定账户的支付优势而减少就诊环节，降低非诊疗时间；报销方式费时费力，信息发布受到限制，透明度差。

根据新型农村合作医疗信息化建设的目标和其自身的业务需求，兼顾同其他卫生信息系统的数据交换，新型农村合作医疗管理信息系统应该具备以下特点。

（1）采用 VPN 技术组建安全、可靠、稳定的虚拟局域网：采用 VPN 技术将合管办中心、合管办分支机构及定点医疗机构的网络互联起来，形成一个虚拟局域网，保证系统在一个安全、稳定、快速的网络上运行。

（2）实时联机交易模式：可以保证所有的交易都将能采用实时联机交易方式，定点医疗机构门诊消费数据及住院信息能够及时传送到合管办中心，有利于对定点医疗机构的监控。同时，个人档案变更、缴费情况、个人账户划拨、医保目录变更等都能实时地反映到农保人身上，避免因时间滞后造成数据的不准确，给农保人造成不必要的麻烦。因为联机交易，个人账户余额都是从数据库中读取，这样做将大大提高数据的安全性。

（3）集中数据存储方案：保证系统能够在广域网中支持高效的实时联机交易，在这样的前提条件下就可以采用集中数据存储方案。将所有各网点的数据集中存储在医保中心数据库服务器，各网点不再保存数据库，这样既保证了数据库的易维护性，同时也保证了数据的完整性、一致性、实时性和安全性。

（4）模式多样化：系统整个架构既支持"先补偿"模式，也支持"后补偿"模式，同时支持"商业运作"模式。无论用户采用哪种补偿模式，系统均完全支持。

（5）以统一信息交换平台作为基础。

（6）操作简单化：提供多种快捷的操作方式，灵活地选择各种组合查询，自动地补偿计算方法。

五、应用案例

江苏为新农合支付方式改革探路

江苏省作为全国医改试点省份，要率先推进新农合支付制度改革，积极破解难题，为全国新农合改革探出新路。

（1）实施门诊总额预付制改革。目前，该省新农合统筹地区门诊补偿支出一般占当年统筹基金总量的 20%～30%。全面推行门诊总额预付制改革，主要以乡镇为单位，在实行一体化管理的乡村医疗卫生机构实行门诊统筹基金总额包干使用。参合群众在乡村两级卫生机构发生的门诊医药费用不分目录内外，一律按照设定的比例补偿，个人只交纳自付部分。对包干经费使用超出控制指标的，主要由医疗卫生机构承担；对经费使用出现结余的，可以适当进行奖励，也可以结转下年留用。试点的高邮市乡级门诊次均费用从上年的 69.3 元下降至 54.6 元，降幅达 21.2%；村级门诊次均费用从上年的 54.5 元下降至 31.4 元，降幅达 42.3%。

（2）实施按病种付费改革。徐州市根据前3年参合人员住院分布情况、住院率、次均住院费用增长幅度，结合实施基本药物制度，制定市、县、镇三级定点医疗机构按病种限额收费、定额补偿标准，规定参合住院病人费用按照服务项目收费，实行定额补偿，超过限额收费标准部分，市、县、镇三级定点医疗机构按照70%的标准给予补偿，所产生的补偿费用由定点医疗机构承担。该市有124类疾病、1800个病种纳入按病种结算。全年结算病人数达到18万人次，占住院病人总数的41.1%；市、县、镇三级定点医疗机构按病种付费补偿病例数分别达到28.1%、32.17%和51.95%：次均住院费用较未纳入管理的病人平均降低50%，住院实际补偿比未纳入管理的病人高出8个百分点。

（3）实施按病种与按床日相结合的混合支付方式。改革该省试点对统筹区域内所有定点医疗机构以及所有病种全面实行支付方式改革，对于一些临床路径明确的病种，实施按病种结算；对于不能实施按病种付费的，全面实行按床日付费，有效防范医疗卫生机构为转移成本规避支付方式改革的行为。灌南县、东海县实施混合支付改革一年来，住院病人在县、乡平均自付费用分别为1757元和422元，较2010年分别减少支出126元和169元，县、乡医疗卫生机构实际住院补偿比分别为52.9%和69.6%，参合群众满意度明显提高。

任务评价

学习任务完成评价表

班级：_____　姓名：_____　项目号：_____　任务号：_____　任教老师：_____

项目	考核项目（测试结果附后）	记录与分值			
		自测内容	操作难度分值	自测过程记录	操作自评分值
作品评价	新型农村合作医疗信息系统概述	1. 新型农村合作医疗信息系统的概念 2. 新型农村合作医疗信息系统基本规范	25		
	新型农村合作医疗信息系统功能	1. 参合管理 2. 补偿管理 3. 基金管理 4. 会计核算 5. 统计报告 6. 配置维护	25		

续表

项目	考核项目 （测试结果附后）	记录与分值			
		自测内容	操作难度分值	自测过程记录	操作自评分值
作品评价	新型农村合作医疗信息系统结构框架	1. 合管办中心管理系统 2. 定点机构结算系统 3. 定点机构结算接口	25		
	新型农村合作医疗信息系统特点	1. 采用 VPN 技术组建 2. 实时联机交易模式 3. 集中数据存储方案 4. 模式多样化 5. 以统一信息交换平台合作基础 6. 操作简单化	25		
教师点评记录				作品最终评定分值	

任务拓展

一、课堂练习

（1）《卫生部关于新型农村合作医疗信息系统建设的指导意见》中指出新型农村合作医疗信息系统的构成是什么？

（2）《卫生部关于新型农村合作医疗信息系统建设的指导意见》中指出新型农村合作医疗信息系统的国家级数据库主要存储哪些数据？

二、课后作业

（1）调研省市新型农村合作医疗信息系统，并写出调研报告。

（2）新型农村合作医疗信息系统的功能有哪些？

（刘　军　王凤丽）

项目 3　社会药房信息系统

任务 1　认识社会药房信息系统

任务描述

社会药房信息系统是一个交叉性综合性学科，组成部分有药事管理、药物基础、计算机学科（通讯网络、数据库、计算机语言等）、数学（统计学、运筹学、线性规划等）、管理学、仿真等多学科。随着科学技术的高速发展，涉及的范围还要扩大。通过本次任务，让医学生特别是中药和药剂专业的学生对该系统进行初步的认识。

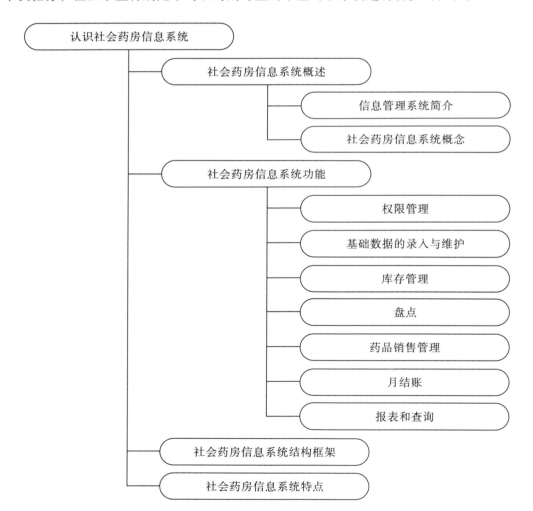

基本要求

1. 知识与技能

（1）认识社会药房信息系统。

（2）知道社会药房信息系统的功能。

（3）认识社会药房信息系统的结构与特点。

2. 过程与方法

（1）通过教师讲解和演示的方式，培养学生对掌握社会药房信息系统的学习兴趣。

（2）通过现场练习，加深对所学知识的印象，巩固学习成果。

3. 情感态度与价值观

（1）通过师生的相互交流和团队的协作学习，培养学生养成严谨的学习态度和团结协作的精神，体验探究问题和学习的乐趣。

（2）培养良好的学习态度和学习风气，感受学习社会药房信息系统的重要性。

任务分析

社会药房（也称零售药店）信息系统是围绕药店经营管理的各项内容而建立的，其中涉及的管理信息可分为四大类，主要由总部的 ERP 系统、门店管理系统、配送中心信息系统三部分组成。通过本次任务，让医学生特别是药剂和中药专业的学生在今后进入零售药店后，能够较为熟悉社会药房信息系统的使用。

任务实施

一、社会药房信息系统概述

1. 信息管理系统简介

（1）信息管理系统的定义：信息管理系统（IMS）涉及经济学、管理学、运筹学、统计学、计算机科学等很多学科，是各学科紧密相连综合交叉的一门新学科。

（2）信息管理系统的功能：信息管理系统作为一门新科学，它的理论和方法正在不断发展与完善。它除了具备信息系统的基本功能外，还具备预测、计划、控制和辅助决策特有功能：①数据处理功能。②预测功能。③计划功能。④控制功能。⑤辅助决策功能。

（3）信息管理系统的一般类型：①办公自动化系统。②通信系统。③交易处理系统。④管理信息系统和执行信息系统。⑤决策支持系统。⑥企业系统。

2. 社会药房信息系统概念

社会药房信息系统是为药品零售企业提供一套实现药品采购管理、销售管理以及业务统计的管理系统。该系统能够实现票据打印，建立一个存储药品信息（单位、剂型、药理分类等）、库存信息、销售记录的数据库系统，能够对药品销售过程进行跟踪，使客户可以实时掌握当前药品的销售情况，同时提供库存盘点、对账、进销存月报等功能。

二、社会药房信息系统功能

社会药房信息系统主要有以下功能。

1. 权限管理

把系统的各个模块的权限分别赋予不同的用户，除了管理员外，其他人不能拥有访问系统全部资源的权限。

2. 基础数据的录入与维护

基础数据包括厂商信息，药品的分类、单位、剂型以及级别，药品的价格。这些数据是系统运转的基础，系统应该提供维护修改的接口。

3. 库存管理

医药流通企业和其他企业一样，都需要将自己的库存保持在一个合理的范围之内，管理者需要得到当前库存的实时信息，需要记录药品库存的变动的时间、方式和原因。

4. 盘点

在用户一开始使用系统的时候，用户会为此系统初始一些基础的数据，随着使用时间的延长，用户可能要变更一些药品信息，同时库存会随着日常的销售、货品的收发等情况变化，这些都是可记录的，但是有很多不可记录的情况，比如丢失或因为其他原因没有录入到销售中去，这样就会导致系统库存与实际库存不符，这里要求进行盘点库存，来保证数据与实物一致。

5. 药品销售管理

药品销售管理包括收费、记账、票据打印。

6. 月结账

月结账的功能是为了计算每月的期初库存，通过对每个月进行月结账处理，就可以计算出结账月份的期初库存和期末库存。有了期初和期末库存，就可以对当月的月进销存情况进行统计，就可以通过库存管理查询来查看每月的进销存情况。

7. 报表和查询

要求对用户厂商信息、药品信息与库存、销售情况提供相应的查询与报表功能，并提供相应的查询条件对查询结果进行分类过滤。

三、社会药房信息系统结构框架

一个完整的医药连锁企业信息系统主要由总部的 ERP 系统、门店管理系统、配送中心信息系统三部分组成。这三部分又可以细分为以下几个子系统，如图 3 - 3 - 1 所示。

1. 出入库管理子系统

出入库管理系统是用来记录药品出入库和柜台或自选销售等详细信息，形成药品总账和对应药品明细账，为采购及销售等提供明细报表，及时进行各项金额的汇总，形成比较完整的财务报表，主要包括四大功能板块：①日常账务处理。②查询及打印。③统计与分析。④系统维护。

2. 出入库检验子系统

出入库检验子系统专供负责财务审核的药品会计使用，具有出入库单据的核对和校验功能。"出入库管理"中的一切出入库处理结果，均需经过相关人员检验才能转入数据库。

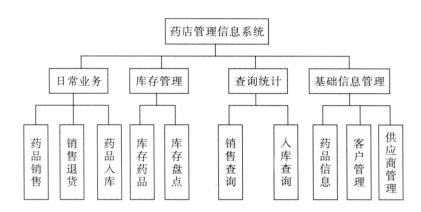

图3-3-1 社会药房信息系统结构框架图

3. 初始化子系统

所谓初始化，就是将手工账本上记录的各项数据信息输入计算机中，在计算机内建立专属于财务的报表账本类初始信息的数据库，主要包括五大功能板块：①建立计算机账本页。②领发单位代码设置。③初始系统参数设置。④操作员权限和验收人员及质量外观内容设置。⑤药品的各种分类代码设置。

4. 采购管理子系统本系统

采购管理子系统本系统主要用于日常药品采购计划的规定，以及采购清单的打印，并可对药品进行上下限库存设置和提示，另外系统还提供预算金额使用情况，向各供货单位订货情况等查询功能以便采购管理。

5. 药品作用及相互作用系统

药品作用及相互作用系统中将每个药品的药理作用和作用机制、毒副作用、用法用量、注意事项、不良反应、药品之间的相互作用等信息进行储存，以便于驻店药师随时查阅，更好地对消费者服务。

6. 远程管理系统

远程管理系统可通过远程管理系统管理连锁药店，连锁店之间可以相互沟通销售情况，货物库存状态等信息共享，在当下如此激烈的竞争环境中能够鹤立鸡群。

四、社会药房信息系统特点

1. 可靠性

由于社会药房信息系统的最终用户是医药流通部门，要求药品各项信息必须是真实的、准确的、可靠的，同时社会药房信息系统内部信息必须保持一致。

2. 效率性

因为社会药房信息系统的最终用户是药品零售企业，整个药品销售流程耗时不能过长，减少患者和顾客的等待时间，因此社会药房信息系统的操作流程设计得非常细致，使在实际操作中，整个销售过程尽量控制在 2~3 分钟以内。

3. 规模性

社会药房信息系统多数采用的是客户端和服务器的结构，可以根据目标企业的规模定制，设定不同数量的客户端。

4. 可用性

社会药房信息系统在界面上遵循了人机界面的友好、使用舒适、可理解性好、可修改性好等要求，同时还将常用的功能都列于工具栏上，方便用户使用。

5. 安全保密性

社会药房信息系统涉及药品的采购、销售多方面的内容，具体的财务工作要求有一定的保密性。因此会限定系统中某些区域的权限，给不同的模块分配不同的功能，不同的用户拥有不同的权限，保证了使用单位的机密不泄露。

6. 可复用性

社会药房信息系统模块功能基本上都是独立的，这是为了方便后期的维护与升级。

7. 大数据性

数据库是实现有组织地、动态地存储大量关联数据，方便多用户访问的计算机软硬资源组成的系统。它与文件系统的重要区别是数据的充分共享，交叉访问，与应用程序的高度独立性。社会药房信息系统的整体结构不算复杂，但涉及数据相对来说较多，因此在数据库的搭建上，社会药房信息系统采用了大数据量的模式。

任务评价

学习任务完成评价表

班级：_____ 姓名：_____ 项目号：_____ 任务号：_____ 任教老师：_____

项目	考核项目（测试结果附后）	记录与分值			
		自测内容	操作难度分值	自测过程记录	操作自评分值
作品评价	社会药房信息系统概述	1. 信息管理系统 2. 社会药房信息系统概念	25		
	社会药房信息系统功能	1. 权限管理 2. 基础数据的录入与维护 3. 库存管理 4. 盘点 5. 药品销售管理 6. 月结账 7. 报表和查询	25		

续表

项目	考核项目 （测试结果附后）	记录与分值			
		自测内容	操作难 度分值	自测过程记录	操作自 评分值
作品评价	社会药房信息 系统结构框架	1. 出入库管理子系统 2. 出入库检验子系统 3. 初始化子系统 4. 采购管理子系统 5. 药品作用及相互作用 系统 6. 远程管理系统	25		
	社会药房信息 系统特点	1. 可靠性 2. 效率性 3. 规模性 4. 可用性 5. 安全保密性 6. 可复用性 7. 大数据性	25		
教师点评记录				作品最终评定分值	

任务拓展

一、课堂练习

（1）信息管理系统的功能是什么？

（2）社会药房信息系统功能有哪些？

二、课后作业

（1）调研住址附近的药店使用的管理系统，并写出调研报告。

（2）使用药房信息系统的好处有哪些？

（刘　军）

任务 2 学会社会药房药品出入库管理

任务描述

　　社会药房药品出入库管理系统是用来管理社会药房药品采购和出入库工作的系统，该系统紧密结合社会药房的工作特点，对药品采购和出入库工作进行了规范化的流程管理。该系统的运行完全是围绕着药品管理的，将各种信息统一管理，确保系统中比较重要的信息不易丢失。通过学习，让医学生特别是中药和药剂专业的学生对初步学会该系统的应用。

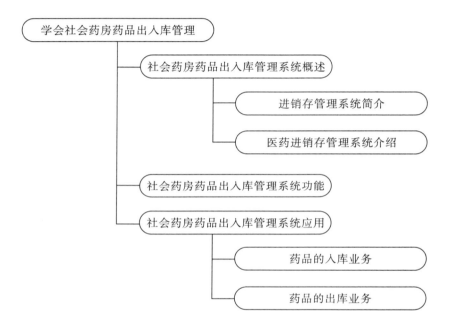

基本要求

　　1. 知识与技能

　　（1）认识社会药房药品出入库管理系统。

　　（2）知道社会药房药品出入库管理系统的功能。

　　（3）学会社会药房药品出入库管理系统的应用。

　　2. 过程与方法

　　（1）通过教师讲解和演示的方式，培养学生对掌握社会药房药品出入库管理系统的学习兴趣。

　　（2）通过现场练习，加深对所学知识的印象，巩固学习成果。

　　3. 情感态度与价值观

　　（1）通过师生的相互交流和团队的协作学习，培养学生养成严谨的学习态度和团结协作的精神，体验探究问题和学习的乐趣。

（2）培养良好的学习态度和学习风气，感受学习社会药房药品出入库管理系统的重要性。

任务分析

社会药房药品出入库管理系统是社会药房管理系统中的重要组成部分，该系统包含了药品进销存管理、批号管理、效期管理、打印销售单据等实用功能。社会药房药品出入库管理系统必须符合国家食品药品监督管理局 GSP 认证规范和新 GSP（2013.06版）的各项要求，适用于各种规模的零售型药店、药品超市、药品大卖场等医药企业。通过本次任务，让医学生特别是药剂和中药专业的学生在今后进入零售药店后，能够较为熟悉社会药房药品出入库管理系统的使用。

任务实施

一、社会药房药品出入库管理系统概述

1. 进销存管理系统简介

（1）进销存管理系统的定义：随着技术发展，电脑操作及管理日趋简化，电脑知识日趋普及，同时市场经济快速多变，竞争激烈，因此企业采用电脑管理进货、库存、销售等诸多环节也已成为趋势及必然。进销存管理系统是一个典型的数据库应用程序，是根据企业的需求，为解决企业账目混乱，库存不准，信息反馈不及时等问题，采用先进的计算机技术而开发的，集进货、销售、存储多个环节于一体的信息系统。

（2）进销存管理系统的功能：进销存管理系统的功能包含供货商往来账务管理、客户往来账务管理、销售换货、业务员和员工管理、pos 端销售管理、财务管理功能、库存盘点功能，并且支持盘点机、支持连锁店等功能。

2. 社会药房药品进销存管理系统介绍

社会药房药品进销存管理系统是对社会药房药品经营中药品流、资金流进行条码全程跟踪管理，从接获销售订单开始，进入药品采购、入库到出库、收取货款等，每一步都能够提供详尽准确的数据，有效辅助社会药房解决业务管理、分销管理、存货管理、营销计划的执行和监控、统计信息的收集等方面的业务问题。

二、社会药房药品出入库管理系统功能

社会药房药品出入库管理系统总体分为药品的销售管理、采购管理、库存管理和系统管理四个基本功能模块：销售管理模块主要是添加管理客户信息、添加管理销售订单、添加管理药品等功能。采购管理模块主要是添加管理供应商、添加管理进货订单、添加管理药品等功能。仓库管理模块主要是、添加管理药品库存信息、确定药品入库出库情况以及数据统计分析等功能。系统管理主要是管理员工信息功能。具体如图 3-3-2 所示。

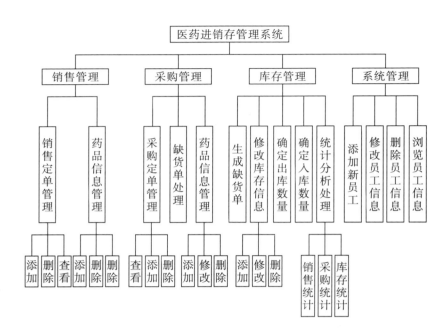

图 3－3－2　社会药房药品出入库管理系统功能组成图

三、社会药房药品出入库管理系统的应用

1. 入库业务

入库业务分三个步骤：第一步，采购订单→第二步，收货单→第三步，验收入库单。

（1）制作采购订单：制作采购订单之前，先要做两个步骤：首营产品审核和首营企业审核。点击"新增"，向供应商要货时，制作采购订单。货还没有到药店之前，就应该做这个单据。没有审核之前，可以作废；已经审核的单据，不需要修改，不可以添加明细，不可以作废。已经审核的单据和还没到货的单据可以取消审核进行修改。已到货的不可以修改。查询药品，录入拼音码回车，光标跳到采购数量，录入数量回车，自动加入明细，继续第二个药品，也可以点击库存小于下限的，批量加入药品。审核时，需要当前登录用户，具备"采购员审核"的权力。审核时，会校验 GSP 相关的资质：药品的批准文号有效期、供货单位的证件有效期、供货单位的经营范围类别必须对应药品的经营范围类别。审核后，才能继续下一步"收货单"。已审核后，没有被引用到收货单之前，可以"取消审核"进行修改。

（2）收货单：仓库管理员具有收货的权限，点击"引用采购订单"收货时，必须填写票据号码和到货数量。可以选填批号、有效期、生产日期。其中"商品入库"是为了快速录入收货单，会自动产生采购订单；"引入采购订单"是指整笔订单所有药品明细，全部品种都引入；"引入订单明细"是指订单中，其中一部分品种。

双击表格中的药品明细，弹出"详细信息"填写批号的窗口，也可以不填。底下是快速查询表格内的药品，遇到收货单中有100条明细以上时，快速查询很方便。同一个药品有多个批号时,先点击品种,再点击"增加批号"。如果某个品种没有到货,到货数量填写0。收货单经过"收货员"审核后,才可以继续进入下一步验收入库单。

收货单审核时,校验GSP相关的流程:单据中有一个药品,是属于"冷藏冷冻"(字典中定义)必须要填写到货温度,并由质量负责人审核,相关附件是物流单据。入库货位,柜台和仓库,柜台是指g开头的货位。仓库是指k开头的货位。关联关系(菜单,用户管理,系统设置,销售参数设置,不允许卖货位是k开头的药品)。收货单中,有监管码的药品,在这儿扫描监管码,用于生成XML文件。没有监管码的药品不需要扫,整件货的商品只需要扫整件的一个码。这里的监管码与字典中定义的最小包装前7位没有关系。并不校验药品总数量。"取消审核"已经审核,但没有被引用到"验收入库单",可以取消审核。"作废"没有审核的,可以作废。作废后"采购订单"才可以取消审核。

(3)验收入库单:引入已经审核的收货单,填写批号有效期。合格数量,验收后进入库存。在"库存盘点"中可以查询到。不合格数量,会自动生成,不合格单。审核时,GSP质量控制规则:操作员权限:需要"成药验收审核"的权限。明细中含有中药时,需要"中药验收审核"权限。如果设有中药仓库的,入库货位必须选择:仓库。验收后再去做"中药装斗",进柜台才能销售。没有审核之前,可以作废,回到"收货单"中去进行修改。审核之后,库存数量增加了,不可以作废。只能做"出库复核单",退货给供货商。

(4)出库复核单:指把库存中的商品,退给供应商。比如:商品滞销,商品入库时填写错了。(如:采购价填写错了、验收数量错了)出库类型:退供应商、其他原因选择好供货单位后,添加药品明细。

(5)采购结算单:与供货商结款时,每笔入库单应付款结算。结算单与"验收入库单"中的单据一一对应。上部分表格是入库单汇总。供货单位等框框都是查询条件,都可以为空。进行查询。下部分表格,是单笔入库单中的明细药品。下部分表格的第三页,是库存记录,代表这笔入库单,还有多个库存数量。一笔入库单,可以分多次结算。多笔入库单,可以一次"全部结算"。查询出来的单据,一次性全部结算。

2. 药品出库

(1)新增出库单:选择出库日期,出库日期可以选择,如果是今天默认为今天的日期,出库类型可以用下拉方式选择,选择出库类型,选择出库单位。加入药品,选择要出库的药品,选择处理情况,有三个选项,根据自己的需要选择,录入退库数量,然后输入数字,要输多少自己决定,然后点单个药品,如有很多药物,就反复查询操作就可以了,加入后退出就可以了。点保存此单就可以保存这个单,打印出库单打印单子,如有需要自己设计单的格式,可选择设计自定义单。

(2)出库结算单:此功能用于结算出库金额,如果你有出库记录都可以用这个功能来结算金额,使用也很简单,查询出库的记录,包括用日期范围,出库单位等消息,查出出库的记录后,在本次结款中录入金额进行结算。

任务评价

学习任务完成评价表

班级：_____ 姓名：_____ 项目号：_____ 任务号：_____ 任教老师：_____

项目	考核项目（测试结果附后）	记录与分值			
		自测内容	操作难度分值	自测过程记录	操作自评分值
作品评价	社会药房药品出入库管理系统概述	1. 进销存管理系统的定义 2. 进销存管理系统的功能 3. 社会药房药品进销存管理系统概念 4. 社会药房药品进销存管理系统主要业务流程	20		
	社会药房药品出入库管理系统功能	社会药房药品出入库管理系统功能组成	30		
	社会药房药品出入库管理系统的应用	1. 药品入库业务 2. 药品出库业务	50		
教师点评记录				作品最终评定分值	

任务拓展

一、课堂练习

【素材】

如图所示"药品采购计划表"，将这些药品进行入库操作。

药品采购计划表

药品 ID	商品名	通用名	规格	厂家简写	单位	剂型	批准文号
2827	板蓝根	板蓝根	1		10 克	剂型	
6420	板蓝根含片	板蓝根含片	8 粒	南宁市维威制药有限公司	盒	剂型	
1108	板蓝根颗粒	板蓝根颗粒		10g * 10 袋	袋	剂型	国药准字 Z45021844
1908	板蓝根颗粒	板蓝根颗粒		10g * 10 袋	盒	剂型	国药准字 Z34020822
4569	板蓝根颗粒	板蓝根颗粒		10g * 10 袋	盒	剂型	国药准字 Z11020707
4570	板蓝根颗粒	板蓝根颗粒		10g * 10 袋	盒	剂型	国药准字 Z34020947
4571	板蓝根颗粒	板蓝根颗粒		3g * 12 袋	盒	剂型	国药准字 Z32020411
4602	板蓝根颗粒	板蓝根颗粒		10g * 20 袋	袋	剂型	国药准字 Z20020120
4672	板蓝根颗粒	板蓝根颗粒		10g * 20 袋	袋	剂型	国药准字 Z42020358
4676	板蓝根颗粒	板蓝根颗粒		10g * 20 袋	袋	剂型	国药准字 Z14021528
4679	板蓝根颗粒	板蓝根颗粒		10g * 20 袋	袋	剂型	国药准字 Z42020993
5790	板蓝根颗粒	板蓝根颗粒		10g * 10 袋	袋	剂型	国药准字 Z34020454

二、课后作业

（1）调研一下住址周围的药店，看一下这些药店中"阿莫西林"药品，并制作一张"药品采购计划表"，作为实训案例。

（2）作为工作人员怎样在使用药房信息管理系统过程中减少错误的发生？

（刘　军）

任务3　学会社会药房信息管理系统的应用

任务描述

社会药房信息管理系统包含采购进药、采购退药、入库、前台销售、销售退药、库存盘点、药品价格、库存报警等业务功能以及提供自动快速统计分析的功能。社会药房信息管理系统促进药店规范化管理从而节省了大量的人力物力，提高了药店管理的经营效益。通过学习，让医学生特别是中药和药剂专业的学生初步学会该系统的应用。

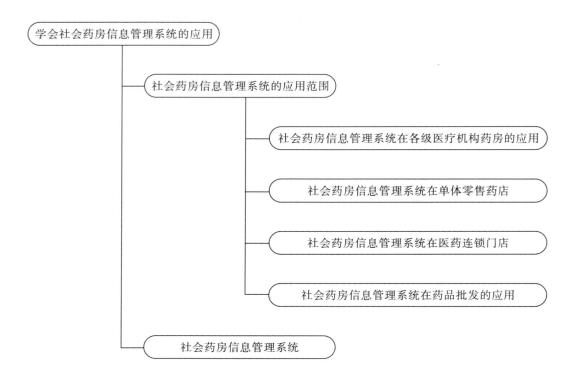

基本要求

1. 知识与技能

（1）认识社会药房信息管理系统的应用范围。

（2）学会社会药房信息管理系统的应用。

2. 过程与方法

（1）通过教师讲解和演示的方式，培养学生对掌握社会药房管理系统的学习兴趣。

（2）通过现场练习，加深对所学知识的印象，巩固学习成果。

3. 情感态度与价值观

（1）通过师生的相互交流和团队的协作学习，培养学生养成严谨的学习态度和团结协作的精神，体验探究问题和学习的乐趣。

（2）培养良好的学习态度和学习风气，感受学习社会药房管理系统的重要性。

任务分析

社会药房管理系统在本质上就是通过构建客户端可视化界面，连通相应的数据库并以之为媒介，实现在客户端就可以管理和操作销售情况、客户资料等数据的功能。通过本次任务，让医学生特别是药剂和中药专业的学生在今后进入零售药店后，能够较为熟悉社会药房管理系统的使用。

任务实施

一、社会药房信息管理系统的应用范围

社会药房信息管理系统普遍用于各中小型单体零售药店（医药商场、医药超市、医药专柜）、医药连锁门店、药品批发、卫生院药房管理、门诊等的综合管理与应用。

1. 社会药房信息管理系统在各级医疗机构药房的应用

社会药房信息管理系统（医疗机构药房版）针对中小型医院药品管理的特点，将药品采购计划、药品购买、药品进库、处方划价取药、处方统计、药品消耗量统计、实施动态盘点、患者药史档案等进行了综合管理。

2. 社会药房信息管理系统在单体零售药店的应用

社会药房信息管理系统（零售药店版）信息系统的主要功能对象有五大类：一是对药品基本信息的管理，包括药品信息、供应商信息、客户信息等；二是药品进货的管理，包括药品入库、入库单修正以及入库台账管理；三是销售信息管理，包括销售明细、销售单修正、销售单台账管理；四是库存信息管理；五是系统管理模块。

3. 社会药房信息管理系统在医药连锁门店的应用

随着各行业企业集团化、连锁化经营的不断发展与扩大以及 Internet 网络技术的不断进步，传统的企业内部计算机管理系统已经远远不能满足对药业连锁化经营的复杂要求以及连锁药店的跨区域管理。而且由于连锁药店分布广，规模大，集团公司的 IT 部门对计算机的软硬件的维护已经不能得心应手而逐渐忙于奔命，因此基于 Internet 平台的 WEB 模式的社会药房信息管理系统（连锁药店版）应运而生。这是一种全新的计算机管理模式，连锁药店的各个分公司以及各个部门可以直接通过 Internet 利用自己的网络资源进行全方位的沟通交流与业务往来。

4. 社会药房信息管理系统在药品批发的应用

通过社会药房信息管理系统（药品批发商版）实行医药批发全面信息化管理后，推动了医药批发企业各项工作的开展，其特点是：①提高了工作效率和准确性。②使管理工作更加全面细致，进一步涉及各部门甚至个人的考核和评估以及岗位责任的确定。③从价格管理到成本毛利的核算形成了完整的体系。④符合质量管理 GSP 达标的要求，完善了批号和效期管理，即所有商品的出入库必须跟踪批号，在库房管理中也需要随时查询批号库存的情况以及按效期等统计库存商品。⑤由过去凭经验转向全面信息化，企业管理和质量管理水平提高了一个档次。⑥增强对客户高效优质服务的能力，提高了行业竞争力。

二、社会药房信息管理系统的应用（以医保定点药店为例）

定点医疗机构医保收费系统是为满足参保人员持卡（IC 卡、CPU 卡）在定点医疗机构药店购药开发的软件系统。该系统实现了医保参保人员在定点医疗机构药店持卡购药管理，以及药店与医保中心的结算等功能。使定点医疗机构药店成为医疗保险系统的重要组成部分，更好地为参保人员服务。

1. 信息维护

（1）登录系统。用户双击桌面药店信息系统快捷方式，出现药店信息系统用户登录窗口。输入操作员的用户名和口令，单击"确定"按钮进入系统界面，单击"取消"按钮，则退出系统。

正确登录到药店信息系统后，进入系统的操作界面，窗口顶部是功能模块菜单，窗口底部显示系统运行状态、时间和操作员等信息。

本系统各操作基本上都有快捷键，按钮或菜单上"（）"中的字母就是快捷键的字母，只要同时按下"Alt"和括号中的字母就相当于点击此按钮或此菜单项的操作。对常用的界面，如开单界面，正常情况下只用键盘即可完成业务操作，以提高操作员的效率。

（2）信息维护。①药品常数维护：单击菜单"信息维护"中的"药品常数维护"，进入药品常数维护窗口。在维护药品之前需要维护一些药品常数，包括包装单位、最小单位、计量单位等。②药品维护：单击菜单"信息维护"中的"药品维护"进入界面。在该窗口维护药品的详细信息。本窗口主要用于增加、删除、查询和修改药品基本信息。③工作人员维护：点击"信息维护"中的"工作人员维护"进入界面，进入操作员维护窗口。在此窗口维护操作员的基本信息。④药品调价：单击菜单"信息维护"中的"药品调价"进入界面。如果药品的价格有变化，可以在该界面里面进行药品的调价。鼠标选中要调价的药品，在新价格里面修改药品的价格点击"保存"按钮。

（3）费用对照。药品对照分为西药、中成药和草药对照。药品对照是一项重要的工作，目的是在本药店的具体的一种药品和医保规定的某药品间建立一种关联。比如不同厂家的五种葡萄糖，都对应于医保的"葡萄糖"。这样，针对参保的购药人，这五种葡萄糖都享有医保药品"葡萄糖"的待遇。比如，是甲类西药等。对照时，注意区别品种的剂型。用管理员用户进入系统，进入费用对照（与医保中心）。①西药对照：单击菜单"费用对照"中的"西药对照"，进入西药对照的界面。②中成药对照：和西药对照一样操作即可。③草药对照：和西药对照一样操作即可。

注意：草药和西药不同，西药只要对照医保给报销的药品即可（如甲类和乙类）。而草药是要去对照医保不报销的药（如丙类），原因是可以报销的草药数量多，所以只去对照不可报销的药品。系统会自动默认没有对照过的药是可以报销的。

（4）查询统计及费用结算。

1）售出药品查询：单击菜单"统计查询"中的"售出药品查询"进入界面，选择查询时间范围后，按下"查询"按钮，即可看到此段时间内药品出售统计的信息。下边显示的是药店在选定时间段售出药品的信息。

2）药店收入查询：单击菜单"统计查询"中的"药店收入查询"进入界面，选定结算时间范围后，可以按明细、合计两种方式统计。点击其中任意一个按钮，即可看到该种方式下药店的收入信息。下边显示的是药店在选定时间段按合计方式统计出的药店收入信息。

当药店的收入信息与医保中心服务器上记录的信息不一致时，弹出总额对账窗口。该种情况下，多为药店记录多于医保中心记录。窗口中会显示出多出的明细记录。便于药店和医保中心核对账目。

为了便于核查，操作员应经常进行药店收入查询，建议每天下班前进行一次。当发现账目不平时，可及时与医保中心联系，保持医保中心与药店的数据一致。

3）营业员开单统计：单击菜单"统计查询"中的"营业员开单统计"进入界面，选择查询时间范围后，按下"查询"按钮，即可看到此段时间内营业员开单的统计信息。

4）医保月结算单汇总：单击菜单"统计查询"中的"医保月结算单汇总"进入界面，选择查询时间范围后，按下"查询"按钮，即可看到此段时间内医保月结算单汇总的统计信息。

2. 药品零售

（1）读卡购药。在登录窗口中输入用户名和密码进入药店收费系统，点击"药品零售"菜单下面的"零售开单"进入零售开单界面。

单击"读卡"按钮，然后刷医保卡，界面显示该患者的有关信息，光标定位在营业员的选择框，输入营业员编号，回车，然后录入相应的药品，录入完毕点击"预结算"按钮，根据系统提示进行收费。

费用录入时录入药品编码可以是其拼音码，也可以是自定义码（按 F2 键切换）。输入要选择的药品的商品代码（一般为名称的每个字的第一个拼音字母），当输入三四个时一般都会看到要选择的药品，如果还没看见，可以继续输入，直到看见要选择的药品，如果在"药品名称"前面的手状图标不在要选择的药品所在的行，可以鼠标点击或"↑"或"↓"键进行药品的选择。鼠标双击或按回车键，即一种药品被选中。"单价"框内显示了此种药品的零售单价。在数量输入框内输入数量，按回车键，当前药品会添加到下面的列表中，即一种药品输入完毕。

在输入的过程中，列表框的左下部会自动显示已录入所用药品的合计金额。点击"预结算"系统会自动显示账户的现金的金额。点击"确定"对医保病人会更新医保卡中的数据。在没有点击"确定"之前，选中药品列表框中的某一行，点击"删除"按钮可以删除此项。

（2）退费。点击"退费"菜单项，就进入退费界面。

输入要退费的单据的发票号后（如 040000006），可以将"0400000006"简化输入为"046"，回车，相关信息就会显示出来。点击"确定"按钮，即完成退费。

（3）发票补打。当出现打印机卡纸，或者需要重打发票的时候，点击药品零售菜单中的补打发票，输入发票号，按"补打"按钮。

（4）发票信息查询。点击"查询"菜单下的"发票信息查询"，弹出发票信息查询窗口。选定某一时间段，点击"查询"按钮，界面上部窗口显示购药发票明细信息，下部按药品分类显示售出药品明细信息。

（5）收费员个人结账。利用收费员个人结账操作，操作员可以对每天或几天收费情况进行核对、轧账。点击菜单"统计报表"中的"收费员个人结账"进入该窗口。统计从上次结账到当前时间为止的个人收费、退费情况。

（6）重打结账单。重打结账单主要是为了由于某种原因要求重打结账单时使用。点击"统计报表"中的"重打结账单"进入界面，输入日期后回车，鼠标点击出现的要补打的结算条目，下边显示出结算信息后点击"补打"按钮即可打印。

任务评价

学习任务完成评价表

班级： _____ 姓名： _____ 项目号： _____ 任务号： _____ 任教老师： _____

项目	考核项目 （测试结果附后）	记录与分值			
		自测内容	操作难度分值	自测过程记录	操作自评分值
作品评价	社会药房药品管理系统应用范围	1. 社会药房信息管理系统在各级医疗机构药房的应用 2. 社会药房信息管理系统在单体零售药店的应用 3. 社会药房信息管理系统在医药连锁门店的应用 4. 社会药房信息管理系统在药品批发的应用	40		
	社会药房药品管理系统应用	1. 信息维护 2. 药品零售	60		
教师点评记录				作品最终评定分值	

任务拓展

一、课堂练习

【素材】

药店里面来了一位买药的顾客，他说他最近感冒了，需要买一些治疗感冒的药物，医师给他推荐了以下几种药品。

（1）999感冒灵颗粒 10g×9袋，国药准字Z44021940，10.5元/盒，2盒。

（2）康必得 0.5g×24片，国药准字XF20000271，12.1元/盒，2盒。

（3）阿莫西林胶囊 0.25g×20粒，国药准字H13020726，4.00元/盒，1盒。

付账时需使用医保卡支付。

操作要求：

请根据以上实例，进行医保账户支付。

二、课后作业

（1）登录"中国药品电子监管平台"，查询下载《中国药品电子监管系统零售企业移动终端操作指南》，并进行学习。

（2）作为药品零售人员，是否可以开处方？为什么？

（刘　军）

参考文献

［1］黄德胜，郑少慧．医学信息应用技术教程［M］．北京：科学出版社，2014.
［2］任群霞．计算机应用基础［M］．长春：东北师范大学出版社，2013.
［3］陈吴兴，徐晓丽．计算机应用基础［M］．北京：人民卫生出版社，2010.
［4］刘艳梅．医学计算机与信息技术基础［M］．北京：人民卫生出版社，2010.
［5］王凤丽．计算机应用技术［M］．西安：第四军医大学出版社，2008.